南京林木

种质资源

（灌木·藤本）

主　编 ◎孙立峰　　副主编 ◎沈永宝　史锋厚　严　俊

中国林业出版社
ılı CFPH China Forestry Publishing House

图书在版编目（ＣＩＰ）数据

南京林木种质资源．灌木·藤本 / 孙立峰主编．-- 北京 ： 中国林业出版社，2023.6
ISBN 978-7-5219-2265-3

Ⅰ．①南… Ⅱ．①孙… Ⅲ．①灌木—种质资源—南京 Ⅳ．① S722

中国国家版本馆 CIP 数据核字 (2023) 第 126982 号

责任编辑　于晓文　于界芬

出版发行　中国林业出版社（100009，北京市西城区刘海胡同 7 号，电话 010-83143549）
电子邮箱　cfphzbs@163.com
网　　址　www.forestry.gov.cn/lycb.html
印　　刷　河北京平诚乾印刷有限公司
版　　次　2023 年 6 月第 1 版
印　　次　2023 年 6 月第 1 次印刷
开　　本　889mm×1194mm　1/16
印　　张　15.25
字　　数　360 千字
定　　价　120.00 元

《南京林木种质资源》（灌木·藤本）编委会

主　　编：孙立峰

副 主 编：沈永宝　史锋厚　严　俊

参编人员：
杨晓栋	孙戴妍	奚月明	胥森野	胡新苗
刘　杉	邓福海	刘贺佳	戴　伟	游琳琳
韩也逸	李亦然	蒋栖梧	罗　敏	胡海燕
梁玉全	刘建水	蒲昌慧	杜　佳	赵晓旭
庄卫忠	胡伦燕	汪文革	董丽娜	梅万彬
尹贤贵	戴晓港	葛　昊	周春国	丁艳芬
吴　玉	冯　景	郭聪聪	罗　帅	李　丹
林　丹	徐嘉宝	周绪来	曹　婕	潘雅楠
赵　瑞	李　鑫	张倩丽	王明珠	孙华蔓
张伊涵	徐谨娅	苏彦君	谢敏譞	胡亚梅
常梦琦	邓知昀	邵　俊	朱晴雯	康宏兴
刘　嘉	高亚军	潘　华	裴星硕	龙字文

前　言

　　大自然赋予人类许多宝贵财富，人类的生存和发展与大自然的馈赠息息相关，人与自然的关系总是既相互影响，又相互制约。尽管人类从未停止探索自然的步伐，但面对神秘的自然界，人类的认知仍非常有限。人类在向自然索取的过程中，偶尔存在过度现象，对自然界造成或多或少的伤害。树木是大自然赋予人类的宝贵财富，是陆地生态系统的重要组成部分，其生态、社会、经济、景观价值一直深受人们重视。树木可划分为乔木、灌木、藤本等。与高大乔木相比，其余几种类型的树木常常被人忽视，但他们在森林生态系统中的作用却同样重要。随着人类对于树木需求的多样化，一些灌木和藤本植物陆续由林间走向城市和乡村。这些树木所发挥的作用同样不容小觑：扮靓了人居环境、提供了丰富的林产品、发挥了重要的生态调节作用……它们同样应当受到珍视。

　　灌木（藤本）树种多于林下悠然而居，虽无顶天立地之气势，又无身处底层之隐忧，但从应用和开发价值而言，却有"小而全、多而精"的优良品质。繁花盛果、药食同源、庭院绿化、固氮增汇、防风固土、涵养水源……这些都是灌木（藤本）树种的优良价值。其实他们的价值还不止如此，众多树种又表现出多用途的开发潜力，逐渐吸引着世人关注的目光。灌木（藤本）树种分布同样存在区域性的特点，同样因生境不同而产生差异，具有丰富的种质资源和丰富的遗传多样性。

　　南京地处长江中下游地区，属于北亚热带过渡区，丘陵岗地众多，植物资源丰富，灌木（藤本）树种多样。"十三五"期间，南京市林木种质资源普查首次清查共确认全市共有野生灌木 83 种，273 份种质资源；野生木质藤本 28 种，65

份种质资源。如此丰富的灌木（藤本）种质资源，基本处于自然生长状态，大多数并不被人所熟知，个别树种野生种群现状不容乐观，因曾经过度砍柴和不当的森林抚育、开垦等，均遭受不同程度的破坏。为了全方位介绍这些优良灌木（藤本）树种的形态特征、生态习性、利用价值和种质资源情况，我们集力编写出版《南京林木种质资源（灌木·藤本）》一书。本书重点介绍自然分布于南京市域内的灌木（藤本）树种的野生种质资源，这些种质资源信息来源于南京市首次林木种质资源普查。根据江苏省林木种质资源调查技术要求和实施方案，南京市首次林木种质资源普查以行政区为单元开展，主城四区作为一个调查单元（包含玄武区、秦淮区、建邺区、鼓楼区），调查以丘陵山区林地为重点；野生种群类型的种质资源普查以标准地调查为主要形式，标准样地面积为20米×20米，各区根据林地大小和类型设置样地数量。全市共布设调查样地807块，其中六合区81块、浦口区198块、栖霞区44块、雨花台区24块、江宁区223块、溧水区115块、高淳区53块、主城区69块；调查信息包括样地经纬度、树种名称、株数、树木大小（植株高度小于1.3米的单株只统计数量，植株高度大于1.3米的单株统计数量并测量胸径）；在此基础上对林地进行全面勘查，发现样地遗漏的树种就地增设样地并开展调查。通过调查基本掌握了各树种分布情况、种群大小、种群结构等，本书将全面展现这些重要内容，为后续种质资源保护和开发利用提供基础信息。值得注意的是，本书野生种质资源的归属以行政区为单位，一个种对于一个行政区而言即为一份种质资源。其实，有些树种的种质资源在行政区间存在交叉现象，一个山林可能分属于几个行政区，种质资源也各自调查、统计；此外，即使同一个行政区，由于林地的立地条件等存在多样性，一个种在一个区可能存在若干个种群，不止一份种质资源，但本书仍作为一份种质资源处理，后人可进一步探究和归并。种群具有一定的遗传组成，不同的地理种群存在着基因差异。不同种群的基因库不同，种群的基因频率世代传递，在进化过程中通过改变基因频率以适应环境的不断改变，处于动态变化之中。对于植物种群的划分极其困难，本书根据调查结果对种群的特征（大小、分布等）也只是简单的描述，更精准的种群特征描述还需后人持续不断的研究而完善。

著书之事更多缘于公益，但本书的编撰受到许多同行的关注，也获得了众多帮助，在此一并致谢。感谢"绿色南京"专项经费对本书的资助，感谢南京市绿化园林局、南京市林业站、南京林业大学、中国林业出版社对本书出版的鼎力支持，感谢参与南京市林木种质资源调查、资料整理、影像采集、书稿撰写等的诸位同仁，大家的付出为本书编撰出版均作出了重要贡献。他山之石可以攻玉，本书编撰过程也吸收借鉴了他人的力作，参考了《中国植物志》，在此深表谢意！世界万物始终处于动态变化之中，林木种质资源同样变化着，或为自然竞争，或为人类影响，本书所使用的数据信息来源于南京市首次林木种质资源清查资料，虽对一些重点区域和树种进行了复查，但纰漏之处仍可能存在。编撰团队也想竭力展现南京灌木、藤本种质资源的完美风采，以便回馈读者，激发社会各界保护和开发利用林木种质资源的热情，但若诸君发现不当之处，请不吝赐教！

编　者

2023 年 6 月

目　录

下篇·藤本

上篇 ▾ 灌木

南京林木种质资源

楮 *Broussonetia kazinoki* Sieb.

【**别名**】小构树

【**科属**】桑科（Moraceae）构属（*Broussonetia*）

【**树种简介**】灌木，高 2~4 米。叶卵形至斜卵形，先端渐尖至尾尖，基部近圆形或斜圆形，边缘具三角形锯齿，不裂或 3 裂。花雌雄同株；雄花序球形头状，直径 8~10 毫米；雌花序球形，被柔毛，花被管状，顶端齿裂，或近全缘。聚花果球形，直径 8~10 毫米；瘦果扁球形，外果皮壳质，表面具瘤体。花期 4~5 月，果期 5~6 月。主产华中、华南、西南各省份及台湾；日本、朝鲜也有分布。常生于低山地区山坡林缘、沟边、住宅近旁。喜温暖阳光充足的环境，具有适度的抗冻性。嫩枝叶、树汁、根皮可入药，具有祛风、活血、利尿之功效，可用于治疗风湿痹痛、虚肿、皮炎、跌打损伤。

【**种质资源**】南京市楮野生种质资源共 2 份，分别归属于江宁区和高淳区，具体种质资源信息见表 1。

01：江宁区

分布于汤山街道。在江宁区 223 个样地中仅 1 个样地有 1 株，单株胸径 5 厘米。种群极小。

02：高淳区

分布于大荆山林场和游子山林场，尤以大荆山林场分布较多。在高淳区 53 个样地中 2 个样地有分布，共 26 株，其中 20 株株高小于 1.3 米，6 株胸径 1~5 厘米。种群极小，分布较为集中。

表1　楮野生种质资源信息

种质资源编号	种质资源归属	林地名称	小地名	样地中心GPS坐标	数量/株
01	江宁区	汤山街道	西猪咀凹	E118°57′2.58″ N31°58′12.96″	1
02	高淳区	大荆山林场	皇家塞	E118°8′32.27″ N32°26′14.77″	25
		游子山林场	大凹	E119°0′28.21″ N31°20′46.35″	1

爬藤榕 *Ficus sarmentosa* var. *impressa* (Champ.) Corner

【别名】纽榕、壮牛藤

【科属】桑科（Moraceae）榕属（*Ficus*）

【树种简介】常绿藤状匍匐灌木。叶革质，披针形，先端渐尖，基部钝，背面白色至浅灰褐色，侧脉6~8对，网脉明显。果实成对腋生或生于落叶枝叶腋，球形，直径7~10毫米，幼时被柔毛。花期4~5月，果期6~7月。主产浙江、安徽、广东、广西、海南、贵州、云南、河南、陕西、甘肃；印度东北部、越南也有分布。可用作垂直绿化，常攀缘生长在岩石斜坡、树上或墙壁上；全株入药，具有祛风除湿、行气活血、消肿止痛之功效。

【种质资源】南京市爬藤榕野生种质资源共3份，分别归属于浦口区、江宁区和溧水区，具体种质资源信息见表2。

01：浦口区

分布于老山林场平坦分场。在浦口区198个样地中仅1个样地有分布，共2株。种群极小，分布集中。

02：江宁区

分布于方山。在江宁区223个样地中仅1个样地有1株，种群极小。

03：溧水区

分布于溧水区林场东庐分场和平山分场。在溧水区115个样地中2个样地有分布，共2株，植株胸径分别为2厘米和3厘米。种群极小。

表2　爬藤榕野生种质资源信息

种质资源编号	种质资源归属	林地名称	小地名	样地中心GPS坐标	数量/株
01	浦口区	老山林场平坦分场	兜率寺杉木林旁	E118°33′1.82″ N32°4′0.88″	2
02	江宁区	方山	土地山		1
03	溧水区	溧水区林场东庐分场	陈山	E119°7′21.13″ N31°35′0.45″	1
		平山分场	老凹山	E118°50′20.38″ N31°37′43.82″	1

羊踯躅 *Rhododendron molle* (Blum) G. Don

【**别名**】玉枝、羊不食草、闹羊花、黄杜鹃

【**科属**】杜鹃花科（Ericaceae）杜鹃属（*Rhododendron*）

【**树种简介**】落叶灌木，高 0.5~2 米。分枝稀疏，枝条直立，幼时密被灰白色柔毛及疏刚毛。叶纸质，长圆形至长圆状披针形，先端钝，具短尖头，基部楔形；总状伞形花序顶生，花多达 13 朵，先花后叶或与叶同放；花冠阔漏斗形，黄色或金黄色，内有深红色斑点，花冠管基部渐狭，圆筒状。蒴果圆锥状长圆形，长 2.5~3.5 厘米，具 5 条纵肋。花期 3~5 月，果期 7~8 月。主产江苏、安徽、浙江、江西、福建、河南、湖北、湖南、广东、广西、四川、贵州和云南。常生于海拔 1000 米的山坡草地或丘陵地带的灌丛或山脊杂木林下。《神农本草》《植物名实图考》把它列入毒草类，误食令人腹泻、呕吐或痉挛；羊食往往死亡，故此得名；可用于治疗风湿性关节炎和跌打损伤，现代医药常用作麻醉剂、镇痛药；全株还可做农药。

【**种质资源**】南京市羊踯躅野生种质资源共 3 份，分别归属于浦口区、栖霞区和江宁区。具体种质资源信息见表 3。

01：浦口区

仅分布于老山林场平坦分场。在浦口区 198 个样地中 1 个样地有分布，共 3 株，株高均小于 1.3 米。种群极小，分布集中。

02：栖霞区

仅分布于兴卫山。在栖霞区 44 个样地中仅 1 个样地有 1 株，株高小于 1.3 米。种群极小。

03：江宁区

分布于东善桥林场铜山分场、青山社区、横溪街道和东善桥林场东善分场。在江宁区 223 个样地中 3 个样地有分布，共 6 株，株高均小于 1.3 米。种群极小，分布分散。

表3　羊踯躅野生种质资源信息

种质资源编号	种质资源归属	林地名称	小地名	样地中心GPS坐标	数量/株
01	浦口区	老山林场平坦分场	杨船山	E118°30′54.93″ N32°4′33.01″	3
02	栖霞区	兴卫山		E118°50′46.04″ N32°5′59.39″	1
03	江宁区	东善桥林场铜山分场		E118°52′1.25″ N31°39′1.29″	1
		青山社区		E118°56′59.76″ N31°57′50.98″	1
		横溪街道横溪	线路段编号010	E118°41′18.22″ N 31°45′41.33″	1
		东善桥林场东善分场	场部后山坡	E118°46′30.18″ N31°51′23.61″	3

杜鹃 *Rhododendron simsii* Planch.

【**别名**】中原氏杜鹃、唐杜鹃、照山红、映山红、山石榴、山蹋蠋、杜鹃花、那克哈杜鹃

【**科属**】杜鹃花科（Ericaceae）杜鹃属（*Rhododendron*）

【**树种简介**】落叶灌木，高2（5）米。分枝多而纤细，密被亮棕褐色扁平糙伏毛。叶革质，常集生枝端，卵形、椭圆状卵形或倒卵形或倒卵形至倒披针形，先端短渐尖，基部楔形或宽楔形，具细齿。花2~3（6）朵簇生枝顶；花冠阔漏斗形，玫瑰色、鲜红色或暗红色。蒴果卵球形，花萼宿存。花期4~5月，果期6~8月。主产江苏、安徽、浙江、江西、福建、台湾、湖北、湖南、广东、广西、四川、贵州和云南。常生于海拔500~1200（2500）米的山地疏灌丛或松林下。喜凉爽、湿润、通风的半阴环境，既怕酷热又怕严寒；喜酸性土壤，是酸性土壤的指示植物。花冠鲜红色，具有较高的观赏价值。全株供药用，有行气活血、补虚功效，可用于治疗内伤咳嗽、肾虚耳聋、月经不调、风湿等疾病。

【**种质资源**】南京市杜鹃野生种质资源共1份，归属于江宁区，具体种质资源信息见表4。

01：江宁区

分布于汤山林场和东山街道林场。在江宁区223个样地中7个样地有分布，共7株，株高均小于1.3米。种群极小，分布较分散。

表4 杜鹃野生种质资源信息

种质资源编号	种质资源归属	林地名称	小地名	样地中心GPS坐标	数量/株
		汤山林场黄栗墅工区	土地山	E119°1′2.54″ N32°3′44.17″	1
		汤山林场黄栗墅工区	土地山	E119°1′13.38″ N32°4′5.95″	1
		汤山林场龙泉工区		E118°57′54.02″ N31°59′53.54″	1
01	江宁区	汤山林场龙泉工区		E118°58′9.72″ N32°0′12.98″	1
		汤山林场龙泉工区		E118°58′14.15″ N32°0′12.64″	1
		汤山林场龙泉工区		E118°58′18.73″ N32°0′11.84″	1
		东山街道林场		E118°56′1.27″ N31°57′51.2″	1

白花龙 *Styrax faberi* Perk.

【别名】响铃子、梦童子、扣子柴、棉子树、扫酒树、白龙条

【科属】安息香科（Styracaceae）安息香属（*Styrax*）

【树种简介】灌木，高1~2米。嫩枝纤弱，具沟槽，扁圆形，密被星状长柔毛，或被毛渐脱落至完全无毛，老枝圆柱形，紫红色，直立或有时蜿蜒状。叶互生，纸质，边缘具细锯齿。总状花序顶生，有花3~5朵，白色。果实倒卵形或近球形，长6~8毫米，直径5~7毫米，外面密被灰色星状短柔毛。花期4~6月，果期8~10月。主产安徽、湖北、江苏、浙江、湖南、江西、福建、台湾、广东、广西、贵州和四川等省份。喜光，喜深厚疏松、排水良好、微酸性土壤；常生于海拔100~600米低山区和丘陵地灌丛中。种子油可制肥皂与润滑油；根、叶可入药，根可用于治胃脘痛，叶具止血、生肌、消肿等功效。

【种质资源】南京市白花龙野生种质资源共2份，分别归属于栖霞区和江宁区。具体种质资源信息见表5。

01：栖霞区

分布于兴卫山、栖霞山和羊山，其中兴卫山分布较多。在栖霞区44个样地中4个样地有分布，共14株，其中3株株高小于1.3米，10株胸径1~10厘米，单株最大胸径为16厘米。种群较小，分布较集中。

02：江宁区

分布于洪幕社区。在江宁区223个样地中仅1个样地有2株。种群极小。

表5　白花龙野生种质资源信息

种质资源编号	种质资源归属	林地名称	小地名	样地中心GPS坐标	数量/株
01	栖霞区	兴卫山		E118°50′40.74″ N32°5′57.12″	9
		兴卫山	兴卫山北坡	E118°50′24.34″ N32°6′0.26″	1
		栖霞山		E118°57′37.69″ N32°9′15.78″	3
		羊山		E118°55′56.24″ N32°6′47.59″	1
02	江宁区	洪幕社区		E118°34′42.5″ N31°44′52.9″	2

紫金牛 *Ardisia japonica* (Thunb.) Blume

【别名】矮地茶、矮爪、老勿大、凉伞盖珍珠、矮脚樟茶、不出林、短脚三郎、矮茶、小青

【科属】紫金牛科（Myrsinaceae）紫金牛属（*Ardisia*）

【树种简介】小灌木或亚灌木，近蔓生，具匍匐生根的根茎。直立茎长达30厘米，稀达40厘米。叶对生或近轮生，叶片坚纸质或近革质，椭圆形至椭圆状倒卵形，边缘具细锯齿。亚伞形花序，腋生或生于近茎顶端的叶腋，花瓣粉红色或白色，广卵形。果球形，直径5~6毫米，鲜红色转黑色。花期5~6月，果期11~12月。主产陕西及长江流域以南各省份，海南岛未发现；朝鲜、日本均有分布。喜温暖、湿润环境，喜荫蔽，忌阳光直射。常见于海拔约1200米以下的山间林下或竹林等阴湿的地方。我国民间常用的中草药，也是常见的栽培花卉。

【种质资源】南京市紫金牛野生种质资源共2份，分别归属于栖霞区和江宁区，具体种质资源信息见表6。

01：栖霞区

仅分布于栖霞山。在栖霞区44个样地中3个样地有分布，共31株。种群小，分布集中。

02：江宁区

分布于东善桥林场横山分场、铜山分场和洪幕社区。在江宁区223个样地中4个样地有分布，共4株。种群极小，分布集中。

表6 紫金牛野生种质资源信息

种质资源编号	种质资源归属	林地名称	小地名	样地中心GPS坐标	数量/株
01	栖霞区	栖霞山		E118°57′29.02″ N32°9′17.68″	4
		栖霞山		E118°57′26.93″ N32°9′18.98″	8
		栖霞山		E118°57′37.69″ N32°9′15.78″	19
02	江宁区	东善桥林场横山分场		E118°49′41.13″ N31°38′0.37″	1
		东善桥林场铜山分场		E118°52′8.1″ N31°41′13.63″	1
		东善桥林场铜山分场		E118°52′1.25″ N31°39′1.29″	1
		洪幕社区		E118°34′48.09″ N31°44′56.03″	1

簇花茶藨子 *Ribes fasciculatum* Sieb. et Zucc.

【科属】虎耳草科（Saxifragaceae）茶藨子属（*Ribes*）

【树种简介】落叶灌木，高达 1.5 米。小枝灰褐色，皮稍剥裂。叶近圆形，基部截形至浅心形，边缘掌状 3~5 裂，裂片宽卵圆形，先端稍钝或急尖，顶生裂片与侧生裂片近等长或稍长，具粗钝单锯齿。花单性，雌雄异株，组成几无总梗的伞形花序；花萼黄绿色，外面无毛，有香味；花瓣近圆形或扇形。果实近球形，直径 7~10 毫米，红褐色。花期 4~5 月，果期 7~9 月。主产江苏（南京、溧阳、宜兴）、浙江（宁波、昌化、杭州、天目山）、安徽（黄山、霍山）；日本、朝鲜也有分布。常生于低海拔地区的山坡杂木林下、竹林内或路边。在华东地区常于庭园栽培供观赏。果实均为浆果，酸甜，可酿酒。芽、花和嫩叶亦可冲水作为茶饮，具有清热、明目、润肝、利尿、强心、抗菌等功效。

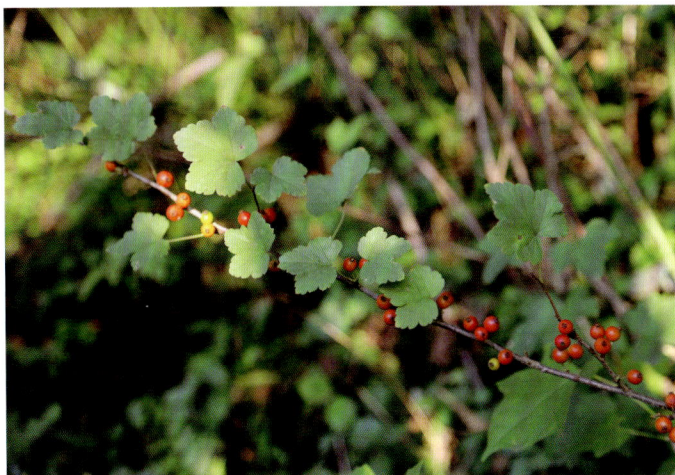

【种质资源】南京市簇花茶藨子野生种质资源仅 1 份，归属于浦口区。具体种质资源信息见表7。

01：浦口区

分布于老山林场平坦分场、狮子岭分场、七佛寺分场。在浦口区 198 个样地中 7 个样地有分布，共 47 株，株高均小于 1.3 米。种群较小，分布较集中。

表7　簇花茶藨子野生种质资源信息

种质资源编号	种质资源归属	林地名称	小地名	样地中心GPS坐标	数量/株
		老山林场平坦分场	老山林场隧道	E118.568901 N32°5′2.83″	20
		老山林场狮子岭分场	兜率寺后山	E118°33′3.83″ N32°3′48.2″	10
		老山林场七佛寺分场	黄山岭	E118°35′32.83″ N32°5′46.91″	10
01	浦口区	老山林场七佛寺分场	牛角洼	E118°36′28.61″ N32°6′16.76″	2
		老山林场七佛寺分场	老母猪沟	E118°36′34.76″ N32°6′21.58″	3
		老山林场狮子岭分场	兜率寺后山	E118°32′59.07″ N32°3′50.27″	1
		老山林场平坦分场	虎洼山脊	E118°33′2.62″ N32°3′59.79″	1

华蔓茶藨子 *Ribes fasciculatum* var. *chinense* Maxim.

【别名】华茶藨子

【科属】虎耳草科（Saxifragaceae）茶藨子属（*Ribes*）

【树种简介】半常绿灌木，高达 1.5 米。叶近圆形，基部截形至浅心形，叶较大，直径可达 10 厘米，冬季常不凋落。边缘掌状 3~5 裂，裂片宽卵圆形，具粗钝单锯齿。花单性，雌雄异株，组成几无总梗的伞形花序；雌花 2~4（6）朵簇生，稀单生；花萼黄绿色，有香味。果实近球形，直径 7~10 毫米，红褐色。花期 4~5 月，果期 7~9 月。分布于陕西（山阳、南五台山、终南山、眉县、太白山、宝鸡）、甘肃（天水）、山东（崂山、昆嵛山）、江苏（南京、镇江、句容）、安徽（黄山）、浙江（杭州、普陀山、天目山、宁波、昌化）、江西（庐山）、河南（嵩县）、湖北（竹溪）；日本和朝鲜也有分布。稍耐阴，常生于海拔 700~1300 米的山坡林下、林缘或石质坡地。果可观赏，成熟果实含糖可鲜食。

【种质资源】南京市华蔓茶藨子野生种质资源共 1 份，归属于主城区，具体种质资源信息见表8。

01：主城区

分布于紫金山。在南京主城区 69 个样地中 2 个样地内有分布，共 7 株，株高均小于 1.3 米。种群极小，分布较集中。

表8　华蔓茶藨子野生种质资源信息

种质资源编号	种质资源归属	林地名称	小地名	样地中心GPS坐标	数量/株
01	主城区	紫金山		E118°50′35″ N32°4′29″	5
		紫金山		E118°50′24″ N32°4′9.84″	2

麻叶绣线菊 *Spiraea cantoniensis* Lour.

【别名】石棒子、麻叶绣球绣线菊、麻毯、粤绣线菊、麻叶绣球

【科属】蔷薇科（Rosaceae）绣线菊属（*Spiraea*）

【树种简介】落叶灌木，高达 1.5 米。叶片菱状披针形至菱状长圆形，长 3~5 厘米，宽 1.5~2 厘米，先端急尖，基部楔形，边缘自近中部以上有缺刻状锯齿，两面无毛，有羽状叶脉。伞形花序具多数花朵，花瓣近圆形或倒卵形，白色。蓇葖果直立开张，无毛。花期 4~5 月，果期 7~9 月。主产广东、广西、福建、浙江、江西。在河北、河南、山东、陕西、安徽、江苏、四川均有栽培，日本也有分布。性喜温暖和阳光充足的环境。稍耐寒、耐阴，较耐干旱，忌湿涝。分蘖力强。以肥沃、疏松和排水良好的砂壤土为宜。花序密集，花色洁白，早春盛开如积雪，常庭园栽培观赏。

【种质资源】南京市麻叶绣线菊野生种质资源共 1 份，归属于江宁区。具体种质资源信息见表9。

01：江宁区

分布于汤山林场、汤山地质公园、孟塘社区、青林社区、古泉社区、东善桥林场、汤山街道和西宁社区。在江宁区 223 个样地中 15 个样地有分布，共 20 株，其中 19 株株高小于 1.3 米，单株最大胸径为 1.6 厘米。种群极小，均匀分布。

表9　麻叶绣线菊野生种质资源信息

种质资源编号	种质资源归属	林地名称	小地名	样地中心GPS坐标	数量/株
01	江宁区	汤山林场龙泉工区		E118°58′9.72″ N32°0′12.98″	1
		汤山林场龙泉工区		E118°58′14.15″ N32°0′12.64″	1

（续）

种质资源编号	种质资源归属	林地名称	小地名	样地中心GPS坐标	数量/株
01	江宁区	汤山林场龙泉工区		E118°58′18.73″ N32°0′11.84″	1
		汤山地质公园		E119°2′50.82″ N32°3′17.08″	1
		孟塘社区		E119°2′40.74″ N32°4′48.07″	1
		青林社区	白露头	E119°15′20.59″ N32°4′59.61″	1
		古泉社区		E119°1′29.37″ N32°2′49.72″	1
		古泉社区		E119°1′27.51″ N32°2′48.14″	1
		古泉社区		E119°1′33.39″ N32°2′47.62″	1
		东善桥林场云台山分场	大平山	E118°42′21.36″ N31°42′26.54″	1
		东善桥林场横山分场		E118°48′45.31″ N31°28′6.43″	1
		东善桥林场横山分场		E118°47′25.39″ N31°38′23.59″	1
		汤山街道	西猪咀凹	E118°57′2.58″ N31°58′12.96″	1
		西宁社区		E118°36′5.45″ N31°47′5.25″	2
		西宁社区		E118°35′47.81″ N31°46′51.82″	5

绣球绣线菊 *Spiraea blumei* G. Don

【别名】碎米桠、珍珠梅、绣球、补氏绣线菊、珍珠绣球

【科属】蔷薇科（Rosaceae）绣线菊属（*Spiraea*）

【树种简介】落叶灌木，高 1~2 米。小枝细，开张，稍弯曲，深红褐色或暗灰褐色。叶片菱状卵形至倒卵形，先端圆钝或微尖，基部楔形，边缘自近中部以上有少数圆钝缺刻状锯齿或 3~5 浅裂。伞形花序有总梗，具花 10~25 朵；花瓣宽倒卵形，先端微凹，白色。蓇葖果较直立。花期 4~6 月，果期 8~10 月。主产辽宁、内蒙古、河北、河南、山西、陕西、甘肃、湖北、江西、山东、江苏、浙江、安徽、四川、广东、广西、福建；日本和朝鲜也有分布。常生于向阳山坡、杂木林内或路旁。树姿优美，枝叶繁密，花朵小巧密集，布落枝头，宛若积雪，可孤植、丛植观赏，也可作绿篱；根、果实可入药，具有理气镇痛、去瘀生新、解毒之功效。

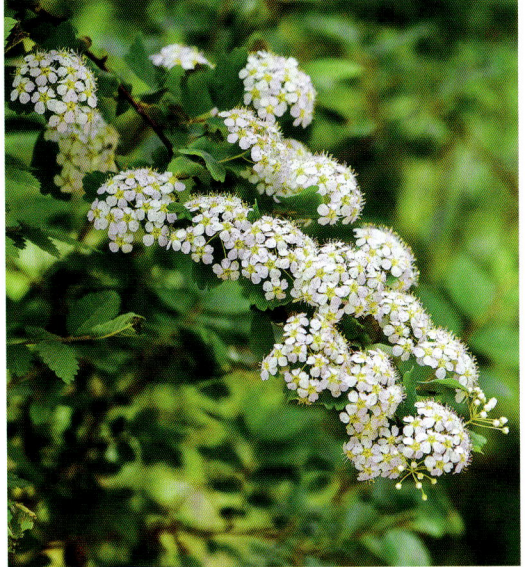

【种质资源】南京市绣球绣线菊野生种质资源共 2 份，分别归属于浦口区和主城区。具体种质资源信息见表 10。

01：浦口区

分布于老山林场西山分场、平坦分场和星甸杜仲林场。在浦口区 198 个样地中 3 个样地有分布，共 54 株，株高均小于 1.3 米。种群较大，分布较集中。

02：主城区

仅分布于幕府山。在南京主城区 69 个样地中仅 1 个样地有分布，共 42 株，植株高度均小于 1.3 米。种群较大，分布高度集中。

表10　绣球绣线菊野生种质资源信息

种质资源编号	种质资源归属	林地名称	小地名	样地中心GPS坐标	数量/株
01	浦口区	老山林场西山分场	坡山口—大洼塘	E118°26′43.7″ N32°3′0.97″	2
		老山林场平坦分场	小马腰与大马腰间	E118°30′6.71″ N32°3′30″	2
		星甸杜仲林场	华济山	E118°23′47.84″ N32°3′13.33″	50
02	主城区	幕府山	达摩洞景区上坡	E118°47′55″ N32°7′57″	42

中华绣线菊 *Spiraea chinensis* Maxim.

【别名】华绣线菊、铁黑汉条

【科属】蔷薇科（Rosaceae）绣线菊属（*Spiraea*）

【树种简介】灌木，高 1.5~3 米。小枝呈拱形弯曲，红褐色；叶片菱状卵形至倒卵形，先端急尖或圆钝，基部宽楔形或圆形，边缘有缺刻状粗锯齿，或具不明显 3 裂。伞形花序具花 16~25 朵，花瓣近圆形，先端微凹或圆钝，白色。花期 3~6 月，果期 6~10 月。主产内蒙古、河北、河南、陕西、湖北、湖南、安徽、江西、江苏、浙江、贵州、四川、云南、福建、广东、广西。喜光，不耐阴；较耐旱，耐瘠薄，不耐水湿，抗高温；萌蘖力和萌芽力均强，耐修剪。花色艳丽，花朵繁茂，是极好的观花灌木，适于在园林绿化中应用。

【种质资源】南京市中华绣线菊野生种质资源共 3 份，分别归属于六合区、栖霞区和主城区，具体种质资源信息见表 11。

01：六合区

仅分布于冶山。在六合区 81 个样地中仅 1 个样地有分布，且仅有 1 株。种群极小。

02：栖霞区

仅分布于栖霞山。在栖霞区 44 个样地中仅 1 个样地有分布，共 11 株。种群极小，且分布集中。

03：主城区

仅分布于紫金山。在南京主城区 69 个样地中仅 1 个样地有 1 株。种群极小。

表11　中华绣线菊野生种质资源信息

种质资源编号	种质资源归属	林地名称	小地名	样地中心GPS坐标	数量/株
01	六合区	冶山		E118°56′21.8″ N32°30′35.68″	1
02	栖霞区	栖霞山		E118°57′16.98″ N32°9′29.5″	11
03	主城区	紫金山		E118°50′24″ N32°3′56″	1

野珠兰 *Stephanandra chinensis* Hance

【**别名**】华空木、中国小米空木

【**科属**】蔷薇科（Rosaceae）小米空木属（*Stephanandra*）

【**树种简介**】灌木，高达 1.5 米。叶片卵形至长椭卵形，先端渐尖，稀尾尖，基部近心形、圆形、稀宽楔形，边缘常浅裂并有重锯齿。顶生疏松的圆锥花序，长 5~8 厘米，直径 2~3 厘米，花瓣倒卵形，白色。蓇葖果近球形，直径约 2 毫米，具宿存直立的萼片。花期 5 月，果期 7~8 月。主产河南、湖北、江西、湖南、安徽、江苏、浙江、四川、广东、福建。喜冬暖夏凉、空气湿润的气候环境，喜疏松肥沃、透气排水、富含有机质的酸性砂质土壤；常生于海拔 1000~1500 米的阔叶林或灌木丛中。适宜公园、庭院作绿化和观赏。

【**种质资源**】南京市野珠兰野生种质资源共 1 份，归属于江宁区，具体种质资源信息见表 12。

01：江宁区

分布于汤山林场。在江宁区 223 个样地中仅 1 个样地有 1 株，株高小于 1.3 米。种群极小。

表12　野珠兰野生种质资源信息

种质资源编号	种质资源归属	林地名称	小地名	样地中心GPS坐标	数量/株
01	江宁区	汤山林场龙泉工区		E118°58′18.73″ N32°0′11.84″	1

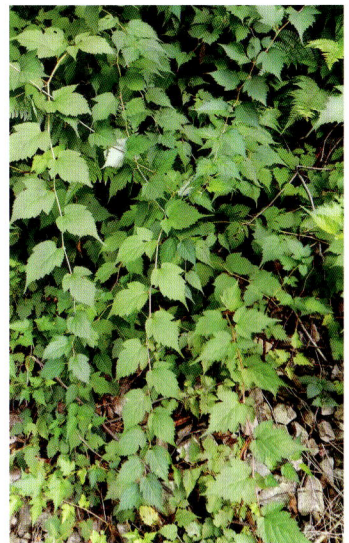

白鹃梅 *Exochorda racemosa* (Lindl.) Rehd.

【**别名**】金瓜果、九活头、茧子花、总花白鹃梅

【**科属**】蔷薇科（Rosaceae）白鹃梅属（*Exochorda*）

【**树种简介**】灌木，高达 3~5 米。枝条细弱开展，小枝圆柱形，微有棱角，无毛，幼时红褐色，老时褐色。叶片椭圆形，长椭圆形至长圆倒卵形，全缘，稀中部以上有钝锯齿。总状花序有花 6~10 朵，黄绿色，直径 2.5~3.5 厘米。蒴果，倒圆锥形，无毛，有 5 脊。花期 5 月，果期 6~8 月。主产河南、江西、江苏、浙江。喜光，也耐半阴，耐干旱瘠薄，有一定耐寒性；常生于海拔 250~500 米的山坡阴地。姿态秀美，春日开花，满树雪白，如雪似梅，是美丽的观赏树；花和嫩叶是优质食物原料；根皮、树皮可入药，用于治疗腰骨酸痛。

【**种质资源**】南京市白鹃梅野生种质资源共 3 份，分别归属于栖霞区、江宁区和溧水区。具体种质资源信息见表 13。

01：栖霞区

分布于兴卫山和羊山。在栖霞区 44 个样地中 2 个样地有分布，总计 14 株，其中 11 株高度小于 1.3 米，3 株平均胸径 1 厘米。种群极小，分布集中。

02：江宁区

分布于东善桥林场和横溪街道。在江宁区 223 个样地中 2 个样地有分布，共 3 株，其中 1 株株高小于 1.3 米，2 株胸径 1~3 厘米，平均胸径 1.4 厘米。种群极小，分布集中。

03：溧水区

分布于溧水区林场秋湖分场。在溧水区 115 个样地中仅 1 个样地有 1 株，高度小于 1.3 米。种群极小。

表13　白鹃梅野生种质资源信息

种质资源编号	种质资源归属	林地名称	小地名	样地中心GPS坐标	数量/株
01	栖霞区	兴卫山		E118°50′46.04″ N32°5′59.39″	8
		羊山		E118°55′56.24″ N32°6′47.59″	6
02	江宁区	东善桥林场铜山分场		E118°50′30″ N31°39′41.84″	1
		横溪街道	蒋门山	E118°40′26.15″ N31°47′16.76″	2
03	溧水区	溧水区林场秋湖分场	双尖山	E119°3′6″ N31°34′29″	1

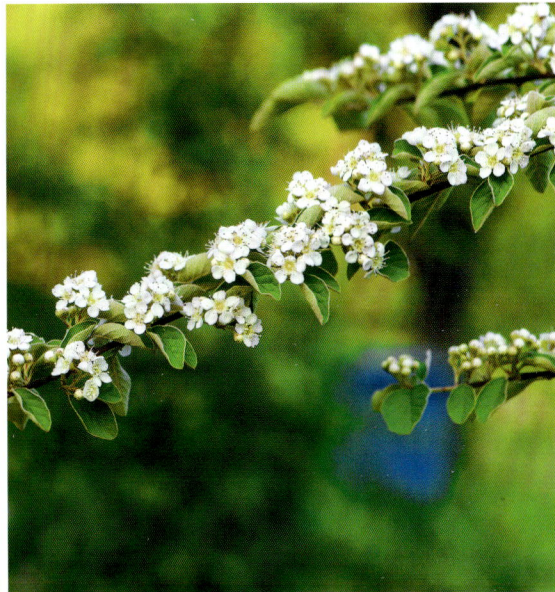

华中枸子 *Cotoneaster silvestrii* Pamp.

【别名】鄂枸子、湖北枸子

【科属】蔷薇科（Rosaceae）枸子属（*Cotoneaster*）

【树种简介】落叶灌木，高1~2米。枝条开张，小枝细瘦，呈拱形弯曲，棕红色。叶片椭圆形至卵形，先端急尖或圆钝，稀微凹，基部圆形或宽楔形。聚伞花序有花3~9朵，花直径9~10毫米；花瓣平展，近圆形，白色。果实近球形，直径8毫米，红色。花期6月，果期9月。中国特有植物，主产河南、湖北、安徽、江西、江苏、四川、甘肃。喜温暖阴凉的环境，不耐水湿，不宜在温度高的环境生存；常生于海拔500~2600米的杂木林内。整株均可入药，具有解毒排毒和清热除烦等功效。

【种质资源】南京市华中枸子野生种质资源共2份，分别归属于浦口区和主城区，具体种质资源信息见表14。

01：浦口区

仅分布于星甸杜仲林场。在浦口区198个样地中仅1个样地有分布，共10株，株高均小于1.3米。种群极小，分布集中。

02：主城区

仅分布于幕府山。在南京主城区69个样地中仅1个样地有1株，胸径3厘米。

表14　华中枸子野生种质资源信息

种质资源编号	种质资源归属	林地名称	小地名	样地中心GPS坐标	数量/株
01	浦口区	星甸杜仲林场	华济山	E118°23′47.836″ N32°3′13.331″	10
02	主城区	幕府山		E118°47′25.001″ N32°7′45.998″	1

野山楂 *Crataegus cuneata* Sieb. et Zucc.

【别名】山梨、毛枣子、猴楂、大红子、浮萍果、红果子、牧虎梨、小叶山楂、南山楂

【科属】蔷薇科（Rosaceae）山楂属（*Crataegus*）

【树种简介】落叶灌木，高可达 1.5 米，分枝密，通常具细刺，刺长 5~8 毫米。小枝细弱，圆柱形，有棱，幼时被柔毛，1 年生枝紫褐色，无毛，老枝灰褐色。叶片宽倒卵形至倒卵状长圆形，先端急尖，基部楔形，边缘有不规则重锯齿，顶端常有 3 或稀 5~7 浅裂片。伞房花序具花 5~7 朵，花瓣近圆形或倒卵形，长 6~7 毫米，白色，基部有短爪。果实近球形或扁球形，直径 1~1.2 厘米，红色或黄色，常具有宿存反折萼片或 1 苞片。花期 5~6 月，果期 9~11 月。主产河南、湖北、江西、湖南、安徽、江苏、浙江、云南、贵州、广东、广西、福建；日本也有分布。喜光照充足、凉爽湿润的环境，较耐寒、耐高温、耐旱；常生于山谷、多石湿地或山地灌木丛中。小红果可爱迷人，可作盆景；果实多肉可供生食，酿酒或制果酱，入药具有健胃、消积化滞的功效；嫩叶可以代茶，茎叶煮汁可洗漆疮。

【种质资源】南京市野山楂野生种质资源共 5 份，分别归属于六合区、浦口区、栖霞区、高淳区和主城区。具体种质资源信息见表 15。

01: 六合区

集中分布于平山林场，盘山、冶山和灵岩山也有少量分布。在六合区 81 个样地中 7 个样地有分布，共 126 株，其中 125 株株高小于 1.3 米（占总数的 99%），1 株胸径 2 厘米。种群较大，分布集中。

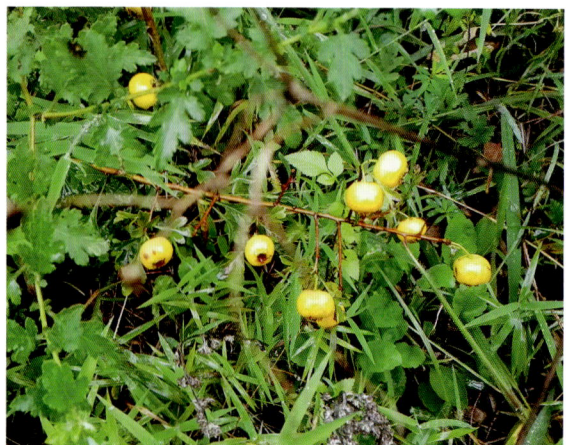

02：浦口区

分布于老山林场平坦分场、西山分场、狮子岭分场和星甸杜仲林场。在浦口区198个样地中4个样地有分布，共12株，株高均小于1.3米。种群极小，分布相对集中。

03：栖霞区

分布于灵山和羊山。在栖霞区44个样地中3个样地有分布，共19株，其中12株高小于1.3米，单株最大胸径1厘米。种群极小，分布相对集中。

04：高淳区

集中分布于青山林场，大荆山林场和游子山林场也有少量分布。在高淳区53个样地中4个样地有分布，共12株，其中11株株高小于1.3米（占总数的92%），1株胸径2.5厘米。种群极小，分布集中。

05：主城区

仅分布于幕府山。在南京主城区69个样地中仅1个样地有分布，共5株，其中4株株高小于1.3米，1株胸径为2.5厘米。种群极小，分布集中。

表15　野山楂野生种质资源信息

种质资源编号	种质资源归属	林地名称	小地名	样地中心GPS坐标	数量/株
01	六合区	盘山		E118°35′25.99″ N32°28′54.2″	2
		盘山		E118°35′33.52″ N32°29′14.16″	2
		冶山		E118°56′21.8″ N32°30′35.68″	12
		冶山		E118°56′49.13″ N32°29′55.03″	8
		灵岩山		E118°53′0.23″ N32°18′35.4″	6
		平山林场	骡子山尖山 万寿庵	E118°49′7″ N32°30′28″	16
		平山林场	骡子山	E118°49′50″ N32°28′59″	80
02	浦口区	老山林场平坦分场	小马腰下	E118°30′53.15″ N32°3′25.44″	5
		老山林场西山分场	万隆护林点后	E118°26′48.01″ N32°2′59.19″	1
		老山林场狮子岭分场	暗沟护林点	E118°30′49.74″ N32°2′34.47″	5
		星甸杜仲林场	山喷码字上	E118°24′31.92″ N32°3′10.73″	1
03	栖霞区	灵山		E118.931586 N32°5′14.85″	3
		灵山		E118°55′53.71″ N32.087372	2
		羊山		E118°55′56.24″ N32°6′47.59″	14
04	高淳区	大荆山林场	黄家塞	E118°8′32.18″ N32°26′15.83″	1
		游子山林场	南栗山	E119°1′58.22″ N31°21′43.64″	1
		青山林场	林业队	E119°3′42.58″ N31°22′16.38″	8
		青山林场	林业队	E118°3′39.43″ N31°22′8.71″	2
05	主城区	幕府山	仙人对弈左坡	E118°48′5″ N32°8′10″	5

小叶石楠 *Photinia parvifolia* (Pritz.) Schneid.

【**别名**】山红子、牛李子、牛筋木

【**科属**】蔷薇科（Rosaceae）石楠属（*Photinia*）

【**树种简介**】落叶灌木，高 1~3 米。枝纤细，小枝红褐色。叶片草质，椭圆形、椭圆卵形或菱状卵形，先端渐尖或尾尖，基部宽楔形或近圆形，边缘有具腺尖锐锯齿。花 2~9 朵呈伞形花序，生于侧枝顶端，无总花梗；花直径 0.5~1.5 厘米，花瓣白色，圆形，直径 4~5 毫米，先端钝，有极短爪。果实椭圆形或卵形，熟时橘红色或紫色。花期 4~5 月，果期 7~8 月。主产河南、江苏、安徽、浙江、江西、湖南、湖北、四川、贵州、台湾、广东、广西。喜温暖湿润气候，喜光稍耐阴；深根性，能耐短期 –15℃的低温；萌芽力强，耐修剪；对烟尘和有害气体有一定的抗性。根可入药，具有清热解毒、活血止痛之功效，常用于治疗黄疸、乳痈、牙痛。

【**种质资源**】南京市小叶石楠野生种质资源共 2 份，分别归属于溧水区和主城区。具体种质资源信息见表 16。

01：溧水区

分布于溧水区林场东庐分场、芳山分场、平山分场。在溧水区 115 个样地中 8 个样地有分布，共 11 株，植株高度均小于 1.3 米。种群极小，分布分散。

02：主城区

主要分布于紫金山。在南京主城区 69 个样地中 10 个样地有分布，共 56 株，其中 18 株株高小于 1.3 米，38 株胸径在 1~5 厘米。种群数量较大，分布较集中。

表16　小叶石楠野生种质资源信息

种质资源编号	种质资源归属	林地名称	小地名	样地中心GPS坐标	数量/株
01	溧水区	溧水区林场东庐分场	东庐山中部	E119°7′35″ N31°38′33″	2
		溧水区林场东庐分场	东庐山中部	E119°7′34″ N31°38′41″	1
		溧水区林场东庐分场	东庐山中部	E31°38′50″ N31°38′50″	1
		溧水区林场东庐分场	黄牛墩	E119°7′44.44″ N31°37′44.17″	1
		溧水区林场芳山分场	芳山	E119°8′25.53″ N31°29′37.54″	1
		溧水区林场平山分场	小茅山尚书塘	E118°56′8.09″ N31°38′36.22″	1
		溧水区林场平山分场	小茅山尚书塘	E118°55′56.92″ N31°38′39.93″	1
		溧水区林场平山分场	小茅山东面	E118°57′13.12″ N31°38′27.05″	3
02	主城区	紫金山	永慕庐两边	E118°5′2″ N32°4′5″	2
		紫金山		E118°51′3″ N32°4′8″	7
		紫金山		E118°51′13″ N32°4′4″	12
		紫金山		E118°52′5″ N32°3′45″	5
		紫金山		E118°52′5″ N32.062778	10
		紫金山		E118°52′0″ N32°3′43″	6
		紫金山		E118°51′22″ N32°4′2″	2
		紫金山		E118°50′24″ N32°4′9.84″	10
		紫金山		E118°50′39″ N32°48′18″	1
		紫金山	山北坡小卖铺处	E118°50′43″ N32°4′22″	1

鸡麻 *Rhodotypos scandens* (Thunb.) Makino

【别名】白棣棠、三角草、山葫芦子、双珠母、水葫芦杆

【科属】蔷薇科（Rosaceae）鸡麻属（*Rhodotypos*）

【树种简介】落叶灌木，高 0.5~2 米。叶对生，卵形，顶端渐尖，基部圆形至微心形，边缘有尖锐重锯齿。单花顶生于新梢上；花直径 3~5 厘米，花瓣白色。核果 1~4，黑色或褐色，斜椭圆形。花期 4~5 月，果期 6~9 月。主产辽宁、陕西、甘肃、山东、河南、江苏、安徽、浙江、湖北；日本和朝鲜也有分布。喜光，耐半阴；耐寒、怕涝，适生于疏松肥沃、排水良好的土壤；常生长于海拔 100~800 米的山坡疏林中及山谷林下阴处。枝干清秀，花色素雅，可用于园林绿化；根和果入药，可用于治疗血虚肾亏。

【种质资源】南京市鸡麻野生种质资源共 2 份，分别归属于浦口区和雨花台区，具体种质资源信息见表 17。

01：浦口区

仅分布于老山林场平坦分场。在浦口区 198 个样地中 2 个样地有分布，共 29 株，高度均小于 1.3 米。种群极小，分布集中。

02：雨花台区

分布于高家库社区。在 24 个样地中 2 个样地有分布，共 2 株，高度均小于 1.3 米。种群极小。

表17　鸡麻野生种质资源信息

种质资源编号	种质资源归属	林地名称	小地名	样地中心GPS坐标	数量/株
01	浦口区	老山林场平坦分场	虎洼山脊	E118°33′21.492″ N32°3′48.089″	14
		老山林场平坦分场	虎洼山脊	E118°33′33.268″ N32°3′51.768″	15
02	雨花台区	高家库社区	普觉寺	E118°44′29.018″ N31°55′22.109″	1
		西善桥—罐子山		E118°43′22.490″ N31°56′29.648″	1

茅莓 *Rubus parvifolius* L.

【别名】婆婆头、牙鹰勒、蛇泡勒、草杨梅子、茅莓悬钩子、小叶悬钩子、红梅消、三月泡

【科属】蔷薇科（Rosaceae）悬钩子属（*Rubus*）

【树种简介】灌木，高 1~2 米。小叶 3 枚，在新枝上偶有 5 枚，菱状圆形或倒卵形，顶端圆钝或急尖，基部圆形或宽楔形，边缘有不整齐粗锯齿或缺刻状粗重锯齿，常具浅裂片。伞房花序顶生或腋生，稀顶生花序呈短总状，具花数朵至多朵；花瓣卵圆形或长圆形，粉红色至紫红色，基部具爪。果实卵球形，直径 1~1.5 厘米，红色；核有浅皱纹。花期 5~6 月，果期 7~8 月。主产黑龙江、吉林、辽宁、河北、河南、山西、陕西、甘肃、湖北、湖南、江西、安徽、山东、江苏、浙江、福建、台湾、广东、广西、四川、贵州；日本、朝鲜也有分布。常生于山坡杂木林下、向阳山谷、路旁或荒野。生长迅速，繁殖容易，覆盖力强，具有较强的适应性和抗性；果色艳丽，可作地被植物植于树下、林缘、绿化隔离带、假山岩石旁、溪边、岸边、池塘边阴湿处等；果实酸甜多汁，可食用、酿酒及制醋等；全株入药，有止痛、活血、祛风湿及解毒之效。

【种质资源】南京市茅莓野生种质资源共 4 份，分别归属于六合区、栖霞区、高淳区和主城区。具体种质资源信息见表 18。

01：六合区

分布于平山林场、盘山、竹镇、奶山、冶山、方山和灵岩山，其中平山林场分布最多。在六合区 81 个样地中 17 个样地有分布，共 388 株，株高均小于 1.3 米。种群大，分布集中。

02：栖霞区

分布于羊山和太平山公园。在栖霞区 44 个样地中 2 个样地有分布，共 14 株，其中 13 株株高小于 1.3 米。种群极小，分布集中。

03：高淳区

仅分布于青山林场。在高淳区 53 个样地中仅 1 个样地有 5 株，高度均小于 1.3 米。种群极小，分布较为集中。

04：主城区

分布于紫金山和幕府山。在南京主城区 69 个样地中 11 个样地有分布，共 71 株，高度均小于 1.3 米。种群较大，分布较集中。

表18 茅莓野生种质资源信息

种质资源编号	种质资源归属	林地名称	小地名	样地中心GPS坐标	数量/株
01	六合区	平山林场	平山林场梅花鹿养殖场	E118°50′9″ N32°30′10″	32
		平山林场	骡子山	E118°49′44″ N32°29′10″	25
		平山林场	骡子山	E118°49′50″ N32°28′59″	35
		平山林场	骡子山	E118°50′14″ N32°28′52″	50
		平山林场	骡子山	E118°50′14″ N32°28′52″	20
		盘山		E118°35′25.99″ N32°28′54.2	21
		盘山		E118°35′33.52″ N32°29′14.16″	10
		竹镇		E118°34′26.51″ N32°33′26.51″	12
		竹镇		E118°34′2.43″ N32°33′44.1″	20
		奶山	奶山03	E119°0′34.19″ N32°18′6.34″	35
		冶山		E118°56′54″ N32°30′30″	8
		冶山		E118°56′45.75″ N32°30′25.42″	7
		方山		E118°59′20.21″ N32°18′37.63″	12
		方山		E118°59′3.02″ N32°18′38.25″	24
		灵岩山		E118°53′0.23″ N32°18′35.4″	16
		灵岩山	美人山	E118°53′20.85″ N32°18′52.36″	25
		灵岩山	美人山	E118°53′11.48″ N32°18′27.96″	36
02	栖霞区	羊山		E118°55′56.24″ N32°6′47.59″	11
		太平山公园		E118°52′10.66″ N32°7′56.81″	3
03	高淳区	青山林场	林业队	E119°3′42.58″ N31°22′16.38″	5
04	主城区	紫金山		E118°51′13″ N32°4′4″	10
		幕府山		E118°47′25″ N32°7′45″	6
		幕府山		E118°47′23″ N32°7′45″	6
		幕府山	达摩洞景区上坡	E118°47′55″ N32°7′57″	5
		幕府山	达摩洞景区下坡	E118°47′54″ N32°7′58″	9
		幕府山	仙人对弈	E118°48′4″ N32°8′19″	2
		幕府山	半山禅院上中	E118°48′4″ N32°8′14″	16
		幕府山	半山禅院上	E118°47′58″ N32°8′1″	3
		幕府山	仙人对弈左坡	E118°48′5″ N32°8′10″	1
		幕府山	仙人对弈左中坡	E118°48′6″ N32°8′16″	3
		幕府山	仙人对弈下坡	E118°48′5″ N32°8′16″	10

腺花茅莓 *Rubus parvifolius* var. *adenochlamys* (Focke) Migo

【别名】倒莓子、托盘

【科属】蔷薇科（Rosaceae）悬钩子属（*Rubus*）

【树种简介】灌木，高1~2米。小叶3枚，在新枝上偶有5枚，菱状圆形或倒卵形，顶端圆钝或急尖，基部圆形或宽楔形，边缘有不整齐粗锯齿或缺刻状粗重锯齿，常具浅裂片。伞房花序顶生或腋生，稀顶生花序呈短总状，具花数朵至多朵，花瓣卵圆形或长圆形，粉红至紫红色，基部具爪。果实卵球形，直径1~1.5厘米，红色，无毛或具稀疏柔毛；核有浅皱纹。花期5~6月，果期7~8月。产于山西、陕西、甘肃、河北、河南、湖南、江苏、四川。常生于向阳山坡或林下。果实酸甜多汁，可供食用、酿酒及制醋等；根和叶含单宁，可提取栲胶；全株入药，有止痛、活血、祛风湿及解毒之效。

【种质资源】南京市腺花茅莓野生种质资源共2份，分别归属于浦口区和高淳区，具体种质资源信息见表19。

01：浦口区

分布于老山林场平坦分场、西山分场、狮子岭分场、七佛寺分场、铁路林分场和星甸杜仲林场，龙王山林场，定山林场，其中老山林场范围内分布量最大。在浦口区198个样地中35个样地有分布，共1191株，高度均小于1.3米。种群极大，分布集中。

02：高淳区

仅分布于大山林场。在高淳区53个样地中仅1个样地有分布，共10株，高度均小于1.3米。种群极小，分布集中。

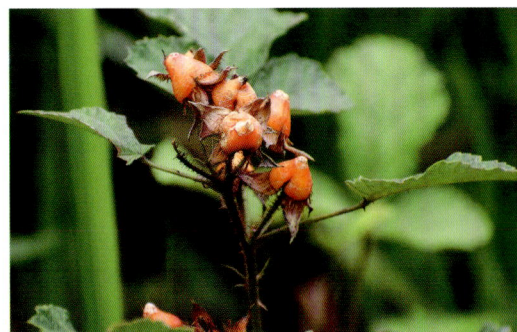

表19　腺花茅莓野生种质资源信息

种质资源编号	种质资源归属	林地名称	小地名	样地中心GPS坐标	数量/株
01	浦口区	老山林场平坦分场	横山沟旁	E118°31′14.43″ N32°4′19.78″	100
		老山林场平坦分场	凤凰山后	E118°30′32.38″ N32°4′18.2″	30

（续）

种质资源编号	种质资源归属	林地名称	小地名	样地中心GPS坐标	数量/株
		老山林场平坦分场	枣核山	E118°30′26.25″ N32°4′5.79″	50
		老山林场平坦分场	埋娃山	E118°30′11.78″ N32°3′34.64″	30
		老山林场平坦分场	大鸡山	E118°30′30.27″ N32°3′40.25″	50
		老山林场平坦分场	小马腰	E118°30′32.68″ N32°3′27.68″	50
		老山林场平坦分场	匪集场山后	E118°31′58.93″ N32°4′11.24″	30
		老山林场平坦分场	麒麟洼	E118°32′36.25″ N32°3′56.41″	10
		老山林场平坦分场	短喷	E118°33′35.86″ N32°5′28.78″	10
		老山林场平坦分场	平阳山	E118°33′37.72″ N32°4′60″	50
		老山林场平坦分场	蛇地	E118°33′59.25″ N32°5′39.57″	50
		老山林场平坦分场	小马腰	E118°30′32.71″ N32°3′27.67″	10
		老山林场西山分场	西山—杨喷后	E118°26′5.77″ N32°4′18.59″	30
		老山林场西山分场	西山—铁路桥下	E118°26′47.85″ N32°3′5.63″	50
		老山林场西山分场	万隆护林点后	E118°26′48.01″ N32°2′59.19″	30
		老山林场西山分场	罗汉寺—迎面山	E118°26′22.73″ N32°2′48.4″	30
		老山林场狮子岭分场	暗沟护林点	E118°30′49.74″ N32°2′34.47″	15
		老山林场狮子岭分场	厂部	E118°32′53.41″ N32°2′57.91″	30
		老山林场七佛寺分场	四道桥	E118°37′36.45″ N32°6′6.55″	30
01	浦口区	老山林场铁路林分场	羊鼻山脊	E118°40′49.98″ N32°8′52.38″	30
		老山林场铁路林分场	采石场旁	E118°39′22.55″ N32°8′19.15″	30
		老山林场铁路林分场	丁家碙水库北侧路旁	E118°39′31.64″ N32°8′30.85″	100
		星甸杜仲林场	观音洞下	E118°23′35.04″ N32°3′16.09″	10
		星甸杜仲林场	山喷码字上	E118°24′31.92″ N32°3′10.73″	30
		星甸杜仲林场	水井山	E118°24′59.68″ N32°3′17.16″	30
		星甸杜仲林场	亭子山	E118°24′1.49″ N32°3′0.46″	1
		星甸杜仲林场	独山西	E118°24′38.81″ N32°3′48.84″	40
		星甸杜仲林场	东常山	E118°24′17.24″ N32°3′28.39″	20
		星甸杜仲林场	林场后面	E118°24′15.84″ N32°3′20.77″	20
		龙王山林场	龙王山	E118°42′45.03″ N32°11′51.05″	15
		定山林场		E118°39′6.01″ N32°7′38″	30
		定山林场		E118°39′2.67″ N32°7′42.66″	30
		定山林场		E118°39′11.87″ N32°7′53.96″	50
		定山林场		E118°39′34.97″ N32°7′51.6″	20
		定山林场	定山寺旁	E118°39′3.81″ N32°7′51.05″	50
02	高淳区	大山林场	大山寺旁	E119°5′6.77″ N31°25′5.43″	10

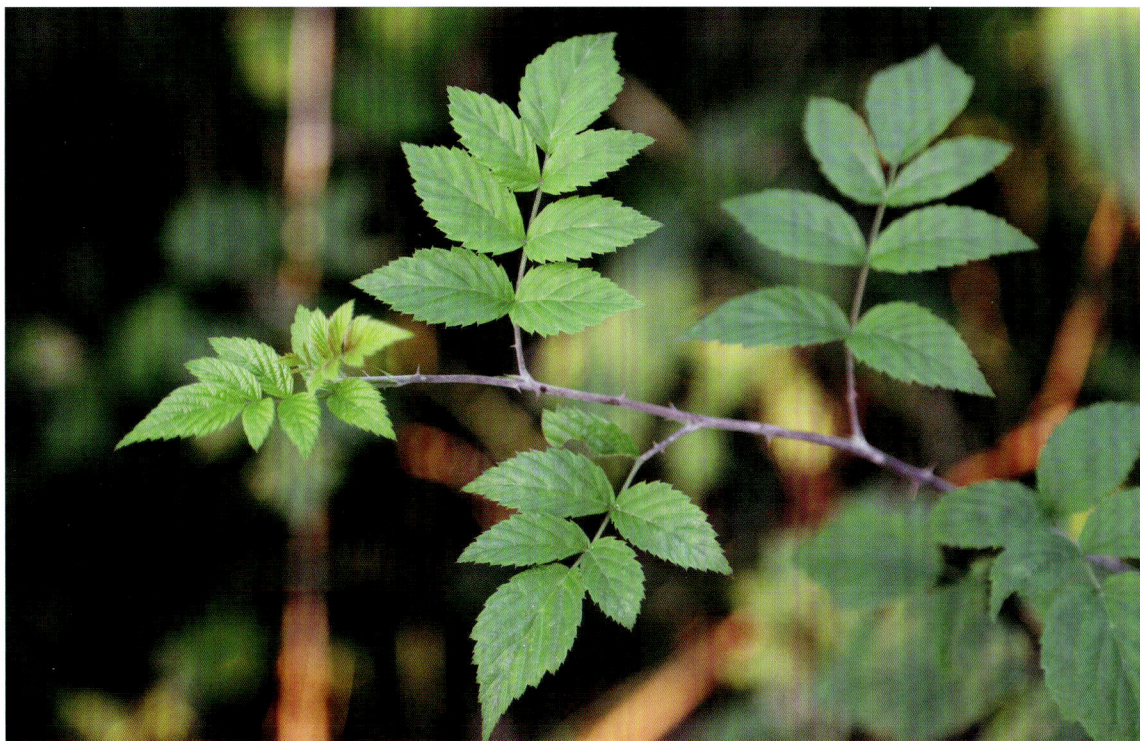

插田藨 *Rubus coreanus* Miq.

【别名】高丽悬钩子、插田泡

【科属】蔷薇科（Rosaceae）悬钩子属（*Rubus*）

【树种简介】灌木，高 1~3 米。枝粗壮，红褐色，被白粉，具近直立或钩状扁平皮刺。小叶通常5 枚，稀 3 枚，卵形、菱状卵形或宽卵形，边缘有不整齐粗锯齿或缺刻状粗锯齿。伞房花序生于侧枝顶端，具花数朵至 30 余朵，花瓣倒卵形，淡红色至深红色。果实近球形，直径 5~8 毫米，深红色至紫黑色；核具皱纹。花期 4~6 月，果期 6~8 月。主产陕西、甘肃、河南、江西、湖北、湖南、江苏、浙江、福建、安徽、四川、贵州、新疆；朝鲜和日本也有分布。常生于海拔 100~1700 米的山坡灌丛或山谷、河边、路旁。果实味酸甜可生食、熬糖及酿酒，又可入药，为强壮剂；根有止血、止痛的功效；叶能明目。

【种质资源】南京市插田藨野生种质资源仅 1份，归属于江宁区。具体种质资源信息见表 20。

01：江宁区

分布于孟塘社区、横溪街道、汤山林场、青林社区和东善桥林场。在江宁区 223 个样地中 19 个样地有分布，共 20 株，其中 17 株株高小于 1.3 米，8 株胸径 1~3 厘米，平均胸径 2 厘米。种群极小，分布集中。

表20　插田泡野生种质资源信息

种质资源编号	种质资源归属	林地名称	小地名	样地中心GPS坐标	数量/株
		孟塘社区		E119°2′38.1″ N32°4′50.16″	1
		孟塘社区		E119°2′38.1″ N32°4′50.16″	1
		横溪街道横溪社区		E118°41′24.71″ N31°44′6.08″	1
		汤山林场汤山一郎山		E119°3′20.34″ N32°4′16.29″	1
		汤山林场佘村工区	青龙山	E118°56′40.7″ N32°0′10.51″	1
		汤山林场佘村工区		E118°56′43.52″ N32°0′41.96″	1
		汤山林场佘村工区	青龙山	E118°56′19.79″ N32°0′5.54″	1
		汤山林场龙泉工区		E118°58′5.04″ N31°59′18.89″	1
		汤山林场龙泉工区		E118°57′43.17″ N31°59′1.1″	2
01	江宁区	汤山林场龙泉工区		E118°57′54.02″ N31°59′53.54″	1
		青林社区	白露头	E119°5′30.3″ N32°5′15.17″	1
		东善桥林场云台山分场	大平山	E118°42′21.36″ N31°42′26.54″	1
		东善桥林场横山分场		E118°48′45.31″ N31°28′6.43″	1
		东善桥林场横山分场		E118°48′53.79″ N31°37′15.38″	1
		东善桥林场横山分场		E118°48′12.38″ N31°37′10.3″	1
		东善桥林场横山分场		E118°47′31.34″ N31°38′33.17″	1
		东善桥林场东善分场	静龙山	E118°46′52.37″ N31°51′20.88″	1
		东善桥林场东善分场		E118°46′50.46″ N31°51′25.78″	1
		东善桥林场铜山分场		E118°50′36.13″ N31°38′56.67″	1

蓬蘽 *Rubus hirsutus* Thunb.

【别名】 蓬虆

【科属】 蔷薇科（Rosaceae）悬钩子属（*Rubus*）

【树种简介】 灌木，高 1~2 米。枝红褐色或褐色，被柔毛和腺毛，疏生皮刺。小叶 3~5 枚，卵形或宽卵形，顶端急尖，顶生小叶顶端常渐尖，基部宽楔形至圆形，边缘具不整齐尖锐重锯齿。花常单生于侧枝顶端，也有腋生；花大，直径 3~4 厘米；花瓣倒卵形或近圆形，白色，基部具爪。果实近球形，直径 1~2 厘米，无毛。花期 4 月，果期 5~6 月。主产河南、江西、安徽、江苏、浙江、福建、台湾、广东；朝鲜、日本也有分布。常生于海拔低于 1500 米的山坡路旁阴湿处或灌丛中。全株及根均可入药，具有消炎解毒、清热镇惊、活血及祛风湿之功效。

【种质资源】 南京市蓬蘽野生种质资源共 5 份，分别归属于六合区、浦口区、栖霞区、高淳区和主城区，具体种质资源信息见表 21。

01：六合区

分布于盘山、竹镇和冶山林地。在六合区 81 个样地中 13 个样地有分布，共 483 株，株高均小于 1.3 米。种群大，分布集中。

02：浦口区

分布于老山林场平坦分场、西山分场、狮子岭分场、七佛寺分场、铁路林分场和星甸杜仲林场，以老山林场范围内分布居多。在浦口区 198 个样地中 40 个样地有分布，共 2580 株，高度均小于 1.3 米。种群极大，分布集中。

03：栖霞区

分布于大普塘水库、灵山和羊山。在栖霞区 44 个样地中 4 个样地有分布，共 18 株，高度均小于 1.3 米。种群极小，分布集中。

04：高淳区

主要分布于傅家坛林场、游子山林场和青山林场，大荆山林场也有少量分布。在高淳区 53 个样地中 8 个样地有分布，共 318 株，高度均小于 1.3 米。种群大，分布集中。

05：主城区

分布于九华山和幕府山。在南京主城区 69 个样地中 3 个样地有分布，共 110 株，其中 54 株高度小于 1.3 米。种群大，分布集中。

表21　蓬蘽野生种质资源信息

种质资源编号	种质资源归属	林地名称	小地名	样地中心GPS坐标	数量/株
01	六合区	盘山		E118°36′27.652″ N32°28′25.432″	10
		盘山		E118°37′05.581″ N32°29′14.219″	30
		竹镇		E118°34′22.879″ N32°34′08.569″	10
		竹镇		E118°34′02.428″ N32°33′44.100″	40
		冶山		E118°56′46.018″ N32°30′35.158″	35
		冶山		E118°56′52.249″ N32°30′42.757″	56
		冶山		E118°56′58.898″ N32°30′33.649″	45
		冶山		E118°56′53.999″ N32°30′29.999″	22
		冶山		E118°56′20.998″ N32°29′57.998″	3
		冶山		E118°56′45.748″ N32°30′25.420″	33
		冶山		E118°56′40.567″ N32°30′20.790″	60
		冶山		E118°56′21.797″ N32°30′35.680″	83

（续）

种质资源编号	种质资源归属	林地名称	小地名	样地中心GPS坐标	数量/株
01	六合区	冶山		E118°56′49.128″ N32°29′55.028″	56
		老山林场平坦分场	横山沟旁	E118°31′14.430″ N32°4′19.776″	100
		老山林场平坦分场	横山半坡	E118°31′11.766″ N32°4′13.890″	100
		老山林场平坦分场	杨船山	E118°31′55.150″ N32°4′32.556″	100
		老山林场平坦分场	凤凰山后	E118°30′32.382″ N32°4′18.203″	>100
		老山林场平坦分场	枣核山	E118°30′26.255″ N32°4′05.790″	100
		老山林场平坦分场	埋娃山	E118°30′11.783″ N32°3′34.643″	100
		老山林场平坦分场	大鸡山	E118°30′30.269″ N32°3′40.248″	100
		老山林场平坦分场	小鸡山	E118°30′31.698″ N32°3′42.034″	50
		老山林场平坦分场	小马腰	E118°30′32.681″ N32°3′27.684″	100
		老山林场平坦分场	小马腰下	E118°30′53.147″ N32°3′25.445″	>100
02	浦口区	老山林场平坦分场	小马腰与大马腰间	E118°31′07.788″ N32°3′30.564″	100
		老山林场平坦分场	匪集场道旁	E118°31′58.926″ N32°4′11.244″	100
		老山林场平坦分场	匪集场山后	E118°31′58.926″ N32°4′11.244″	100
		老山林场平坦分场	匪集场道旁	E118°32′01.918″ N32°4′24.809″	50
		老山林场平坦分场	麒麟洼	E118°32′33.202″ N32°3′55.804″	20
		老山林场平坦分场	麒麟洼	E118°32′36.251″ N32°3′56.412″	100
		老山林场平坦分场	大平山	E118°33′51.534″ N32°4′13.084″	100
		老山林场平坦分场	大平山	E118°33′46.674″ N32°4′20.172″	100
		老山林场平坦分场	大平山	E118°33′51.016″ N32°4′18.203″	50
		老山林场平坦分场	虎洼二号洞口	E118°33′32.285″ N32°4′55.294″	100
		老山林场平坦分场	虎洼九龙山	E118°32′58.060″ N32°4′31.746″	100

（续）

种质资源编号	种质资源归属	林地名称	小地名	样地中心GPS坐标	数量/株
		老山林场平坦分场	门坎里—黄梨山	E118°32′28.450″ N32°4′39.382″	100
		老山林场平坦分场	门坎里—大小女儿山间	E118°32′19.608″ N32°4′25.968″	70
		老山林场平坦分场	虎洼山脊	E118°33′47.056″ N32°3′58.295″	50
		老山林场西山林场	西山—杨喷后	E118°26′05.770″ N32°4′18.588″	50
		老山林场狮子岭分场	响铃庵	E118°34′28.996″ N32°3′28.408″	30
		老山林场狮子岭分场	响铃庵	E118°34′08.044″ N32°5′02.839″	20
		老山林场狮子岭分场	大洼口—狮平路	E118°33′57.222″ N32°5′37.828″	80
		老山林场狮子岭分场	兴隆寺旁	E118°31′36.077″ N32°3′05.094″	100
		老山林场狮子岭分场	兴隆寺路旁	E118°31′38.158″ N32°2′50.590″	100
02	浦口区	老山林场狮子岭分场	厂部	E118°32′53.416″ N32°2′57.912″	50
		老山林场七佛寺分场	四道桥	E118°37′36.455″ N32°6′06.556″	50
		老山林场七佛寺分场	黄山岭	E118°35′32.831″ N32°5′46.907″	30
		老山林场七佛寺分场	黑桃洼	E118°35′33.900″ N32°6′34.805″	50
		老山林场七佛寺分场	老山中学	E118°35′10.032″ N32°6′43.614″	>100
		老山林场七佛寺分场	分场场部旁	E118°36′11.862″ N32°5′28.295″	10
		老山林场铁路林分场	分场实验林旁	E118°40′51.186″ N32°8′58.535″	30
		星甸杜仲林场	西山沟	E118°24′17.417″ N32°3′33.862″	50
		星甸杜仲林场	林业队	E118°24′45.569″ N32°3′52.978″	20
		星甸杜仲林场	东常山	E118°24′17.237″ N32°3′28.386″	20
		大普塘水库		E118°55′24.017″ N32°5′03.289″	2
03	栖霞区	灵山		E118°56′05.849″ N32°5′24.508″	2
		灵山		E118°55′53.710″ N32°5′14.849″	2

（续）

种质资源编号	种质资源归属	林地名称	小地名	样地中心GPS坐标	数量/株
03	栖霞区	羊山		E118°55′56.237″ N32°6′47.588″	12
04	高淳区	傅家坛林场	林科站	E119°5′21.322″ N31°14′54.492″	30
		傅家坛林场	顾子	E119°4′51.107″ N31°15′01.523″	100
		大荆山林场	黄家塞	E118°8′32.183″ N32°26′15.828″	8
		游子山林场	环山路北端路旁	E119°1′04.102″ N31°21′36.508″	30
		游子山林场	大凹	E119°0′28.206″ N31°20′46.356″	80
		青山林场	林业队	E119°3′50.465″ N31°22′07.259″	10
		青山林场	林业队	E119°3′42.581″ N31°22′16.381″	50
		青山林场	林业队	E119°3′32.339″ N31°20′33.709″	10
05	主城区	九华山	弥勒佛坡上	E118°48′15.001″ N32°3′41.000″	38
		九华山	弥勒佛坡下	E118°48′11.999″ N32°3′45.000″	70
		幕府山	三台洞	E118°1′00.001″ N31°21′00.022″	2

山莓　*Rubus corchorifolius* L. f.

【别名】高脚波、馒头菠、刺葫芦、泡儿刺、大麦泡、龙船泡、四月泡、三月泡、撒秧泡、牛奶泡、山抛子、树莓

【科属】蔷薇科（Rosaceae）悬钩子属（*Rubus*）

【树种简介】直立灌木，高 1~3 米。枝具皮刺，幼时被柔毛。单叶，卵形至卵状披针形，顶端渐尖，基部微心形，有时近截形或近圆形，边缘不分裂或 3 裂，通常不育枝上的叶 3 裂，有不规则锐锯齿或重锯齿。花单生或少数生于短枝上，直径可达 3 厘米；花瓣长圆形或椭圆形，白色，顶端圆钝。果实由很多小核果组成，近球形或卵球形，直径 1~1.2 厘米，红色，密被细柔毛；核具皱纹。花期 2~3 月，果期 4~6 月。除东北、甘肃、青海、新疆、西藏外，全国其他各地均有分布；朝鲜、日本、缅甸、越南也有分布。喜光，耐贫瘠，适应性强，系荒地的一种先锋植物；多生于向阳山坡、溪边、山谷、荒地和疏密灌丛潮湿处。果味甜美，含糖、苹果酸、柠檬酸及维生素 C 等，可供生食、制果酱及酿酒；果、根及叶入药，具有活血、解毒、止血之功效。

【种质资源】南京市山莓野生种质资源共 7 份，分别归属于浦口区、栖霞区、雨花台区、江宁区、溧水区、高淳区和主城区，具体种质资源信息见表 22。

01：浦口区

仅分布于老山林场平坦分场、七佛寺分场，以平坦分场分布居多。在浦口区198个样地中3个样地有分布，共130株。种群较大，分布集中。

02：栖霞区

分布于兴卫山和栖霞山。在栖霞区44个样地中4个样地有分布，共31株。种群较小，分布集中。

03：雨花台区

分布于铁心桥街道、秣陵街道、牛首山北坡、普觉寺和罐子山。在雨花台区24个样地中11个样地有分布，共21株，植株高度均小于1.3米。种群小，分布较广泛。

04：江宁区

分布于方山、汤山林场、孟塘社区、青林社区、古泉社区、东善桥林场铜山分场、横溪街道、青山社区、汤山街道、牛首山、南山湖、富贵山公墓处、洪幕社区和天台山。在江宁区223个样地中66个样地有分布，共86株，株高均小于1.3米。种群较大，分布较广泛。

05：溧水区

分布于溧水区林场平山分场、秋湖分场。在溧水区115个样地中3个样地有分布，共24株。种群小，分布集中。

06：高淳区

大多数分布于青山林场，傅家坛林场、大荆山林场和游子山林场也有分布。在高淳区53个样地中7个样地有分布，共301株，株高均小于1.3米。种群大，分布集中。

07：主城区

分布于紫金山和九华山。在主城区69个样地中11个样地有分布，共34株。种群较小，分布较集中。

表22　山莓野生种质资源信息

种质资源编号	种质资源归属	林地名称	小地名	样地中心GPS坐标	数量/株
01	浦口区	老山林场平坦分场	横山半坡	E118°31′11.77″ N32°4′13.89″	100
		老山林场七佛寺分场	大椅子山	E118°38′8.81″ N32°6′32.85″	10
		老山林场七佛寺分场	景观平台	E118°37′42.17″ N32°6′13.78″	20
02	栖霞区	兴卫山		E118°50′44.28″ N32°5′58.56″	7
		兴卫山		E118°50′46.04″ N32°5′59.39″	11
		兴卫山	兴卫山北坡	E118°50′24.34″ N32°6′0.26″	8
		栖霞山		E118°57′26.93″ N32°9′18.98″	5
03	雨花台区	铁心桥街道韩府山		E118°45′29.12″ N31°56′56.46″	11
		铁心桥街道韩府山		E118°45′30.33″ N31°56′48.6″	1
		秣陵街道将军山		E118°45′9.45″ N31°56′8.89″	1

（续）

种质资源编号	种质资源归属	林地名称	小地名	样地中心GPS坐标	数量/株
03	雨花台区	秣陵街道将军山		E118°45′39.8″ N31°55′43.36″	1
		牛首山北坡		E118°44′3.88″ N31°55′10.89″	1
		牛首山北坡		E118°44′9.75″ N31°55′12.16″	1
		牛首山北坡		E118°44′18″ N31°55′28.39″	1
		牛首山北坡		E118°44′21.7″ N31°55′25.6″	1
		牛首山北坡		E118°44′22.53″ N31°55′29.01″	1
		普觉寺		E118°44′29.02″ N31°55′22.11″	1
		罐子山	西善桥	E118°43′22.49″ N31°56′29.65″	1
		方山		E118°52′34.25″ N31°53′49.41″	1
		方山		E118°33′58.37″ N31°54′10.02″	1
		方山		E118°52′25.66″ N31°53′33.98″	9
04	江宁区	汤山林场黄栗墅工区	土地山	E119°1′2.54″ N32°3′44.17″	1
		汤山林场黄栗墅工区	土地山	E119°1′13.38″ N32°4′5.95″	1
		汤山林场佘村工区	青龙山	E118°56′40.7″ N32°0′10.51″	1
		汤山林场佘村工区	青龙山	E118°56′46.14″ N32°0′53.25″	1
		汤山林场佘村工区	青龙山	E118°56′42.46″ N32°0′47.76″	1
		汤山林场佘村工区		E118°56′43.52″ N32°0′41.96″	1
		汤山林场佘村工区	青龙山	E118°56′19.79″ N32°0′5.54″	1
		汤山林场龙泉工区		E118°57′32.46″ N31°59′6.67″	1
		汤山林场龙泉工区		E118°57′54.02″ N31°59′53.54″	1
		汤山林场龙泉工区		E118°58′14.15″ N32°0′12.64″	1
		孟塘社区	射乌山	E119°3′8.53″ N32°5′52.37″	1
		孟塘社区		E119°2′40.74″ N32°4′48.07″	1
		青林社区	白露头	E119°5′30.3″ N32°5′15.17″	1
		青林社区	白露头	E119°5′30.3″ N32°5′15.17″	1
		青林社区	白露头	E119°15′20.59″ N32°4′59.61″	1
		青林社区	女儿山	E119°4′37.17″ N32°4′21.65″	1
		古泉社区		E119°1′29.37″ N32°2′49.72″	1
		东善桥林场云台山分场	大平山	E118°42′30.63″ N31°42′28.36″	1
		东善桥林场云台山分场	大平山	E118°42′19.43″ N31°42′28.84″	1
		东善桥林场云台山分场	鸡笼山	E118°41′59.67″ N31°41′55″	1
		东善桥林场横山分场		E118°48′57.06″ N31°37′55.3″	1
		东善桥林场横山分场		E118°48′53.79″ N31°37′15.38″	1

（续）

种质资源编号	种质资源归属	林地名称	小地名	样地中心GPS坐标	数量/株
		东善桥林场横山分场		E118°48′12.38″ N31°37′10.3	1
		东善桥林场横山分场		E118°47′25.39″ N31°38′23.59″	1
		东善桥林场东善分场	静龙山	E118°47′36.6″ N31°50′56.61″	1
		东善桥林场东善分场	静龙山	E118°46′52.37″ N31°51′20.88″	1
		东善桥林场横山分场		E118°52′34.94″ N31°42′12.6″	1
		东善桥林场横山分场		E118°49′26.97″ N31°38′12.31″	1
		东善桥林场横山分场		E118°49′32.96″ N31°38′4.11″	1
		东善桥林场横山分场		E118°49′26.98″ N31°38′6.85″	1
		东善桥林场铜山分场		E118°50′36.13″ N31°38′56.67″	1
		东善桥林场铜山分场		E118°56′30.33″ N31°37′13.04″	1
		东善桥林场铜山分场		E118°50′36.88″ N31°39′17.79″	1
		东善桥林场铜山分场		E118°50′30″ N31°39′41.84″	1
		东善桥林场铜山分场		E118°52′8.1″ N31°41′13.63″	1
		东善桥林场铜山分场		E118°52′27.84″ N31°39′18.32″	1
		东善桥林场铜山分场		E118°52′18.33″ N31°39′18.52″	1
		东善桥林场铜山分场		E118°52′18.08″ N31°39′27.82″	1
04	江宁区	东善桥林场铜山分场		E118°52′1.25″ N31°39′1.29″	1
		东善桥林场铜山分场		E118°51′5.98″ N31°39′1.58″	1
		横溪街道横溪	枣山	E118°42′19.89″ N31°46′38.04″	1
		横溪街道横溪	蒋门山	E118°40′26.15″ N31°47′16.76″	1
		青山社区		E118°56′59.76″ N31°57′50.98″	1
		汤山街道西猪咀凹		E118°57′2.58″ N31°58′12.96″	1
		汤山街道		E118°56′56.89″ N31°58′24.51″	1
		汤山街道		E119°0′3.32″ N32°0′47.47″	1
		牛首山		E118°44′43.64″ N31°53′23.64″	1
		牛首山		E118°44′47.99″ N31°53′30.49″	1
		牛首山		E118°44′57.33″ N31°53′46.05″	1
		牛首山		E118°44′18.37″ N31°54′47.96″	1
		牛首山		E118°44′53.71″ N31°54′7.74″	1
		南山湖		E118°32′58.89″ N31°46′8.24″	1
		富贵山公墓处		E118°32′28.22″ N31°45′46.73″	1
		洪幕社区	洪幕山	E118°32′49.64″ N31°45′38.28″	3
		洪幕社区	洪幕山	E118°32′58.01″ N31°45′31.69″	1

（续）

种质资源编号	种质资源归属	林地名称	小地名	样地中心GPS坐标	数量/株
04	江宁区	洪幕社区		E118°34′48.09″ N31°44′56.03″	1
		洪幕社区		E118°34′42.5″ N31°44′52.9″	11
		天台山	石塘	E118°41′43.03″ N31°43′8.6″	1
		横溪街道横溪	石塘附近	E118°42′2.91″ N31°42′52.53″	1
		横溪街道横溪		E118°41′15.45″ N31°45′8.48″	1
		横溪街道横溪		E118°41′8.44″ N31°41′26.92″	1
		横溪街道横溪		E118°40′39.1″ N31°41′53.59″	1
		横溪街道横溪		E118°40′42.81″ N31°41′55.1″	1
05	溧水区	溧水区林场平山分场	乌王山	E119°1′36″ N31°36′13″	8
		溧水区林场秋湖分场	桃花凹	E119°2′21″ N31°34′4″	6
		溧水区林场秋湖分场	龙吟湾	E119°2′36″ N31°33′44″	10
06	高淳区	傅家坛林场	窑冲	E119°4′45.78″ N31°14′9.37″	50
		大荆山林场	黄家塞	E118°8′32.18″ N32°26′15.83″	1
		游子山林场	大凹	E119°0′28.21″ N31°20′46.35″	30
		青山林场	林业队	E119°3′50.46″ N31°22′7.26″	10
		青山林场	林业队	E118°3′39.43″ N31°22′8.71″	100
		青山林场	林业队	E119°3′50.46″ N31°22′7.26	100
		青山林场	林业队	E119°3′42.58″ N31°22′16.38″	10
07	主城区	紫金山		E118°51′3″ N32°4′8″	3
		紫金山		E118°51′13″ N32°4′4″	1
		紫金山		E118°52′12″ N32°3′48″	6
		紫金山		E118°52′5″ N32°3′45″	1
		紫金山		E118°52′5″ N32°3′46″	1
		紫金山		E118°52′0″ N32°3′43″	1
		紫金山		E118°52′1″ N32°3′46″	1
		紫金山	中马腰与猴子头之间	E118°50′35″ N32°4′11″	1
		紫金山		E118°50′39″ N32°48′18″	2
		紫金山		E118°50′24″ N32°3′56″	1
		九华山	弥勒佛坡上	E118°48′15″ N32°3′41″	16

掌叶覆盆子 *Rubus chingii* Hu

【别名】牛奶母、大号角公、掌叶覆盆子

【科属】蔷薇科（Rosaceae）悬钩子属（*Rubus*）

【树种简介】藤状灌木，高 1.5~3 米。枝细，具皮刺，无毛。单叶，近圆形，基部心形，边缘掌状，深 5 裂，稀 3 或 7 裂，裂片椭圆形或菱状卵形，顶端渐尖，基部狭缩，顶生裂片与侧生裂片近等长或稍长，具重锯齿，有掌状 5 脉；叶柄长 2~4 厘米，疏生小皮刺。单花腋生，花瓣椭圆形或卵状长圆形，白色，顶端圆钝。果实近球形，红色，密被灰白色柔毛。花期 3~4 月，果期 5~6 月。主产江苏、安徽、浙江、江西、福建、广西；日本也有分布。适应性强，但以土壤肥沃、保水保肥力强及排水良好的中性砂壤土及红壤、紫色土生长较好。成熟果实甘甜多汁，营养丰富，是重要的蜜源和药用植物；未成熟的干燥果实入药，中药名"覆盆子"。

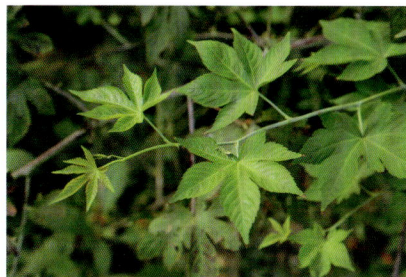

【种质资源】南京市掌叶覆盆子野生种质资源共 1 份，归属于江宁区，具体种质资源信息见表 23。

01：江宁区

分布于汤山林场和南山湖。在江宁区 223 个样地中 2 个样地有分布，共 2 株，株高均小于 1.3 米。种群极小。

表23　掌叶覆盆子野生种质资源信息

种质资源编号	种质资源归属	林地名称	样地中心GPS坐标	数量/株
01	江宁区	汤山林场龙泉工区	E118°58′14.15″ N32°0′12.64″	1
		南山湖	E118°32′58.89″ N31°46′8.24″	1

高粱泡 *Rubus lambertianus* Ser.

【**别名**】高粱藨

【**科属**】蔷薇科（Rosaceae）悬钩子属（*Rubus*）

【**树种简介**】半落叶藤状灌木，高达 3 米。枝幼时有细柔毛或近无毛，有微弯小皮刺。单叶宽卵形，稀长圆状卵形，顶端渐尖，基部心形，上面疏生柔毛或沿叶脉有柔毛，下面被疏柔毛，沿叶脉毛较密，中脉上常疏生小皮刺，边缘明显 3~5 裂或呈波状，有细锯齿；圆锥花序顶生，生于枝上部叶腋内的花序常近总状，有时仅数朵花簇生于叶腋；苞片与托叶相似；花直径约 8 毫米；花瓣倒卵形，白色，无毛。果实小，近球形，熟时红色。花期 7~8 月，果期 9~11 月。主产河南、湖北、湖南、安徽、江西、江苏、浙江、福建、台湾、广东、广西、云南；日本也有分布。在光照条件好、土质肥沃、土壤潮湿但不低洼积水的向阳坡地生长良好；常生于低海拔山坡、山谷或路旁灌木丛中阴湿处或生于林缘及草坪。果熟后可食用或酿酒；根叶均可入药，具有清热散瘀、止血之功效；种子药用，也可榨油。

南京市高粱泡野生种质资源共 6 份，分别归属于六合区、浦口区、栖霞区、江宁区、溧水区和高淳区。具体种质资源信息见表 24。

01：六合区

分布于冶山林场、瓜埠果园和灵岩山林场。在六合区 81 个样地中 4 个样地有分布，共 75 株，植株高度均小于 1.3 米。种群较大，分布相对集中。

02：浦口区

分布于老山林场平坦分场、西山分场、狮子岭分场、七佛寺分场、东山分场、铁路林分场，星甸杜仲林场，龙山林场和定山林场，其中老山林场范围内分布较多。在浦口区 198 个样地中 72 个样地有分布，总数大于 4592 株，株高几乎均小于 1.3 米，仅 1 株胸径为 1 厘米。种群极大，分布集中。

03：栖霞区

分布于兴卫山和栖霞山。在栖霞区 44 个样地中 4 个样地有分布，共 186 株，株高均小于 1.3 米。种群较大，分布集中。

04：江宁区

分布于青林社区、东善桥林场、洪幕社区和横溪街道。在江宁区 223 个样地中 4 个样地有分布，共 5 株。种群极小，分布分散。

05：溧水区

分布于溧水区林场芳山分场。在溧水区 115 个样地中仅 1 个样地有分布，共 6 株，株高均小于 1.3 米。种群极小，分布集中。

06：高淳区

分布于傅家坛林场、大荆山林场和游子山林场。在高淳区 53 个样地中 4 个样地有分布，共 90 株，其中 2/3 分布于大荆山林场，1/3 分布于傅家坛林场和游子山林场，株高均小于 1.3 米。种群较大，分布集中。

表24　高粱泡野生种质资源信息

种质资源编号	种质资源归属	林地名称	小地名	样地中心GPS坐标	数量/株
01	六合区	冶山		E118°56'56" N32°30'49"	29
		冶山		E118°56'21" N32°29'58"	16
		瓜埠果园		E118°54'4" N32°15'18"	16
		灵岩山		E118°53'13" N32°18'20"	14
02	浦口区	老山林场平坦分场	横山沟旁	E118°31'14.43" N32°4'19.78"	100
		老山林场平坦分场	横山半坡	E118°31'11.77" N32°4'13.89"	100
		老山林场平坦分场	杨船山	E118°31'55.15" N32°4'32.56"	100
		老山林场平坦分场	凤凰山后	E118°30'32.38" N32°4'18.2"	100
		老山林场平坦分场	大姑山	E118°30'24.14" N32°4'4.44"	100
		老山林场平坦分场	枣核山	E118°30'26.25" N32°4'5.79"	100
		老山林场平坦分场	埋娃山	E118°30'11.78" N32°3'34.64"	100
		老山林场平坦分场	大鸡山	E118°30'30.27" N32°3'40.25"	100
		老山林场平坦分场	小马腰	E118°30'32.68" N32°3'27.68"	100
		老山林场平坦分场	小马腰下	E118°30'53.15" N32°3'25.44"	100
		老山林场平坦分场	小马腰与大马腰间	E118°30'6.71" N32°3'30.01"	100
		老山林场平坦分场	小马腰与大马腰间	E118°31'7.79" N32°3'30.56"	50
		老山林场平坦分场	匪集场道旁	E118°31'58.93" N32°4'11.24"	60
		老山林场平坦分场	匪集场山后	E118°31'58.93" N32°4'11.24"	100
		老山林场平坦分场	门坎里山	E118°32'23.84" N32°3'54.86"	30
		老山林场平坦分场	麒麟洼	E118°32'33.2" N32°3'55.8"	50

（续）

种质资源编号	种质资源归属	林地名称	小地名	样地中心GPS坐标	数量/株
		老山林场平坦分场	麒麟洼	E118°32'36.25" N32°3'56.41"	10
		老山林场平坦分场	短喷	E118°33'35.86" N32°5'28.78"	100
		老山林场平坦分场	平阳山	E118°33'37.72" N32°4'60"	100
		老山林场平坦分场	老山林场隧道	E118°34'8.04" N32°5'2.84"	10
		老山林场平坦分场	蛇地	E118°33'59.25" N32°5'39.57"	50
		老山林场平坦分场	大平山	E118°33'51.53" N32°4'13.08"	30
		老山林场平坦分场	大平山	E118°33'46.67" N32°4'20.17"	20
		老山林场平坦分场	大平山	E118°33'51.02" N32°4'18.2"	30
		老山林场平坦分场	虎洼二号洞口	E118°33'32.28" N32°4'55.29"	50
		老山林场平坦分场	虎洼九龙山	E118°32'58.06" N32°4'31.75"	100
		老山林场平坦分场	门坎里—黄梨山	E118°32'28.45" N32°4'39.38"	50
		老山林场平坦分场	门坎里—大小女儿山	E118°32'19.61" N32°4'25.97"	40
		老山林场平坦分场	虎洼山脊	E118°33'47.06" N32°3'58.29"	100
		老山林场平坦分场	虎洼山脊	E118°33'25.82" N32°3'46.15"	30
		老山林场平坦分场	虎洼山脊	E118°33'21.49" N32°3'48.09"	100
		老山林场西山分场	西山—牯牛棚	E118°27'13.88" N32°4'9.5"	50
		老山林场西山分场	西山—铁路桥下	E118°26'47.85" N32°3'5.63"	30
02	浦口区	老山林场西山分场	罗汉寺—迎面山	E118°26'22.73" N32°2'48.4"	30
		老山林场狮子岭分场	响铃庵	E118°34'29" N32°3'28.41"	15
		老山林场狮子岭分场	响铃庵	E118°34'8.04" N32°5'2.84"	20
		老山林场狮子岭分场	大洼口—狮平路	E118°33'57.22" N32°5'37.83"	20
		老山林场狮子岭分场	小洼口—平滩子	E118°33'42.09" N32°3'11.99"	20
		老山林场狮子岭分场	兜率寺后山	E118°33'3.83" N32°3'48.2"	50
		老山林场狮子岭分场	兴隆寺旁	E118°31'36.08" N32°3'5.09"	100
		老山林场狮子岭分场	兴隆寺路旁	E118°31'38.16" N32°2'50.59"	100
		老山林场狮子岭分场	暗沟护林点	E118°30'49.74" N32°2'34.47"	100
		老山林场狮子岭分场	分场场部	E118°32'53.42" N32°2'57.91"	100
		老山林场七佛寺分场	猴子洞	E118°36'50.97" N32°5'45.06"	5
		老山林场七佛寺分场	吴家大洼	E118°37'12.09" N32°6'3.87"	30
		老山林场七佛寺分场	四道桥	E118°37'36.45" N32°6'6.56"	30
		老山林场七佛寺分场	大椅子山	E118°38'8.81" N32°6'32.85"	50
		老山林场七佛寺分场	黄山岭	E118°35'32.83" N32°5'46.91"	>100
		老山林场七佛寺分场	老山林场中学	E118°35'10.03" N32°6'43.61"	>100
		老山林场七佛寺分场	老鹰山	E118°36'40.25" N32°6'24.7"	100
		老山林场七佛寺分场	牛角洼	E118°36'28.61" N32°6'16.76"	50

（续）

种质资源编号	种质资源归属	林地名称	小地名	样地中心GPS坐标	数量/株
		老山林场七佛寺分场	老母猪沟	E118°36'34.76" N32°6'21.58"	30
		老山林场七佛寺分场	景观平台	E118°37'42.17" N32°6'13.78"	100
		老山林场东山分场	望火楼南坡	E118°48'25.25" N32°4'47.65"	80
		老山林场东山分场	小庙南坡	E118°48'12" N32°6'38.27"	80
		老山林场东山分场	椅子山顶	E118°37'49.14" N32°6'44.1"	100
		老山林场东山分场	乌龟驮金书	E118°37'33.82" N32°7'2.82"	100
		老山林场东山分场	浦口路	E118°37'24.65" N32°6'54.44"	100
		老山林场东山分场	龙爪洼	E118°37'60" N32°7'29.05"	100
		老山林场东山分场	文家洼	E118°38'20.18" N32°7'25.15"	100
		老山林场东山分场	岔虎路中断路旁	E118°37'6.63" N32°7'34.91"	100
02	浦口区	老山林场铁路林分场	分场实验林	E118°40'51.19" N32°8'58.53"	100
		星甸杜仲林场	大槽洼	E118°23'55.09" N32°2'33.68"	1
		星甸杜仲林场	山喷码子	E118°24'30.16" N32°3'9.77"	100
		星甸杜仲林场	亭子山	E118°24'1.49" N32°3'0.46"	10
		星甸杜仲林场	宝塔洼子	E118°24'39.44" N32°3'43.16"	25
		星甸杜仲林场	林业队	E118°24'45.57" N32°3'52.98"	100
		龙王山林场	龙王山	E118°42'43.66" N32°11'52.7"	71
		定山林场	定山林场	E118°39'6.02" N32°7'38"	60
		定山林场	定山林场	E118°39'11.87" N32°7'53.96"	10
		定山林场	珍珠泉内	E118°39'11.18" N32°7'58.04"	15
		定山林场	佛手湖	E118°38'55.2" N32°6'37.44"	100
		兴卫山		E118°50'40.74" N32°5'57.13"	25
03	栖霞区	兴卫山		E118°50'44.28" N32°5'58.56"	28
		兴卫山	兴卫山北坡	E118°50'24.34" N32°6'0.26"	5
		栖霞山	小营盘娱乐场	E118°57'44.15" N32°9'18.3"	128
		青林社区	白露头	E119°5'30.3" N32°5'15.17"	1
04	江宁区	东善桥林场横山分场		E118°49'19.78" N31°38'14"	1
		洪幕社区		E118°34'42.5" N31°44'52.9"	2
		横溪街道		E118°41'9.8" N31°45'10.41"	1
05	溧水区	溧水区林场芳山分场	芳山	E119°8'25.53" N31°29'37.54"	6
		傅家坛林场	窑冲	E119°4'45.78" N31°14'9.37"	20
06	高淳区	大荆山林场	黄家塞	E118°8'32.18" N32°26'15.83"	10
		大荆山林场	四凹	E118°8'9.71" N32°26'15.11"	50
		游子山林场	青阳殿对面	E119°0'36.83" N31°20'32.92"	10

野蔷薇 *Rosa multiflora* Thunb.

【**别名**】蔷薇、多花蔷薇、营实墙蘼、刺花、墙蘼、白花蔷薇、七姐妹

【**科属**】蔷薇科（Rosaceae）蔷薇属（*Rosa*）

【**树种简介**】落叶攀缘灌木。小枝圆柱形，通常无毛，有短、粗稍弯曲皮刺。复叶有小叶5~9，近花序的小叶有时3，叶片倒卵形、长圆形或卵形，先端急尖或圆钝，基部近圆形或楔形，边缘有尖锐单锯齿，稀混有重锯齿。花多朵，排成圆锥状花序；花直径1.5~2厘米，花瓣白色，宽倒卵形，先端微凹，基部楔形。果近球形，直径6~8毫米，成熟时红褐色或紫褐色。花期5~7月，果期10月。主产江苏、山东、河南等地；日本、朝鲜也常见。喜光、耐半阴、耐寒、耐瘠薄，忌低洼积水，以肥沃、疏松的微酸性土壤最好。花繁叶茂，芳香清幽；花形千姿百态，花色五彩缤纷，是较好的园林绿化材料，可植于溪畔、路旁及园边、地角等处，或用于花柱、花架、花门、篱垣与栅栏绿化、墙面绿化、山石绿化、阳台绿化、窗台绿化、立交桥绿化等。果实可酿酒，花、果、根、茎均可入药，具有降血糖、降血脂、增强机体免疫力、延缓衰老、抗病原体、抗肿瘤、抑菌预防心脏病的功效。

【**种质资源**】南京市野蔷薇野生种质资源共8份，分别归属于六合区、浦口区、栖霞区、雨花台区、江宁区、溧水区、高淳区和主城区。具体种质资源信息见表25。

01：六合区

分布于盘山、平山林场、竹镇、奶山、冶山、方山、瓜埠果园、瓜埠林、灵岩山，以平山林场分布较多。在六合区81个样地中37个样地有分布，总1096株，株高均小于1.3米。种群极大，分布较广泛、集中。

02：浦口区

分布于老山林场平坦分场、西山分场、狮子岭分场、七佛寺分场、铁路林分场，星甸杜仲林场，龙王山林场，定山林场和大桥林场。在浦口区198个样地中60个样地有分布，共1377株，其中1375株高度小于1.3米（占总数的99%），2株胸径1~5厘米。种群极大，集中分布于老山林场。

03：栖霞区

分布于兴卫山、栖霞山、西岗街道、大普塘水库、灵山、仙鹤山、羊山、太平山公园、南象山、北象山、何家山和乌龙山。在栖霞区44个样地中35个样地有分布，共240株，其中220株高度小于1.3米，18株胸径为1~10厘米，单株最大胸径10厘米。种群较大，分布广泛。

04：雨花台区

分布于铁心桥街道、牛首山北坡和罐子山。在雨花台区24个样地中4个样地有分布，共10

株，株高均小于 1.3 米。种群极小。

05：江宁区

分布于方山，汤山林场，孟塘社区，青林社区，东善桥林场横山分林场、铜山分场、东善分场，牛首山，富贵山公墓，洪幕社区，西宁社区，天台山，横溪街道和秣陵街道，以方山分布最多。在江宁区 223 个样地中 34 个样地有分布，共 619 株，其中 318 株高度小于 1.3 米，361 株胸径为 1~5 厘米，平均胸径 1.5 厘米。种群大，分布集中。

06：溧水区

分布于溧水区林场东庐分场。在溧水区 115 个样地中仅 1 个样地有 6 株，株高均小于 1.3 米。种群极小。

07：高淳区

分布于傅家坛林场、大山林场、大荆山林场、游子山林场、青山林场。在高淳区 53 个样地中 14 个样地有分布，共 290 株，株高均小于 1.3 米。种群较大，分布相对集中。

08：主城区

分布于紫金山、九华山、狮子山、幕府山。在南京主城区 69 个样地中 34 个样地有分布，共 1013 株，其中 683 株高度小于 1.3 米，其余 330 株为 1~5 厘米，单株最大胸径为 1.5 厘米。种群极大，分布集中。

表25　野蔷薇野生种质资源信息

种质资源编号	种质资源归属	林地名称	小地名	样地中心GPS坐标	数量/株
		盘山		E118°35′25.99″ N32°28′54.2″	20
		盘山		E118°36′13.94″ N32°28′44.47″	20
		盘山		E118°35′33.52″ N32°29′14.16″	30
		盘山		E118°36′27.65″ N32°28′25.43″	25
		盘山		E118°37′5.58″ N32°29′14.22″	15
		平山林场	骡子山尖山万寿庵	E118°49′7″ N32°30′28″	52
		平山林场	袁家洼	E118°49′48″ N32°30′8″	25
01	六合区	平山林场	平山林场梅花鹿养殖场	E118°50′9″ N32°30′10″	20
		平山林场	骡子山	E118°49′44″ N32°29′10″	40
		平山林场	骡子山	E118°49′50″ N32°28′59″	60
		平山林场	骡子山	E118°50′14″ N32°28′52″	40
		平山林场	骡子山	E118°50′14″ N32°28′52″	54
		竹镇		E118°34′22.88″ N32°34′8.57″	10
		竹镇		E118°34′12.73″ N32°33′35.82″	30
		竹镇		E118°34′26.51″ N32°33′26.51″	20
		竹镇		E118°34′26.51″ N32°33′26.61″	15

（续）

种质资源编号	种质资源归属	林地名称	小地名	样地中心GPS坐标	数量/株
01	六合区	竹镇		E118°34′2.43″ N32°33′44.1″	20
		奶山			50
		奶山	奶山03	E119°0′34.19″ N32°18′6.34″	58
		冶山		E118°56′46.02″ N32°30′35.16″	12
		冶山		E118°56′56″ N32°30′49″	21
		冶山		E118°56′58.9″ N32°30′33.65″	8
		冶山		E118°56′40.57″ N32°30′20.79″	42
		冶山		E118°56′21.8″ N32°30′35.68″	42
		冶山		E118°56′49.13″ N32°29′55.03″	12
		方山		E118.981944 N32°19′11″	38
		方山		118°59′1.76″ N32°18′53″	20
		方山		E118°59′20.21″ N32°18′37.63″	47
		方山		E118°59′3.02″ N32°18′38.25″	28
		瓜埠果园		E118°54′4″ N32°15′18″	18
		瓜埠林		E32°16′25″ N32°16′25″	6
		灵岩山		E118°52′56″ N32°18′15″	18
		灵岩山		E118°53′10.65″ N32°18′25.63″	35
		灵岩山		E118°53′0.23″ N32°18′35.4″	36
		灵岩山		E118°53′20.85″ N32°18′52.36″	38
		灵岩山		E118°53′13″ N32°18′20″	43
		灵岩山		E118°53′11.48″ N32°18′27.96″	28
02	浦口区	老山林场平坦分场	横山沟旁	E118°31′14.43″ N32°4′19.78″	10
		老山林场平坦分场	横山半坡	E118°31′11.77″ N32°4′13.89″	1
		老山林场平坦分场	凤凰山后	E118°30′32.38″ N32°4′18.2″	30
		老山林场平坦分场	大姑山	E118°30′24.14″ N32°4′4.44″	10
		老山林场平坦分场	埋娃山	E118°30′11.78″ N32°3′34.64″	50
		老山林场平坦分场	小马腰与大马腰间	E118°30′6.71″ N32°3′30″	20
		老山林场平坦分场	匪集场道旁	E118°31′58.93″ N32°4′11.24″	20
		老山林场平坦分场	匪集场山后	E118°31′58.93″ N32°4′11.24″	10
		老山林场平坦分场	匪集场道旁	E118°32′1.92″ N32°4′24.81″	20
		老山林场平坦分场	麒麟洼	E118°32′33.2″ N32°3′55.8″	30
		老山林场平坦分场	短喷	E118°33′35.86″ N32°5′28.78″	20
		老山林场平坦分场	平阳山	E118°33′37.72″ N32°4′60″	50
		老山林场平坦分场	老山隧道	E118°34′8.04″ N32°5′2.83″	50
		老山林场平坦分场	大平山	E118°33′51.02″ N32°4′18.2″	15

（续）

种质资源编号	种质资源归属	林地名称	小地名	样地中心GPS坐标	数量/株
		老山林场平坦分场	虎洼二号洞口	E118°33′32.28″ N32°4′55.29″	15
		老山林场平坦分场	虎洼九龙山	E118°32′58.06″ N32°4′31.75″	31
		老山林场平坦分场	门坎里一大小女儿山间	E118°32′19.61″ N32°4′25.97″	50
		老山林场平坦分场	虎洼山脊	E118°33′47.05″ N32°3′58.29″	20
		老山林场西山分场	西山一九峰寺旁	E118°25′41.49″ N32°3′45.74″	30
		老山林场西山分场	西山一煤峰口	E118°26′53.81″ N32°3′57.6″	20
		老山林场西山分场	西山一牯牛棚	E118°27′13.88″ N32°4′9.5″	20
		老山林场西山分场	西山一铁路桥下	E118°26′47.85″ N32°3′5.63″	50
		老山林场狮子岭分场	响铃庵	E118°34′8.04″ N32°5′2.84″	15
		老山林场狮子岭分场	大洼口一狮平路	E118°33′57.22″ N32°5′37.83″	10
		老山林场狮子岭分场	小洼口一平滩子	E118°33′42.09″N32°3′11.99″	20
		老山林场狮子岭分场	兜率寺后山	E118°33′3.83″ N32°3′48.2″	20
		老山林场狮子岭分场	兴隆寺旁	E118°31′36.08″ N32°3′5.09″	20
		老山林场狮子岭分场	兴隆寺路旁	E118°31′38.16″ N32°2′50.59″	50
		老山林场狮子岭分场	石门	E118°34′48.44″ N32°4′5.02″	32
		老山林场狮子岭分场	暗沟护林点	E118°30′49.74″ N32°2′34.47″	20
02	浦口区	老山林场狮子岭分场	厂部	E118°32′53.41″ N32°2′57.91	20
		老山林场七佛寺分场	猴子洞	E118°36′50.97″ N32°5′45.06″	3
		老山林场七佛寺分场	吴家大洼	E118°37′12.09″ N32°6′3.87″	15
		老山林场七佛寺分场	四道桥	E118°37′36.45″ N32°6′6.55″	20
		老山林场七佛寺分场	黄山岭	E118°35′32.83″ N32°5′46.91″	25
		老山林场七佛寺分场	老山中学	E118°35′10.03″ N32°6′43.61″	21
		老山林场七佛寺分场	老鹰山	E118°36′40.25″ N32°6′24.7″	50
		老山林场七佛寺分场	老母猪沟	E118°36′34.76″ N32°6′21.58″	20
		老山林场七佛寺分场	分场场部旁	E118°36′11.86″ N32°5′28.29″	5
		老山林场七佛寺分场	景观平台	E118°37′42.17″ N32°6′13.78″	15
		老山林场铁路林分场	实验林旁	E118°40′51.19″ N32°8′58.53″	28
		老山林场铁路林分场	羊鼻山脊	E118°40′49.98″ N32°8′52.38″	25
		老山林场铁路林分场	采石场旁	E118°39′22.55″ N32°8′19.15″	50
		老山林场铁路林分场	丁家硇水库北侧路旁	E118°39′31.64″ N32°8′30.85″	10
		老山林场铁路林分场	河东	E118°41′32.52″ N32°9′16.7″	50
		星甸杜仲林场	观音洞下	118°23′35.7″E N32°3′15.64″	1
		星甸杜仲林场	山喷码子	E118°24′30.16″ N32°3′9.77″	3
		星甸杜仲林场	宝塔洼子	E118°24′39.44″ N32°3′43.16″	15

（续）

种质资源编号	种质资源归属	林地名称	小地名	样地中心GPS坐标	数量/株
02	浦口区	星甸杜仲林场	独山西	E118°24′38.81″ N32°3′48.84″	10
		星甸杜仲林场	大槽洼	E118°23′57.72″ N32°2′33.24″	1
		龙王山林场	龙王山	E118°42′43.66″ N32°11′52.7″	20
		龙王山林场	龙王山	E118°42′45.03″ N32°11′51.05″	30
		定山林场	定山林场	E118°39′6.01″ N32°7′38″	25
		定山林场	定山林场	E118°39′2.67″ N32°7′42.66″	21
		定山林场	定山林场	E118°39′11.87″ N32°7′53.96″	15
		定山林场	定山林场	E118°39′34.97″ N32°7′51.6″	10
		定山林场	定山寺旁	E118°39′3.81″ N32°7′51.05″	12
		定山林场	佛手湖	E118°38′55.2″ N32°6′37.44″	30
		大桥林场	老虎洞	E118°41′13.35″ N32°9′24.49″	38
		大桥林场	石头山	E118°38′54.1″ N32°8′4.25″	30
03	栖霞区	兴卫山		E118°50′43.6″ N32°5′58.14″	17
		兴卫山	兴卫山东南坡	E118°50′40.74″ N32°5′57.12″	3
		兴卫山		E118°50′40.74″ N32°5′57.13″	3
		兴卫山		E118°50′44.28″ N32°5′58.56″	5
		兴卫山		E118°50′46.04″ N32°5′59.39″	3
		兴卫山		E118°50′50.99″ N32°5′58.33″	6
		兴卫山	兴卫山北坡	E118°50′24.34″ N32°6′0.26″	2
		栖霞山		E118°57′30.72″ N32°9′18.94″	7
		栖霞山		E118°57′26.93″ N32°9′18.98″	3
		栖霞山		E118°57′29.21″ N32°9′14.1″	11
		栖霞山		E118°57′43.25″ N32°9′18.53″	2
		栖霞山	小营盘娱乐场	E118°57′44.15″ N32°9′18.3″	2
		栖霞山	天开岩上方亭子附近	E118°57′35.04″ N32°9′28.42″	7
		栖霞山		E118°57′19.63″ N32°9′23.78″	2
		栖霞山		E118°57′19.16″ N32°9′23.65″	2
		栖霞山		E118°57′37.69″ N32°9′15.78″	5
		西岗街道	西岗果牧场场部对面山头南坡	E118°58′45.05″ N32°5′46.39″	18
		大普塘水库	对面山头	E118°55′9.24″ N32°5′0.34″	6
		大普塘水库	对面山头	E118°55′7.6″ N32°4′59.58″	6
		大普塘水库		E118°55′22.6″ N32°4′59.64″	2
		大普塘水库		E118°55′24.02″ N32°5′3.29″	5
		灵山		E118°56′5.85″ N32°5′24.51″	5

（续）

种质资源编号	种质资源归属	林地名称	小地名	样地中心GPS坐标	数量/株
		灵山		E118°55′42.67″ N32°5′24.8″	4
		灵山		E118°55′53.71″ N32°5′14.85″	24
		灵山		E118°55′54.7″ N32°5′14.54″	20
		仙鹤山		E118°53′34.52″ N32°6′17.19″	1
		羊山		E118°55′56.24″ N32°6′47.59″	16
		太平山公园		E118°52′10.66″ N32°7′56.81″	22
03	栖霞区	南象山	南象山	E118°56′3.42″ N32°8′25.2″	2
		北象山		E118°56′31.92″ N32°9′16.62″	2
		北象山		E118°56′25.62″ N32°9′5.28″	9
		何家山		E118°57′22.38″ N32°8′45.96″	3
		何家山	何家山	E118°57′20.22″ N32°8′41.82″	6
		何家山	中眉心	E118°58′10.2″ N32°8′39.54″	1
		乌龙山	乌龙山炮台西南	E118°52′1.02″ N32°9′42.48″	8
		铁心桥街道韩府山		E118°45′29.12″ N31°56′56.46″	7
04	雨花台区	牛首山北坡		E118°44′9.75″ N31°55′12.16″	1
		牛首山北坡		E118°45′13.12″ N31°55′11.95″	1
		罐子山	西善桥	E118°43′22.49″ N31°56′29.65″	1
		方山	栎树林	E118°51′52.28″ N31°53′53.91″	133
		方山	朴树林	E118°52′0.76″ N31°53′35.37″	87
		方山		E118°52′29.32″ N31°53′46.94″	2
		方山		E118°52′34.25″ N31°53′49.41″	1
		方山		E118°33′58.37″ N31°54′10.02″	37
		方山		E118°52′18.57″ N31°53′50.53″	219
		方山		E118°52′25.66″ N31°53′33.98″	1
05	江宁区	汤山林场黄栗墅工区	土地山	E119°1′10.68″ N32°4′16.29″	1
		汤山林场黄栗墅工区	土地山	E119°1′2.54″ N32°3′44.17″	1
		汤山林场佘村工区	青龙山	E118°56′40.7″ N32°0′10.51″	1
		汤山林场佘村工区	青龙山	E118°56′26.21″ N32°0′9.95″	1
		汤山林场佘村工区	青龙山	E118°55′60″ N31°59′59.64″	150
		汤山林场佘村工区	青龙山	E118°56′19.79″ N32°0′5.54″	1
		汤山林场龙泉工区		E118°57′32.46″ N31°59′6.67″	1
		孟塘社区		E32°4′50.16″ N32°4′50.16″	1
		青林社区	文山	E119°4′10.68″ N32°5′12.67″	6
		青林社区	文山	E119°4′34.18″ N32°5′14.24″	1
		东善桥林场横山分场		E118°47′31.34″ N31°38′33.17″	1

（续）

种质资源编号	种质资源归属	林地名称	小地名	样地中心GPS坐标	数量/株
05	江宁区	东善桥林场东善分场	静龙山	E118°47′37.61″ N31°51′2.5″	1
		东善桥林场横山分场		E118°52′34.94″ N31°42′12.6″	1
		东善桥林场横山分场		E118°52′30.23″ N31°42′5.6″	1
		东善桥林场铜山分场		E118°51′19.43″ N31°39′58.42″	1
		东善桥林场铜山分场		E118°52′18.33″ N31°39′18.52″	1
		牛首山		E118°44′53.71″ N31°54′7.74″	1
		富贵山公墓		E118°32′28.22″ N31°45′46.73″	1
		洪幕社区		E118°35′13.43″ N31°45′41.43″	1
		西宁社区		E118°36′5.45″ N31°47′5.25″	7
		西宁社区		E118°35′55.94″ N31°46′56.77″	1
		西宁社区		E118°35′47.81″ N31°46′51.82″	13
		天台山		E118°41′51.13″ N31°43′6.23″	1
		横溪街道横溪		E118°41′15.45″ N31°45′8.48″	1
		横溪街道横溪		E118°40′42.81″ N31°41′55.1″	1
		秣陵街道将军山		E118°46′40.87″ N31°55′47.16″	1
		秣陵街道将军山		E118°46′50.72″ N31°55′57.1″	1
06	溧水区	溧水区林场东庐分场	东庐山中部	E119°7′26″N31°38′50″	6
07	高淳区	傅家坛林场	林科站	E119°5′21.32″ N31°14′54.49″	10
		大山林场	大山路旁南到北2千米处	E119°6′56″ N31°24′14.97″	20
		大山林场	大山寺旁	E119°5′6.77″ N31°25′5.43	50
		大荆山林场	四凹	E118°8′6.12″ N32°26′16.62″	5
		大荆山林场	黄家塞	E32°26′15.83″ N32°26′15.83″	2
		大荆山林场	四凹	E118°8′9.71″ N32°26′15.11″0	1
		游子山林场	真武庙前	E119°0′36.52″ N31°20′47.45″	50
		游子山林场	环山路北端路旁	E119°1′4.1″ N31°21′36.51″	10
		游子山林场	花山游山中段路旁	E118°57′51.6″ N31°16′9″	20
		游子山林场	大凹	E119°0′28.21″ N31°20′46.35″	50
		游子山林场	中中山	E118°0′31.18″ N31°21′21.05″	5
		青山林场	林业队	E119°3′42.58″ N31°22′16.38″	50
		青山林场	林业队	E118°3′39.43″ N31°22′8.71″	15
08	主城区	紫金山		E118°50′33″ N32°4′23″	6
		紫金山		E118°52′12″ N32°3′48″	1
		紫金山		E118°51′22″ N32°4′2″	1
		紫金山	中马腰与猴子头之间	E118°50′35″ N32°4′11″	14

（续）

种质资源编号	种质资源归属	林地名称	小地名	样地中心GPS坐标	数量/株
		紫金山		E118°50′39″ N32°48′18″	23
		紫金山		E118°50′38″ N32°3′25″	13
		紫金山	小水闸南	E118°50′35″ N32°4′26″	3
		紫金山		E118°50′35″ N32°4′29″	15
		紫金山		E118°50′33″ N32°4′42″	10
		紫金山		E118°50′27″ N32°4′45″	2
		紫金山	山北坡小卖铺处	E118°50′41″ N32°4′21″	1
		紫金山	山北坡中上段	E118°50′39″ N32°4′24″	2
		九华山	弥勒佛坡上	E118°48′15″ N32°3′41″	93
		狮子山	铜鼎坡下	E118°44′37″ N32°5′51″	35
		狮子山	阅江楼坡下	E118°44′31″ N32°5′40″	42
		狮子山	石玩店坡下	E118°44′34″ N32°5′41″	19
		狮子山	江南第一楼牌坊上坡处	E118°44′33″ N32°5′41″	18
		幕府山	窑上村入口处左上方	E118°47′43″ N32°7′38″	25
08	主城区	幕府山		E118°47′25″ N32°7′45″	73
		幕府山		E118°47′25″ N32°7′43″	5
		幕府山		E118°47′25″ N32°7′46″	80
		幕府山		E118°47′23″ N32°7′45″	30
		幕府山		E118°47′13″ N32°7′48″	9
		幕府山	达摩洞景区上坡	E118°47′17″ N32°7′47″	49
		幕府山	达摩洞景区上坡	E118°47′55″ N32°7′57″	13
		幕府山	达摩洞景区下坡	E118°47′54″ N32°7′58″	43
		幕府山	仙人对弈	E118°48′4″ N32°8′19″	60
		幕府山	半山禅院上中	E118°48′4″ N32°8′14″	91
		幕府山	半山禅院上	E118°47′58″ N32°8′1″	155
		幕府山	仙人对弈左坡	E118°48′5″ N32°8′10″	36
		幕府山	仙人对弈左中坡	E118°48′6″ N32°8′16″	10
		幕府山	仙人对弈下坡	E118°48′5″ N32°8′16″	29
		幕府山	三台洞	E118°1′0″N31°21′0.02″	3
		幕府山	仙人台	E118°48′0.05″N32°7′60″	4

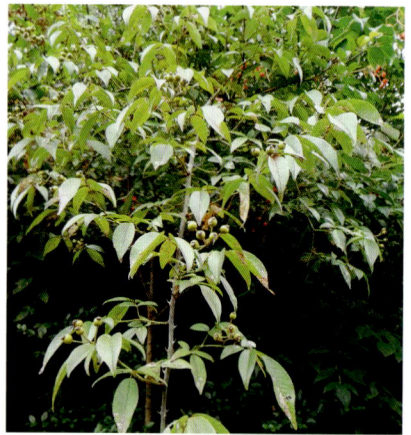

小果蔷薇 *Rosa cymosa* Tratt.

【别名】小金樱花、山木香、红荆藤、小刺花、小倒钩簕

【科属】蔷薇科（Rosaceae）蔷薇属（*Rosa*）

【树种简介】落叶攀缘灌木，高 2~5 米。小枝圆柱形，无毛或稍有柔毛，有钩状皮刺。小叶 3~5，叶片卵状披针形或椭圆形，稀长圆披针形，先端渐尖，基部近圆形，边缘有紧贴或尖锐细锯齿。花多朵呈复伞房花序；花直径 2~2.5 厘米，花瓣白色，倒卵形，先端凹，基部楔形。果球形，熟时红色至黑褐色，直径 4~7 毫米。花期 5~6 月，果期 7~11 月。主产江西、江苏、浙江、安徽、湖南、四川、云南、贵州、福建、广东、广西、台湾等地。喜阳光，喜温暖，耐寒，耐旱；常生长于向阳山坡、路旁、溪边或丘陵地。可作垂直绿化，也可作艺术造型；小果蔷薇也是蜜源植物；根有消肿止痛、祛风除湿、止血解毒、补脾固涩的功效，花有清热化湿、顺气和胃的功效，叶有解毒消肿的功效。

【种质资源】南京市小果蔷薇野生种质资源共 6 份，分别归属于六合区、浦口区、江宁区、溧水区、高淳区和主城区。具体种质资源信息见表 26。

01: 六合区

仅分布于冶山。在六合区 81 个样地中 3 个样地有分布，共 41 株，高度均小于 1.3 米。种群较小，分布较集中。

02: 浦口区

分布于老山林场平坦分场、狮子岭分场、七佛寺分场和星甸杜仲林场。在浦口区 198 个样地中 15 个样地有分布，共 228 株，其中 205 株高度小于 1.3 米，单株最大胸径为 1 厘米。种群较大，分布相对集中。

03: 江宁区

分布于东山街道林场、孟塘社区、青林社区、东善桥林场、南山湖、天台山和秣陵街道。在江宁区 223 个样地中 9 个样地有分布，共 9 株，高度均小于 1.3 米。种群极小，分布零散。

04: 溧水区

分布于溧水区林场平山分场、芳山分场。在溧水区 115 个样地中 4 个样地有分布，共 39 株，高度均小于 1.3 米。种群小，分布较集中。

05: 高淳区

分布于大荆山林场、游子山林场、青山林场。在高淳区 53 个样地中 7 个样地有分布，共 95 株，高度均小于 1.3 米。种群较大，分布相对集中。

06: 主城区

仅分布于紫金山。在南京主城区 69 个样地中仅 1 个样地有 1 株，胸径 1.6 厘米。种群极小。

表26　小果蔷薇野生种质资源信息

种质资源编号	种质资源归属	林地名称	小地名	样地中心GPS坐标	数量/株
01	六合区	冶山		E118°56′52.25″ N32°30′42.76″	8
		冶山		E118°56′21″ N32°29′58″	3
		冶山		E118°56′49.13″ N32°29′55.03″	30
02	浦口区	老山林场平坦分场	枣核山	E118°30′26.25″ N32°4′5.79″	10
		老山林场平坦分场	大鸡山	E118°30′30.27″ N32°3′40.25″	50
		老山林场平坦分场	小马腰下	E118°30′53.15″ N32°3′25.44″	20
		老山林场平坦分场	匪集场山后	E118°31′58.93″ N32°4′11.24″	30
		老山林场平坦分场	门坎里山	E118°32′23.84 N32°3′54.86″	10
		老山林场平坦分场	短唢	E118°33′35.86″ N32°5′28.78″	20
		老山林场狮子岭分场	响铃庵	E118°34′29″ N32°3′28.41″	20
		老山林场七佛寺分场	吴家大洼	E118°37′12.09″ N32°6′3.87″	5

（续）

种质资源编号	种质资源归属	林地名称	小地名	样地中心GPS坐标	数量/株
02	浦口区	星甸杜仲林场	山喷码子	E118°24′30.16″ N32°3′9.77″	1
		星甸杜仲林场	山喷码字上	E118°24′31.92″ N32°3′10.73″	10
		星甸杜仲林场	宝塔洼子	E118°24′39.44″ N32°3′43.16″	2
		星甸杜仲林场	宝塔洼子	E118°24′40.92″ N32°2′48.95″	5
		星甸杜仲林场	独山西	E118°24′38.81″ N32°3′48.84″	10
		星甸杜仲林场	东常山	E118°24′17.24″ N32°3′28.39″	15
		星甸杜仲林场	蒋家坝堰	E118°24′35.87″ N32°2′30.14″	20
03	江宁区	东山街道林场		E118°56′3.33″ N31°57′50.81″	1
		孟塘社区	射乌山	E119°3′27.54″5 N32°6′8.04″	1
		青林社区	白露头	E119°5′30.3″ N32°5′15.17″	1
		青林社区	孤山堰	E119°4′20.66″ N32°4′38.9″	1
		东善桥林场云台山分场	鸡笼山	E118°41′59.67″ N31°41′55″	1
		东善桥林场横山分场		E118°48′28.72″ N31°37′13.83″	1
		南山湖		E118°32′58.89″ N31°46′8.24″	1
		天台山		E118°41′43.03″ N31°43′8.6″	1
		秣陵街道将军山		E118°46′40.87″ N31°55′47.16″	1
04	溧水区	溧水区林场平山分场	铜山丁公山	E118°52′19″ N31°37′46″	7
		溧水区林场平山分场	铜山丁公山	E118°51′54″ N31°37′52.01″	9
		溧水区林场平山分场	铜山龙冠子	E118°50′36.98″ N31.637777	11
		溧水区林场芳山分场	芳山	E119°8′12.49″ N31°29′16.18″	12
05	高淳区	大荆山林场	四凹	E118°50′36.98″ N31°38′16″	5
		大荆山林场	黄家塞	E118°8′32.18″ N32°26′15.83″	5
		游子山林场	真武庙前	E119°0′36.52″ N31°20′47.45″	1
		游子山林场	青阳殿对面	E119°0′36.83″ N31°20′32.92″	52
		青山林场	林业队	E118°3′39.43″ N31°22′8.71″	11
		青山林场	林业队	E119°3′50.46″ N31°22′7.26″	20
		青山林场	林业队	E119°3′42.58″ N31°22′16.38″	1
06	主城区	紫金山		E118°50′39″ N32°48′18″	1

金樱子 *Rosa laevigata* Michx.

【别名】油饼果子、唐樱苈、和尚头、山鸡头子、山石榴、刺梨子

【科属】蔷薇科（Rosaceae）蔷薇属（*Rosa*）

【树种简介】常绿攀缘灌木，高可达5米。小叶革质，通常3，稀5；小叶片椭圆状卵形、倒卵形或披针状卵形，先端急尖或圆钝，稀尾状渐尖，边缘有锐锯齿。花单生于叶腋，直径5~7厘米；花瓣白色，宽倒卵形，先端微凹。果梨形、倒卵形，稀近球形，紫褐色，外面密被刺毛，萼片宿存。花期4~6月，果期7~11月。主产陕西、安徽、江西、江苏、浙江、湖北、湖南、广东、广西、台湾、福建、四川、云南、贵州等地。喜温暖湿润气候和阳光充足环境，耐干旱瘠薄，可耐 –3~–2℃低温，适应性强，常生于荒废山野多石的阳坡灌木丛中。常栽培用于观赏；根、叶、果实可入药，根具有活血散瘀、祛风除湿、解毒收敛及杀虫等功效，叶外用可治疮疖、烧烫伤，果能止腹泻并对流感病毒有抑制作用；果实可熬糖或酿酒。

【种质资源】南京市金樱子野生种质资源共3份，分别归属于溧水区、高淳区和主城区，具体种质资源信息见表27。

01：溧水区

分布于溧水区林场东庐分场。在溧水区115个样地中仅1个样地有1株，胸径2厘米。种群极小。

02：高淳区

分布于大荆山林场。在高淳区 53 个样地中 2 个样地有分布，共 6 株，其中 4 株株高小于 1.3 米，2 株胸径在 1~5 厘米。种群极小，分布相对集中。

03：主城区

分布于幕府山。在南京主城区 69 个样地中 2 个样地有分布，共 49 株，植株平均胸径 1.6 厘米。种群较小，分布集中。

表27　金樱子野生种质资源信息

种质资源编号	种质资源归属	林地名称	小地名	样地中心GPS坐标	数量/株
01	溧水区	溧水区林场东庐分场	美人山	E119°7′20.3″ N31°38′2.09″	1
02	高淳区	大荆山林场	四凹	E118°8′37.2″ N32°26′15.03″	5
		大荆山林场	黄家寨	E118°8′32.18″ N32°26′15.83″	1
03	主城区	幕府山	仙人对弈	E118°48′4″ N32°8′19″	39
		幕府山	仙人对弈左中坡	E118°48′6″ N32°8′16.00″	10

硕苞蔷薇 *Rosa bracteata* Wendl.

【别名】糖钵、野毛栗

【科属】蔷薇科（Rosaceae）蔷薇属（*Rosa*）

【树种简介】茎蔓生或匍匐状常绿灌木，高 2~5 米，有长匍枝。小枝粗壮，密被黄褐色柔毛，混生针刺和腺毛；皮刺扁弯常成对着生在托叶下方。小叶 5~9，革质，椭圆形、倒卵形，先端截形、圆钝或稍急尖，基部宽楔形或近圆形，边缘有紧贴圆钝锯齿。花单生或 2~3 朵集生，花瓣白色，倒卵形，先端微凹。果球形，密被黄褐色柔毛。花期 5~7 月，果期 8~11 月。主产江苏、浙江、台湾、福建、江西、湖南、贵州、云南；日本也有分布。喜光，亦耐半阴，较耐寒；耐干旱，耐瘠薄，不耐水湿，忌积水；多生于海拔 100~300 米的溪边、路旁和灌丛中。常作绿篱防畜；花、叶、果、根均可入药，果和根具有收敛、补脾、益肾的功效，花可止咳，叶可外敷治疗毒。

【种质资源】南京市硕苞蔷薇野生种质资源共 1 份，归属于高淳区，具体种质资源信息见表 28。

01：高淳区

仅分布于大荆山林场。在高淳区 53 个样地中 1 个样地有分布，且仅有 1 株。种群极小。

表28 硕苞蔷薇野生种质资源信息

种质资源编号	种质资源归属	林地名称	小地名	样地中心GPS坐标	数量/株
01	高淳区	大荆山林场	皇家塞	E118°8′32.27″ N32°26′14.77″	1

麦李 *Prunus glandulosa* (Thunb.) Lois.

【科属】蔷薇科（Rosaceae）李属（*Prunus*）

【树种简介】落叶灌木，高 0.5~1.5 米，稀达 2 米。叶片长圆披针形或椭圆披针形，长 2.5~6 厘米，宽 1~2 厘米，先端渐尖，基部楔形，边有细钝重锯齿。花单生或 2 朵簇生，花叶同开或近同开；花瓣白色或粉红色，倒卵形。核果红色或紫红色，近球形，直径 1~1.3 厘米。花期 3~4 月，果期 5~8 月。主产陕西、河南、山东、江苏、安徽、浙江、福建、广东、广西、湖南、湖北、四川、贵州、云南；日本也有分布。喜光，较耐寒，耐旱，也较耐水湿，忌低洼积水、土壤黏重；常生于海拔 800~2300 米的山坡、沟边或灌丛中。春天先花后叶，满树灿烂，甚为美丽；秋季叶色变红，是优良的庭园观赏树种。

【种质资源】南京市麦李野生种质资源共 2 份，分别归属于浦口区和江宁区。具体种质资源信息见表29。

01: 浦口区

分布于老山林场平坦分场、西山分场、狮子岭分场和星甸杜仲林场。在浦口区 198 个样地中 6 个样地有分布，共 50 株，植株高度均小于 1.3 米。种群较小，分布相对集中。

02: 江宁区

分布于方山。在江宁区 223 个样地中 1 个样地有分布，且仅有 1 株，株高小于 1.3 米。种群极小。

表29 麦李野生种质资源信息

种质资源编号	种质资源归属	林地名称	小地名	样地中心GPS坐标	数量/株
01	浦口区	老山林场平坦分场	平阳山	E118°33′37.72″ N32°4′60″	20
		老山林场西山分场	西山一杨喷后	E118°26′5.77″ N32°4′18.59″	5
		老山林场狮子岭分场	暗沟护林点	E118°30′49.74″ N32°2′34.47″	3
		星甸杜仲林场	华济山	E118°23′47.84″ N32°3′13.33″	1
		星甸杜仲林场	观音洞下	E118°23′35.04″ N32°3′16.09″	20
		星甸杜仲林场	大槽洼	E118°23′57.72″ N32°2′33.24″	1
02	江宁区	方山		E118°52′29.32″ N31°53′46.94″	1

郁李 *Prunus japonica* (Thunb.) Lois.

【别名】秧李、爵梅、复花郁李、菊李、棠棣、策李

【科属】蔷薇科（Rosaceae）李属（*Prunus*）

【树种简介】灌木，高可达1.5米。冬芽3枚并生；叶卵状椭圆形，基部圆形，先端长形尾状，叶柄长5~10厘米，叶缘具有单齿；花与叶同放，着花稠密，花色粉红色近白色。核果深红色，近似球形。花期5月，果期7~8月。主产我国华北、东北、华中、华南；日本、朝鲜半岛也有分布。喜光，耐寒，抗旱，不怕水湿，在石灰岩山地生长最盛；常生于海拔800米以下山坡林缘或路旁灌丛中。花鲜艳、密集，灿若云霞；果熟时红色，适宜公园、庭院栽培观赏，也可作花境、花篱。果肉制成蜜饯，果酱可食用或酿酒。

【种质资源】南京市郁李野生种质资源仅1份，归属于六合区，具体种质资源信息见表30。

01：六合区

仅分布于平山林场。在六合区81个样地中仅1个样地有分布，共15株。种群极小，分布集中。

表30　郁李野生种质资源信息

种质资源编号	种质资源归属	林地名称	小地名	样地中心GPS坐标	数量/株
01	六合区	平山林场	骡子山	E118°49'5" N32°28'59"	15

华东木蓝 *Indigofera fortunei* Craib

【别名】福氏木蓝

【科属】豆科（Fabaceae）木蓝属（*Indigofera*）

【树种简介】灌木，高达1米。茎直立，灰褐色或灰色，分枝有棱。羽状复叶长10~15（20）厘米，小叶3~7对，对生，间有互生，卵形、阔卵形、卵状椭圆形或卵状披针形。总状花序长8~18厘米，花冠紫红色或粉红色，旗瓣倒阔卵形。荚果褐色，线状圆柱形，长3~4（5）厘米，开裂后果瓣旋卷。花期4~5月，果期5~9月。主产安徽、江苏、浙江、湖北。喜光，喜温和气候，耐阴，耐修剪，但不耐寒。根和叶晒干可入药，有清热解毒、消肿止痛的功效。

【种质资源】南京市华东木蓝野生种质资源共4份，分别归属于雨花台区、江宁区、高淳区和栖霞区，具体种质资源信息见表31。

01：雨花台区

分布于铁心桥街道、韩府山、将军山和罐子山。在雨花台区24个样地中4个样地有分布，共4株，植株高度均小于1.3米。种群极小，分布较分散。

02：江宁区

分布于汤山林场、东山街道林场、青林社区、东善桥林场、横溪街道、青山社区、牛首山、

南山湖、洪幕社区和秣陵街道。在江宁区223个样地中19个样地有分布，共25株，植株高度均小于1.3米。种群极小，分布较分散。

03：高淳区

分布于青山林场。在高淳区53个样地中1个样地有分布，共14株，植株高度均小于1.3米。种群极小，分布集中。

04：栖霞区

仅分布于灵山。在栖霞区44个样地中仅1个样地有分布，共26株，植株高度均小于1.3米。种群极小，分布高度集中。

表31　华东木蓝野生种质资源信息

种质资源编号	种质资源归属	林地名称	小地名	样地中心GPS坐标	数量/株
01	雨花台区	铁心桥街道韩府山		E118°45′30.33″ N31°56′48.6″	1
		铁心桥街道韩府山		E118°45′17.62″ N31°56′34.85″	1
		高家库—将军山		E118°45′9.45″ N31°56′8.89″	1
		西善桥—罐子山		E118°43′22.49″ N31°56′29.65″	1
02	江宁区	汤山林场佘村工区	青龙山	E118°56′46.14″ N32°0′53.25″	1
		东山街道林场		E118°56′1.27″ N31°57′51.2″	1
		青林社区	文山	E119°4′10.68″ N31°57′51.2″	1
		东善桥林场横山分场		E118°48′57.06″ N31°37′55.3″	1
		东善桥林场横山分场		E118°48′13.76″ N31°37′39.48″	1
		东善桥林场横山分场	山下坡、溪水处	E118°52′34.94″ N31°42′12.6″	1
		东善桥林场铜山分场		E118°50′45.52″ N31°39′10.5″	1
		东善桥林场铜山分场		E118°52′8.1″ N31°41′13.63″	1
		东善桥林场铜山分场		E118°52′18.08″ N31°39′27.82″	1
		东善桥林场铜山分场		E118°51′47.7″ N31°39′0.59″	1
		横溪街道横溪	横溪	E118°42′32.57″ N31°46′41.87″	1
		横溪街道横溪		E118°42′19.89″ N31°46′38.04″	1
		青山社区	汤山街道	E118°56′59.76″ N31°57′50.98″	1
		牛首山		E118°44′43.64″ N31°53′23.64″	1
		牛首山		E118°44′47.99″ N31°53′30.49″	1
		牛首山		E118°44′57.33″ N31°53′46.05″	1
		南山湖		E118°32′58.89″ N31°46′8.24″	3
		洪幕社区		E118°34′19.1″ N31°45′59.13″	5
		秣陵街道	将军山	E118°46′45.5″ N31°55′28.5″	1
03	高淳区	青山林场	林业队	E118°3′39.43″ N31°22′8.71″	14
04	栖霞区	灵山		E118°56′5.85″ N32°5′24.51″	26

马棘 *Indigofera bungeana* Walp.

【别名】河北木蓝、野蓝枝子、狼牙草、本氏木蓝、陕甘木蓝

【科属】豆科（Fabaceae）木蓝属（*Indigofera*）

【树种简介】直立灌木。茎直立，高 40~100 厘米，分枝多，被白色"丁"字毛。羽状复叶对生，小叶椭圆形，稍倒阔卵形，先端钝圆，基部圆形。总状花序腋生，花冠紫色或紫红色，旗瓣阔倒卵形，翼瓣与龙骨瓣等长。荚果褐色，线状圆柱形，长不超过 2.5 厘米，被白色"丁"字毛；种子间有横隔，内果皮有紫红色斑点；种子椭圆形。花期 5~6 月，果期 8~10 月。主产辽宁、内蒙古、河北、山西、陕西。多生于岩石缝隙等土壤瘠薄、干旱的恶劣环境。根系发达，是良好的水土保持植物。全株可入药，具有清热止血、消肿生肌的功效，外敷可治创伤。

【种质资源】南京市马棘野生种质资源共 1 份，归属于溧水区。具体种质资源信息见表32。

01：溧水

分布于溧水区林场东庐分场、秋湖分场。在溧水区 115 个样地中 3 个样地有分布，共 26 株，其中 16 株株高小于 1.3 米。种群极小，分布较集中。

表32 马棘野生种质资源信息

种质资源编号	种质资源归属	林地名称	小地名	样地中心GPS坐标	数量/株
01	溧水区	溧水区林场东庐分场	东庐山美人山	E119°7′25″ N31°38′5″	11
		溧水区林场东庐分场	东庐山美人山	E119°7′57″ N31°38′23″	3
		溧水区林场秋湖分场	无想山双尖山	E119°2′47″ N31°34′59″	12

笐子梢 *Campylotropis macrocarpa* (Bge.) Rehd.

【别名】杭子梢、多花杭子梢、披针叶杭子梢

【科属】豆科（Fabaceae）笐子梢属（*Campylotropis*）

【树种简介】灌木，高1~2（3）米。羽状复叶，具3小叶，小叶椭圆形或宽椭圆形，有时过渡为长圆形，先端圆形、钝或微凹，具小凸尖，基部圆形，稀近楔形。总状花序单一（稀二）腋生并顶生，花冠紫红色或近粉红色；荚果长圆形、近长圆形或椭圆形。花果期（5）6~10月。主产河北、山西、陕西、甘肃、山东、江苏、安徽、浙江、江西、福建、河南、湖北、湖南、广西、四川、贵州、云南、西藏等；朝鲜也有分布。喜生于山坡、山沟、林缘、灌木林中和杂木疏林下。花序美丽，可供园林观赏；固土效果好，可作水土保持植物；茎皮纤维可作绳索，枝条可编制筐篓。

【种质资源】南京市笐子梢野生种质资源共2份，分别归属于溧水区和主城区，具体种质资源信息见表33。

01：溧水区

分布于溧水区林场东庐分场。在溧水区115个样地中1个样地有分布，仅有1株，胸径为2厘米。种群极小。

02：主城区

仅分布于幕府山。在主城区调查的69个样地中6个样地有分布，共75株，胸径均小于2厘米。种群较大，分布相对集中。

表33　笐子梢野生种质资源信息

种质资源编号	种质资源归属	林地名称	小地名	样地中心GPS坐标	数量/株
01	溧水区	溧水区林场东庐分场	美人山	E119°7′20.3″N31°38′2.09″	1
02	主城区	幕府山		E118°47′25″ N32°7′45″	5
		幕府山		E118°47′23″ N32°7′45″	8
		幕府山	达摩洞景区上坡	E118°47′55″ N32°7′57″	2
		幕府山	达摩洞景区下坡	E118°47′54″ N32°7′58″	26
		幕府山	仙人对弈左坡	E118°48′5″ N32°8′10″	29
		幕府山	仙人对弈下坡	E118°48′5″ N32°8′16″	5

绿叶胡枝子 *Lespedeza buergeri* Miq.

【**科属**】豆科（Fabaceae）胡枝子属（*Lespedeza*）

【**树种简介**】落叶直立灌木，高 1~3 米。枝灰褐色或淡褐色；小叶卵状椭圆形，长 3~7 厘米，宽 1.5~2.5 厘米，先端急尖，基部稍尖或钝圆。总状花序腋生，在枝上部者构成圆锥花序；花冠淡黄绿色，旗瓣近圆形，基部两侧有耳，具短柄，翼瓣椭圆状长圆形，基部有耳和瓣柄，瓣片先端有时稍带紫色。荚果长圆状卵形，长约 15 毫米，表面具网纹和长柔毛。花期 6~7 月，果期 8~9 月。主产山西、陕西、甘肃、江苏、安徽、浙江、江西、台湾、河南、湖北、四川等地；朝鲜、日本也有分布。常生于海拔 1500 米以下的山坡、林下、山沟和路旁。可作绿肥及饲料，根具有清热解毒的药用价值；较耐旱，可作水土保持植物。

【**种质资源**】南京市绿叶胡枝子野生种质资源共 3 份，分别归属于六合区、浦口区和溧水区。具体种质资源信息见表34。

01：六合区

仅分布于冶山。在六合区 81 个样地中仅 1 个样地有分布，共 8 株，植株高度均小于 1.3 米。种群极小，分布集中。

02：浦口区

仅分布于老山林场平坦分场。在浦口区 198 个样地中 1 个样地有分布，且仅有 1 株，株高小于 1.3 米。种群极小。

03：溧水区

仅分布于溧水区林场秋湖分场。在溧水区 115 个样地中仅 1 个样地有分布，共 8 株，植株高度均小于 1.3 米。种群极小。

表34　绿叶胡枝子野生种质资源信息

种质资源编号	种质资源归属	林地名称	小地名	样地中心GPS坐标	数量/株
01	六合区	冶山		E118°56′46.02″ N32°30′35.16″	8
02	浦口区	老山林场平坦分场	横山半坡	E118°31′11.77″ N32°4′13.89″	1
03	溧水区	溧水区林场秋湖分场	无想山龙吟湾	E119°2′36″ N31°33′44″	8

美丽胡枝子 *Lespedeza thunbergii* subsp. *formosa* (Vogel) H. Ohashi

【**别名**】柔毛胡枝子、路生胡枝子、南胡枝子、毛胡枝子

【**科属**】豆科（Fabaceae）胡枝子属（*Lespedeza*）

【**树种简介**】单一或丛生落叶小灌木，高达 1 米多。小叶长圆形或椭圆状长圆形，宽 1~1.5 厘米，先端微凹，稀稍渐尖，基部近圆形。总状花序腋生，水平开展或上升；花冠红紫色。荚果宽卵圆形，先端极尖，密被丝状毛。花果期 9~11 月。主产河北、陕西、甘肃、山东、江苏、安徽、浙江、江西、福建、河南、湖北、湖南、广东、广西、四川、云南等地；朝鲜、日本、印度也有分布。常生于海拔 2800 米以下的山坡、路旁及林缘灌丛中。适应性较强，耐旱，耐高温，耐酸性土，耐土壤贫瘠，也较耐荫蔽。在森林火烧或砍伐迹地上，常成为优势种，形成灌木群落，是极好的薪炭材料；种子营养丰富，可用作木本粮油。

【**种质资源**】南京市美丽胡枝子野生种质资源共 7 份，分别归属于六合区、浦口区、栖霞区、雨花台区、江宁区、溧水区和高淳区。具体种质资源信息见表 35。

01：六合区

分布于冶山和灵岩山。在六合区 81 个样地中 3 个样地有分布，共 16 株，植株高度均小于 1.3 米。种群极小，呈零星分布。

02：浦口区

分布于老山林场平坦分场和星甸杜仲林场，分布数量相当。在浦口区 198 个样地中 6 个样地有分布，共 102 株，植株高度均小于 1.3 米。种群较大，分布集中。

03：栖霞区

仅分布于栖霞山。在栖霞区 44 个样地中 1 个样地有分布，且仅有 1 株，株高小于 1.3 米。种群极小。

04：雨花台区

仅分布于韩府山。在雨花台区 24 个样地中仅 1 个样地有 1 株，株高小于 1.3 米。种群极小。

05：江宁区

分布于青林社区、古泉社区、东善桥林场和牛首山。在江宁区223个样地中8个样地有分布，共8株，其中7株株高小于1.3米。种群极小，分布集中。

06：溧水区

分布于溧水区林场东庐分场。在溧水区115个样地中仅1个样地有分布，共6株，植株高度均小于1.3米。种群极小。

07：高淳区

分布于游子山林场和青山林场。在高淳区53个样地中3个样地有分布，共33株，植株高度均小于1.3米。种群小，分布相对集中。

表35　美丽胡枝子野生种质资源信息

种质资源编号	种质资源归属	林地名称	小地名	样地中心GPS坐标	数量/株
01	六合区	冶山		E118°56′45.75″ N32°30′25.42″	6
		冶山		E118°56′21.8″ N32°30′35.68″	6
		灵岩山		E118°53′0.23″ N32°18′35.4″	4
02	浦口区	老山林场平坦分场	凤凰山后	E118°30′32.38″ N32°4′18.2″	1
		老山林场平坦分场	大平山	E118°33′51.53″ N32°4′13.08″	30
		老山林场平坦分场	太平山公园	E118°33′54.5″ N32°5′13.07″	20
		星甸杜仲林场	大槽洼	E118°23′55.09″ N32°2′33.68″	1
		星甸杜仲林场	华济山	E118°23′47.84″ N32°3′13.33″	30
		星甸杜仲林场	山喷码子	E118°24′30.16″ N32°3′9.77″	20
03	栖霞区	栖霞山		E118°57′34.38″ N32°9′15.58″	1
04	雨花台区	韩府山		E118°45′29.12″ N31°56′56.46″	1
05	江宁区	青林社区	白露头	E119°5′43.69″ N32°5′5.74″	1
		青林社区	白露头	E119°15′20.59″ N32°4′59.61″	1
		古泉社区	连山	E119°0′37.94″ N32°3′31.04″	1
		东善桥林场横山分场		E118°48′12.38″ N31°37′10.3″	1
		东善桥林场铜山分场		E118°52′8.1″ N31°41′13.63″	1
		东善桥林场铜山分场	铜山林场管理区	E118°52′1.25″ N31°39′1.29″	1
		牛首山		E118°44′43.64″ N31°53′23.64″	1
		牛首山		E118°44′57.33″ N31°53′46.05″	1
06	溧水区	溧水区林场东庐分场	禅国寺	E119°7′26″ N31°38′18″	6
07	高淳区	游子山林场	花山游山道上部道旁	E118°57′46.76″ N31°16′11.91″	10
		青山林场	林业队	E118°3′39.43″ N31°22′8.71″	20
		青山林场	林业队	E119°3′42.58″ N31°22′16.38″	3

胡枝子 *Lespedeza bicolor* Turcz.

【别名】随军茶、萩

【科属】豆科（Fabaceae）胡枝子属（*Lespedeza*）

【树种简介】直立灌木，高 1~3 米。多分枝，小枝黄色或暗褐色，有条棱，被疏短毛。羽状复叶具 3 小叶；托叶 2 枚，线状披针形；小叶质薄，卵形、倒卵形或卵状长圆形，先端钝圆或微凹，稀稍尖，具短刺尖，基部近圆形或宽楔形，全缘，上面绿色，无毛，下面色淡，被疏柔毛，老时渐无毛。总状花序腋生，常构成大型、较疏松的圆锥花序；总花梗长 4~10 厘米；小苞片 2，卵形，黄褐色，被短柔毛；花冠红紫色，极稀白色。荚果斜倒卵形，稍扁，长约 10 毫米，宽约 5 毫米，表面具网纹，密被短柔毛。花期 7~9 月，果期 9~10 月。主产黑龙江、吉林、辽宁、河北、内蒙古、山西、陕西、甘肃、山东、江苏、安徽、浙江、福建、台湾、河南、湖南、广东、广西等地；朝鲜、日本、俄罗斯西伯利亚地区也有分布。耐旱、耐瘠薄、耐酸性、耐盐碱、耐刈割，耐寒性很强；对土壤适应性强，在瘠薄的新开垦土地上可以生长，但最适于壤土和腐殖土；常生于山坡、林缘、路旁、灌丛及杂木林间。鲜嫩茎叶是马、牛、羊、猪等家畜的优质青饲料；叶可代茶；枝可编筐；耐旱，可用作防风、固沙及水土保持植物，为营造防护林及混交林的伴生树种。

【种质资源】南京市胡枝子野生种质资源共 3 份，分别归属于栖霞区、雨花区和江宁区。具体种质资源信息见表 36。

01：栖霞区

分布于兴卫山、栖霞山、大普塘水库、灵山、太平山公园和北象山。在栖霞区 44 个样地中 13 个样地有分布，共 74 株，其中 71 株植株高度小于 1.3 米，单株最大胸径 1 厘米。种群较大，分布较集中。

02：雨花台区

分布于将军山、牛首山北坡和罐子山。在雨花台区 24 个样地中 3 个样地有分布，共 5 株，植株高度均小于 1.3 米。种群极小。

03：江宁区

分布于方山、汤山林场、东山街道林场、孟塘社区、青林社区、古泉社区、东善桥林场、横溪街道、汤山街道、牛首山和洪幕社区。在江宁区 223 个样地中 27 个样地有分布，共 2609 株，其中 2579 株株高小于 1.3 米，30 株胸径小于 5 厘米，平均胸径 1.6 厘米。种群极大，分布集中。

表36　胡枝子野生种质资源信息

种质资源编号	种质资源归属	林地名称	小地名	样地中心GPS坐标	数量/株
01	栖霞区	兴卫山	兴卫山东南坡	E118°50′40.74″ N32°5′57.12″	12
		兴卫山		E118°50′44.28″ N32°5′58.56″	6
		兴卫山		E118°50′46.04″ N32°5′59.39″	7
		兴卫山	兴卫山北坡	E118°50′24.34″ N32°6′0.26″	15
		栖霞山		E118°57′30.72″ N32°9′18.94″	4
		栖霞山		E118°57′29.02″ N32°9′17.68″	2
		栖霞山		E118°57′43.25″ N32°9′18.53″	1
		栖霞山		E118°57′19.16″ N32°9′23.65″	6
		栖霞山		E118°57′16.98″ N32°9′29.5″	4
		大普塘水库		E118°55′24.02″ N32°5′3.29″	2
		灵山		E118°56′5.85″ N32°5′24.51″	7
		太平山公园		E118°52′10.66″ N32°7′56.81″	4
		北象山		E118°56′25.62″ N32°9′5.28″	4
02	雨花区	将军山		E118°45′50.09″ N31°55′23.41″	1
		牛首山北坡		E118°44′3.88″ N31°55′10.89″	3
		西善桥—罐子山		E118°43′22.49″ N31°56′29.65″	1

（续）

种质资源编号	种质资源归属	林地名称	小地名	样地中心GPS坐标	数量/株
		方山	栎树林	E118°51′52.28″ N31°53′53.91″	156
		方山		E118°33′58.37″ N31°54′10.02″	29
		汤山林场黄栗墅工区	土地山	E119°1′2.54″ N32°3′44.17″	1
		汤山林场黄栗墅工区	土地山	E119°1′13.38″ N32°4′5.95″	1
		汤山林场长山工区	黄龙山	E118°54′16.82″ N31°58′29.38″	1200
		汤山林场佘村工区	青龙山	E118°56′46.14″ N32°0′53.25″	1
		东山街道林场		E118°55′56.56″ N31°57′55.99″	1200
		东山街道林场		E118°56′3.33″ N31°57′50.81″	1
		汤山林场龙泉工区		E118°58′5.04″ N31°59′18.89″	1
		汤山林场龙泉工区		E118°58′14.15″ N32°0′12.64″	1
		孟塘社区	射乌山	E119°3′8.53″ N32°5′52.37″	1
		青林社区	白露头	E119°15′20.59″ N32°4′59.61″	1
		青林社区	女儿山	E119°4′37.17″ N32°4′21.65″	1
03	江宁区	青林社区	小石浪山	E119°4′50.57″ N32°4′32.13″	1
		青林社区	文山	E119°4′54.97″ N32°5′20.41″	2
		青林社区	文山	E119°4′47.28″ N32°5′16.77″	1
		古泉社区		E119°1′29.37″ N32°2′49.72″	1
		古泉社区		E119°1′35.52″ N32°2′42.85″	1
		东善桥林场横山工区		E118°48′12.38″ N31°37′10.3″	1
		东善桥林场东善分场	静龙山	E118°47′36.6″ N31°50′56.61″	1
		东善桥林场东善分场		E118°46′36.6″ N31°51′47.19″	1
		东善桥林场铜山分场		E118°52′1.25″ N31°39′1.29″	1
		横溪街道横溪	枣山	E118°42′19.89″ N316′38.04″	1
		汤山街道		E119°0′3.32″ N32°0′47.47″	1
		牛首山		E118°44′57.33″ N31°53′46.05″	1
		洪幕社区洪幕山		E118°32′52.77″ N31°45′49.17″	1
		洪幕社区洪幕山		E118°32′49.64″ N31°45′38.28″	1

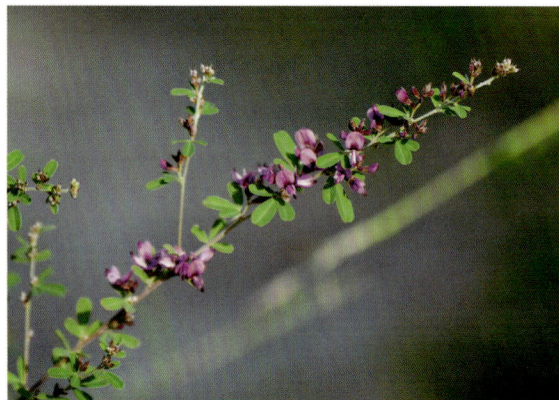

多花胡枝子 *Lespedeza floribunda* Bunge

【别名】四川胡枝子

【科属】豆科（Fabaceae）胡枝子属（*Lespedeza*）

【树种简介】小灌木，高 30~60（100）厘米。羽状复叶，具 3 小叶；小叶具柄，倒卵形，宽倒卵形或长圆形，先端微凹、钝圆或近截形，具小刺尖，基部楔形。总状花序腋生，花多数；花冠紫色、紫红色或蓝紫色，旗瓣椭圆形。荚果宽卵形，长约 7 毫米，超出宿存萼。花期 6~9 月，果期 9~10 月。主产辽宁（西部及南部）、河北、山西、陕西、宁夏、甘肃、青海、山东、江苏、安徽、江西、福建、河南、湖北、广东、四川等地。适应性强，耐寒、耐旱，亦能耐瘠薄的土壤；喜光，多自然生长于山地阳坡的干燥地带，形成灌丛，或与酸枣等混生为群落，或在盐碱沙荒地与蒿类自然混生。根系特别发达，是防风固沙、保持水土的优良植物；鲜嫩叶子可以泡茶饮用，种子可以熬粥用。

【种质资源】南京市多花胡枝子野生种质资源共 4 份，分别归属于浦口区、溧水区、高淳区和主城区，具体种质资源信息见表37。

01：浦口区

分布于老山林场西山分场、平坦分场和星甸杜仲林场，其中星甸杜仲林场分布最多。在浦口区 198 个样地中 5 个样地有分布，共 58 株，植株高度均小于 1.3 米。种群较小，分布集中。

02：溧水区

分布于溧水区林场平山分场。在溧水区 115 个样地中 1 个样地有分布，且仅有 1 株，胸径 2 厘米。种群极小。

03：高淳区

仅分布于游子山林场。在高淳区 53 个样地中仅 1 个样地有分布，共 2 株，高度均小于 1.3 米。种群极小。

04：主城区

仅分布于紫金山。在南京主城区 69 个样地中 1 个样地有分布，且仅有 1 株。种群极小。

表37　多花胡枝子野生种质资源信息

种质资源编号	种质资源归属	林地名称	小地名	样地中心GPS坐标	数量/株
01	浦口区	老山林场西山分场	万隆护林点后	E118°26′48.01″ N32°2′59.19″	20
		老山林场平坦分场	太平山公园	E118°33′54.5″ N32°5′13.07″	15
		星甸杜仲林场	华济山	E118°23′47.84″ N32°3′13.33″	1
		星甸杜仲林场	东常山	E118°24′17.24″ N32°3′28.39″	2
		星甸杜仲林场	大槽洼	E118°24′42.9″ N32°3′0.45″	20
02	溧水区	溧水区林场平山分场	小茅山东面	E118°51′14″ N31°38′38″	1
03	高淳区	游子山林场	花山山顶道旁	E118°57′46.71″ N31°16′12.27″	2
04	主城区	紫金山		E118°52′5″ N32°3′45″	1

细梗胡枝子 *Lespedeza virgata* (Thunb.) DC.

【科属】豆科（Fabaceae）胡枝子属（*Lespedeza*）

【树种简介】小灌木，高25~50厘米，有时可达1米。羽状复叶，具3小叶；小叶椭圆形、长圆形或卵状长圆形，稀近圆形，先端钝圆，有时微凹，有小刺尖，基部圆形，边缘稍反卷。总状花序腋生，通常具3朵稀疏的花；总花梗纤细；旗瓣长约6毫米，基部有紫斑，翼瓣较短，龙骨瓣长于旗瓣或近等长；闭锁花簇生于叶腋。荚果近圆形。花期7~9月，果期9~10月。自辽宁南部经华北、陕西、甘肃至长江流域各省份均有分布，但云南、西藏无分布；朝鲜、日本也有分布。常生于海拔800米以下的石山山坡。《福建药物志》记载其可"利尿、截疟、宁心，治小便不利、疟疾、高血压、失眠、感冒"。

【种质资源】南京市细梗胡枝子野生种质资源共2份，分别归属于溧水区和高淳区，具体种质资源信息见表38。

01：溧水区

分布于溧水区林场东庐分场。在溧水区115个样地中仅1个样地有分布，共5株，高度均小于1.3米。种群极小。

02：高淳区

仅分布于游子山林场。在高淳区53个样地中1个样地有分布，且仅有1株。种群极小。

表38　细梗胡枝子野生种质资源信息

种质资源编号	种质资源归属	林地名称	小地名	样地中心GPS坐标	数量/株
01	溧水区	溧水区林场东庐分场	东庐山中部	E119°7′26″ N31°38′50″	5
02	高淳区	游子山林场	花山游山道上部道旁	E118°57′46.76″ N31°16′11.91″	1

山豆花　*Lespedeza tomentosa* (Thunb.) Sieb.

【别名】绒毛胡枝子

【科属】豆科（Fabaceae）胡枝子属（*Lespedeza*）

【树种简介】灌木，高达 1 米。全株密被黄褐色茸毛。茎直立，单一或上部少分枝。托叶线形，长约 4 毫米；羽状复叶具 3 小叶；小叶质厚，椭圆形或卵状长圆形，长 3~6 厘米，宽 1.5~3 厘米，先端钝或微心形，边缘稍反卷。总状花序顶生或于茎上部腋生；花冠黄色或黄白色，旗瓣椭圆形，长约 1 厘米，龙骨瓣与旗瓣近等长，翼瓣较短，长圆形；闭锁花生于茎上部叶腋，簇生呈球状。荚果倒卵形，长 3~4 毫米，宽 2~3 毫米，先端有短尖，表面密被毛。除新疆及西藏外全国各地均有分布。喜光，耐寒，耐旱，生长速度慢；常生于海拔 1000 米以下的山坡草地及灌丛间。常用作水土保持植物，又可作饲料及绿肥；根药用，健脾补虚，具有增进食欲及滋补的功效。

【种质资源】南京市山豆花野生种质资源仅 1 份，归属于浦口区。具体种质资源信息见表39。

01：浦口区

仅分布于老山林场西山分场。在浦口区 198 个样地中仅 1 个样地有分布，共 10 株，植株高度均小于 1.3 米。种群极小，分布集中。

表39　山豆花野生种质资源信息

种质资源编号	种质资源归属	林地名称	小地名	样地中心GPS坐标	数量/株
01	浦口区	老山林场西山分场	万隆护林点后	E118°26′48.09″ N32°3′1.11″	10

截叶铁扫帚 *Lespedeza cuneata* (Dum.-Cours.) G. Don

【别名】 夜关门

【科属】 豆科（Fabaceae）胡枝子属（*Lespedeza*）

【树种简介】 小灌木，高达1米。茎直立或斜升，叶密集，柄短；小叶楔形或线状楔形，先端截形成近截形，具小刺尖，基部楔形。总状花序腋生，具2~4朵花，花冠淡黄色或白色，旗瓣基部有紫斑，有时龙骨瓣先端带紫色。荚果宽卵形或近球形，被伏毛，长2.5~3.5毫米，宽约2.5毫米。花期7~8月，果期9~10月。主产陕西、甘肃、山东、台湾、河南、湖北、湖南、广东、四川、云南、西藏等；朝鲜、日本、印度、巴基斯坦、阿富汗及澳大利亚也有分布。耐干旱，也耐瘠薄，多生于海拔2500米以下的山坡、丘陵、路旁及荒地，常零散分布。可用于营造水土保持林；叶含粗脂肪4.6%，粗纤维23.5%，可作饲料；植株可入药，性微寒，味苦，具有益肝明目、利尿解热等功效。

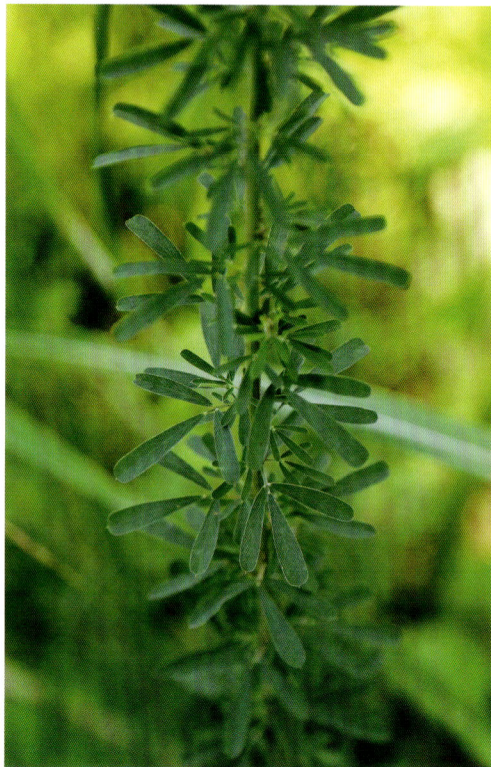

【种质资源】 南京市截叶铁扫帚野生种质资源共2份，分别归属于六合区和浦口区，具体种质资源信息见表40。

01：六合区

集中分布于平山林场。在六合区81个样地中仅1个样地有分布，共20株，植株高度均小于1.3米。种群极小，分布集中。

02：浦口区

分布于老山林场平坦分场、西山分场和星甸杜仲林场。在浦口区198个样地中3个样地有分布，共13株，植株高度均小于1.3米。种群极小，分布集中。

表40 截叶铁扫帚野生种质资源信息

种质资源编号	种质资源归属	林地名称	小地名	样地中心GPS坐标	数量/株
01	六合区	平山林场	骡子山	E118°49′50.002″ N32°28′59.002″	20
02	浦口区	老山林场平坦分场	枣核山	E118°30′26.255″ N32°4′05.790″	5
		老山林场西山分场	万隆护林点后	E118°26′48.012″ N32°2′59.190″	5
		星甸杜仲林场	林业队	E118°24′46.163″ N32°3′53.831″	3

胡颓子　*Elaeagnus pungens* Thunb.

【别名】羊奶子、三月枣、柿模、半春子、四枣、石滚子、牛奶子根、甜棒子、雀儿酥、卢都子、半含春、蒲颓子、苗代茱萸、牛奶子

【科属】胡颓子科（Elaeagnaceae）胡颓子属（*Elaeagnus*）

【树种简介】常绿直立灌木，高 3~4 米。枝具刺，刺顶生或腋生。叶革质，椭圆形或阔椭圆形，稀矩圆形，两端钝形或基部圆形，边缘微反卷或皱波状。花白色或淡白色，下垂，1~3 朵花生于叶腋锈色短小枝上。果实椭圆形，成熟时红色。花期 9~12 月，果期翌年 4~6 月。主产江苏、浙江、福建、安徽、江西、湖北、湖南、贵州、广东、广西；日本也有分布。喜高温、湿润气候；适应性较强，耐干旱和瘠薄，不耐水涝，耐盐性、耐旱性和耐寒性佳，抗风强。根、叶、种子均可入药，种子可止泻，叶治肺虚短气，根治吐血及煎汤洗疮疥。果实味甜可生食，也可酿酒和熬糖。

【种质资源】南京市胡颓子野生种质资源共 5 份，分别归属于浦口区、栖霞区、雨花台区、江宁区和高淳区，具体种质资源信息见表 41。

01: 浦口区

分布于老山林场平坦分场、狮子岭分场、七佛寺分场、东山分场和星甸杜仲林场，龙王山林场，其中 95% 以上分布于老山林场。在浦口区 198 个样地中 19 个样地有分布，共 128 株，其中 105 株植株高度小于 1.3 米，23 株胸径在 1~10 厘米。种群大，分布分散。

02: 栖霞区

分布于栖霞山、羊山和何家山。在栖霞区 44 个样地中 14 个样地有分布，共 179 株，其中 125 株株高小于 1.3 米，单株最大胸径仅 1 厘米。种群大，分布相对集中。

03: 雨花台区

分布于牛首山北坡和罐子山。在雨花台区 24 个样地中 2 个样地有分布，共 2 株，株高均小于 1.3 米。种群极小。

04: 江宁区

分布于方山、汤山林场、东山街道林场、汤山地质公园、孟塘社区、青林社区、东善桥林场、牛首山、洪幕山、洪幕社区和西宁社区。在江宁区 223 个样地中 32 个样地有分布，共 67 株，其中 52 株株高小于 1.3 米，15 株胸径在 1~5 厘米，平均胸径 2 厘米。种群较小，分布相对分散。

05: 高淳区

分布于游子山林场。在高淳区 53 个样地中 4 个样地有分布，共 167 株，其中 164 株株高小于 1.3 米（占总数的 98%），3 株胸径在 1~5 厘米。种群较大，分布集中。

表41　胡颓子野生种质资源信息

种质资源编号	种质资源归属	林地名称	小地名	样地中心GPS坐标	数量/株
01	浦口区	老山林场平坦分场	匪集场道旁	E118°32′1.92″ N32°4′24.81″	3
		老山林场平坦分场	麒麟洼	E118°32′33.2″ N32°3′55.8″	2
		老山林场平坦分场	老山隧道	E118°34′8.04″ N32°5′2.83″	2
		老山林场平坦分场	虎洼二号洞口	E118°33′32.28″ N32°4′55.29″	20
		老山林场平坦分场	虎洼山脊	E118°33′47.05″ N32°3′58.29″	15
		老山林场平坦分场	虎洼山脊	E118°33′25.82″ N32°3′46.15″	2
		老山林场平坦分场	虎洼山脊	E118°33′2.62″ N32°3′59.79″	6
		老山林场狮子岭分场	大洼口—狮平路	E118°33′57.22″ N32°5′37.83″	2
		老山林场狮子岭分场	兜率寺后山	E118°33′3.83″ N32°3′48.2″	26
		老山林场狮子岭分场	分场场部背后山	E118°33′0.83″ N32°3′51.44″	10
		老山林场七佛寺分场	吴家大洼	E118°37′12.09″ N32°6′3.87″	3
		老山林场七佛寺分场	黑桃洼	E118°35′33.9″ N32°6′34.8″	2
		老山林场七佛寺分场	老鹰山	E118°36′40.25″ N32°6′24.7″	2
		老山林场七佛寺分场	老鹰山	E118°35′39.86″ N32°6′12.48″	2
		老山林场七佛寺分场	老母猪沟	E118°36′34.76″ N32°6′21.58″	10
		老山林场七佛寺分场	老母猪沟	E118°36′34.62″ N32°6′20.14″	10
		老山林场东山分场	椅子山顶	E118°37′49.14″ N32°6′44.1″	5
		星甸杜仲林场	水井山	E118°24′59.68″ N32°3′17.16″	5
		龙王山林场	龙王山	E118°42′45.03″ N32°11′51.05″	1
02	栖霞区	栖霞山		E118°57′29.21″ N32°9′14.1″	8
		栖霞山		E118°57′34.38″ N32°9′15.58″	20
		栖霞山	陆羽茶庄东坡	E118°57′34.27″ N32°9′6.65″	8
		栖霞山		E118°57′43.25″ N32°9′18.53″	6
		栖霞山	小营盘娱乐场	E118°57′44.15″ N32°9′18.3″	22
		栖霞山		E118°57′30.72″ N32°9′18.94″	2
		栖霞山		E118°57′29.02″ N32°9′17.68″	15
		栖霞山		E118°57′26.93″ N32°9′18.98″	7
		栖霞山	天开岩上方亭子附近	E118°57′35.04″ N32°9′28.42″	22
		栖霞山		E118°57′19.63″ N32°9′23.78″	10
		栖霞山		E118°57′19.16″ N32°9′23.65″	42
		栖霞山		E118°57′37.69″ N32°9′15.78″	7
		羊山		E118°55′56.24″ N32°6′47.59″	7
		何家山	何家山	E118°57′20.22″ N32°8′41.82″	3
03	雨花台区	牛首山北坡		E118°44′9.75″ N31°55′12.16″	1
		罐子山		E118°43′10.85″ N31°55′55.24″	1

（续）

种质资源编号	种质资源归属	林地名称	小地名	样地中心GPS坐标	数量/株
		方山		E118°52′11.99″ N31°54′15.33″	9
		方山		E118°33′58.37″ N31°54′10.02″	2
		汤山林场长山工区		E118°54′18.52″ N31°58′31.67″	1
		东山街道林场		E118°55′58.48″ N31°57′44.99″	1
		汤山林场龙泉工区		E118°58′18.73″ N32°0′11.84″	1
		汤山地质公园		E119°2′40.1″ N32°3′7.1″	1
		孟塘社区		E119°3′0.94″ N32°4′50.44″	1
		孟塘社区		E119°3′8.21″ N32°4′44.5″	3
		青林社区		E119°5′23.21″ N32°4′43.06″	1
		青林社区		E119°25′33.41″ N32°4′52.23″	1
		青林社区		E119°4′47.28″ N32°5′16.77″	1
		青林社区		E119°4′26.23″ N32°4′46.18″	1
		青林社区		E119°4′55.18″ N32°5′2.1″	1
		东善桥林场东稔工区		E118°42′15.15″ N31°44′7.34″	1
		东善桥林场云台山分场		E118°41′59.67″ N31°41′55″	1
04	江宁区	东善桥林场横山分场		E118°47′25.39″ N31°38′23.59″	7
		东善桥林场东善分场		E118°46′36.6″ N31°51′47.19″	1
		东善桥林场东善分场		E118°46′37.35″ N31°51′54.43″	1
		东善桥林场东善分场		E118°45′9.56″ N31°51′38.06″	1
		东善桥林场横山分场		E118°49′26.97″ N31°38′12.31″	1
		东善桥林场横山分场		E118°49′51.91″ N31°38′35.46″	1
		东善桥林场铜山分场		E118°51′47.7″ N31°39′0.59″	1
		牛首山		E118°44′18.37″ N31°54′47.96″	1
		洪幕山		E118°32′52.77″ N31°45′49.17″	2
		洪幕山		E118°32′49.64″ N31°45′38.28″	1
		洪幕社区		E118°34′48.09″ N31°44′56.03″	5
		洪幕社区		E118°34′48.96″ N31°46′19.86″	1
		洪幕社区		E118°34′55.84″ N31°46′14.18″	1
		洪幕社区		E118°35′5.75″ N31°46′8.53″	1
		西宁社区		E118°36′5.45″ N31°47′5.25″	8
		西宁社区		E118°35′55.94″ N31°46′56.77″	1
		西宁社区		E118°35′47.81″ N31°46′51.82″	7
		游子山林场	真武庙前	E119°0′36.52″ N31°20′47.45″	15
		游子山林场	真武庙前	E119°0′36.12″ N31°20′49.65″	12
05	高淳区	游子山林场	青阳殿对面	E119°0′36.83″ N31°20′32.92″	130
		游子山林场	花山游山上段路旁	E118°57′47.58″ N31°16′10.28″	10

佘山胡颓子 *Elaeagnus argyi* Lévl.

【别名】佘山羊奶子

【科属】胡颓子科（Elaeagnaceae）胡颓子属（*Elaeagnus*）

【树种简介】落叶或常绿直立灌木，高2~3米。枝通常具刺。叶大小不等，发于春秋两季，薄纸质或膜质，发于春季的为小型叶（椭圆形或矩圆形），发于秋季的为大型叶（矩圆状倒卵形至阔椭圆形），两端钝形，边缘全缘，稀皱卷。花淡黄色或泥黄色，质厚，被银白色和淡黄色鳞片，下垂或开展，常5~7花簇生新枝基部呈伞形总状花序。果实倒卵状矩圆形，幼时被银白色鳞片，成熟时红色。花期1~3月，果期4~5月。主产浙江、江苏、安徽、江西、湖北、湖南。常生于海拔100~300米的林下、路旁、屋旁。喜光，也耐阴，耐干旱瘠薄。萌芽、萌蘖性强，耐修剪。佘山胡颓子株形自然，花红果香，银白色腺鳞在阳光照射下银光点点，可点缀于池畔、窗前、石间，用于观赏。

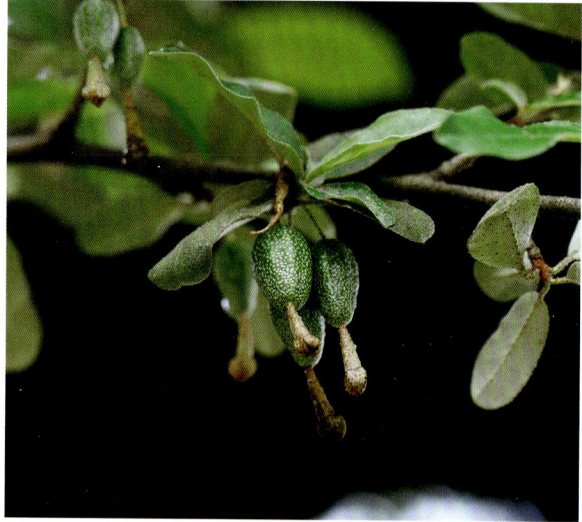

【种质资源】南京市佘山胡颓子野生种质资源共1份，归属于浦口区，具体种质资源信息见表42。

01：浦口区

主要分布于老山林场西山分场和星甸杜仲林场，其中94%分布于星甸杜仲林场。在浦口区198个样地中7个样地有分布，共48株。种群小，分布相对集中。

表42　佘山胡颓子野生种质资源信息

种质资源编号	种质资源归属	林地名称	小地名	样地中心GPS坐标	数量/株
01	浦口区	老山林场西山分场	西山一九峰寺旁	E118°25′41.49″ N32°3′45.74″	2
		老山林场西山分场	坡山口一大洼塘	E118°26′37.63″ N32°3′4.49″	1
		星甸杜仲林场	山喷码子	E118°24′30.16″ N32°3′9.77″	10
		星甸杜仲林场	水井山	E118°24′59.68″ N32°3′17.16″	5
		星甸杜仲林场	宝塔洼子	E118°24′39.44″ N32°3′43.16″	20
		星甸杜仲林场	宝塔洼子	E118°24′40.22″ N32°3′48.26″	2
		星甸杜仲林场	宝塔洼子	E118°24′40.92″ N32°2′48.95″	8

牛奶子 *Elaeagnus umbellata* Thunb.

【别名】甜枣、剪子果、秋胡颓子、夏茱萸、唐茱萸、秋茱萸、倒卵叶胡颓子

【科属】胡颓子科（Elaeagnaceae）胡颓子属（*Elaeagnus*）

【树种简介】落叶直立灌木，高 1~4 米。枝具长 1~4 厘米的刺。叶纸质或膜质，椭圆形至卵状椭圆形或倒卵状披针形，顶端钝形或渐尖，基部圆形至楔形，边缘全缘或皱卷至波状。花先叶开放，黄白色，芳香，密被银白色盾形鳞片，1~7 花簇生新枝基部，单生或成对生于幼叶叶腋；花梗白色。果实近球形或卵圆形，长 5~7 毫米，幼时绿色，成熟时红色；果梗直立，粗壮。花期 4~5 月，果期 7~8 月。主产华北、华东、西南各省份和陕西、甘肃、青海、宁夏、辽宁、湖北；日本、朝鲜、中南半岛、印度、尼泊尔、不丹、阿富汗、意大利等均有分布；世界许多大的植物园均有栽培。常生长于海拔 20~3000 米的向阳的林缘、灌丛、荒坡和沟边。果实可生食，亦可制果酒、果酱等，叶作土农药可杀棉蚜虫；果实、根和叶亦可入药；亦是观赏植物。

【种质资源】南京市牛奶子野生种质资源共 6 份，分别归属于六合区、浦口区、雨花台区、江宁区、高淳区和主城区，具体种质资源信息见表 43。

01：六合区

分布于平山林场、盘山、奶山、冶山、方山和灵岩山。在六合区 81 个样地中 13 个样地有分布，共 81 株，各个样地的分布数量相当，其中 79 株株高小于 1.3 米（占总量的 98%），2 株胸径 1~5 厘米。种群较小，分布较集中。

02：浦口区

主要分布于老山林场平坦分场、狮子岭分场、七佛寺分场，占比约 92%，定山林场也有零星分布。在浦口区 198 个样地中 8 个样地有分布，共 25 株，株高均小于 1.3 米。种群极小，分布相对集中。

03：雨花台区

分布于韩府山和牛首山北坡。在雨花台区 24 个样地中 3 个样地有分布，共 4 株，株高均小于 1.3 米。种群极小，分布较分散。

04：江宁区

分布于方山、孟塘社区、青林社区、东善桥林场、横溪街道、牛首山和洪幕社区。在江宁区 223 个样地中 15 个样地有分布，共 18 株，其中 15 株株高小于 1.3 米，3 株胸径在 1~5 厘米，平均胸径 3 厘米。种群极小，分布分散。

05：高淳区

分布于游子山林场。在高淳区 53 个样地中 1 个样地有分布，且仅有 1 株，胸径 3 厘米。种群极小。

06：主城区

分布于紫金山。在南京主城区 69 个样地中有 2 个样地有分布，总数 3 株。种群极小，分布分散。

表43 牛奶子野生种质资源信息

种质资源编号	种质资源归属	林地名称	小地名	样地中心GPS坐标	数量/株
01	六合区	平山林场	骡子山尖山万寿庵	E118°49′07.000″ N32°30′28.001″	20
		平山林场	骡子山	E118°49′44.000″ N32°29′10.000″	8
		盘山		E118°35′25.991″ N32°28′54.199″	5
		盘山		E118°35′33.518″ N32°29′14.161″	2
		奶山			2
		奶山		E119°0′34.189″ N32°18′06.340″	11
		冶山		E118°56′45.748″ N32°30′25.420″	3
		冶山		E118°56′40.567″ N32°30′20.790″	7
		冶山		E118°56′21.797″ N32°30′35.680″	1
		方山		E118°59′20.209″ N32°18′37.627″	8
		方山		E118°59′03.019″ N32°18′38.250″	3
		灵岩山		E118°53′00.229″ N32°18′35.399″	8
		灵岩山		E118°53′20.850″ N32°18′52.358″	3
02	浦口区	老山林场平坦分场	小马腰下	E118°30′53.147″ N32°3′25.445″	1
		老山林场平坦分场	匪集场道旁	E118°32′01.918″ N32°4′24.809″	1
		老山林场平坦分场	虎洼山脊	E118°33′47.056″ N32°3′58.295″	5
		老山林场狮子岭分场	响铃庵	E118°34′08.044″ N32°5′02.839″	2
		老山林场狮子岭分场	石门	E118°34′48.443″ N32°4′05.020″	2
		老山林场狮子岭分场	厂部	E118°32′53.416″ N32°2′57.912″	10
		老山林场七佛寺分场	景观平台	E118°37′42.168″ N32°6′13.781″	2
		定山林场	定山寺旁	E118°39′03.809″ N32°7′51.053″	2
03	雨花台区	韩府山		E118°45′17.618″ N31°56′34.850″	1
		牛首山北坡		E118°44′09.751″ N31°55′12.158″	1
		牛首山北坡		E118°44′17.999″ N31°55′28.391″	2
		方山	栎树林	E118°51′52.279″ N31°53′53.909″	1
		方山	朴树林	E118°52′00.761″ N31°53′35.369″	3
		方山		E118°52′11.989″ N31°54′15.329″	2
04	江宁区	孟塘社区	培山	E119°3′08.212″ N32°4′44.501″	1
		青林社区	文山	E119°4′10.679″ N32°5′12.671″	1
		青林社区	文山	E119°4′26.231″ N32°4′46.178″	1
		东善桥林场东善分场		E118°46′47.100″ N31°51′54.580″	1
		东善桥林场铜山分场		E118°51′12.247″ N31°39′19.598″	1
		横溪街道横溪		E118°42′32.569″ N31°46′41.869″	1
		牛首山		E118°44′33.929″ N31°53′41.359″	1

（续）

种质资源编号	种质资源归属	林地名称	小地名	样地中心GPS坐标	数量/株
		洪幕社区		E118°34′48.090″ N31°44′56.029″	1
		洪幕社区		E118°35′05.748″ N31°46′08.530″	1
04	江宁区	洪幕社区		E118°35′35.750″ N31°46′20.798″	1
		横溪街道横溪		E118°40′58.660″ N31°44′04.319″	1
		横溪街道横溪		E118°41′15.450″ N31°45′08.482″	1
05	高淳区	游子山林场	花山游山中段路旁	E118°57′51.599″ N31°16′09.005″	1
06	主城区	紫金山		E118°50′24.000″ N32°3′56.002″	2
		紫金山		E118°50′33.000″ N32°4′41.999″	1

木半夏 *Elaeagnus multiflora* Thunb. in Murray

【别名】羊奶子、莓粒团、羊不来、牛脱

【科属】胡颓子科（Elaeagnaceae）胡颓子属（*Elaeagnus*）

【树种简介】落叶直立灌木，高 2~3 米。枝通常无刺，稀老枝上具刺。叶膜质或纸质，椭圆形或卵形至倒卵状阔椭圆形，顶端钝尖或骤渐尖，基部钝形，全缘。花白色，被银白色和散生少数褐色鳞片，常单生新枝基部叶腋。果实椭圆形，长 12~14 毫米，密被锈色鳞片，成熟时红色；果梗在花后伸长，长 15~49 毫米。花期 5 月，果期 6~7 月。主产河北、山东、浙江、安徽、江西、福建、陕西、湖北、四川、贵州等，亦有栽培；日本也有分布。喜光，略耐阴，耐干旱瘠薄，抗逆性强。木半夏春季开黄白色小花，有香味，常密集下垂；红果绿叶，极具观赏价值，可作庭院观赏树种，绿篱、盆栽更为理想。果实、根、叶可入药，用于治跌打损伤、痢疾、哮喘等，果实亦具有收敛之功效。

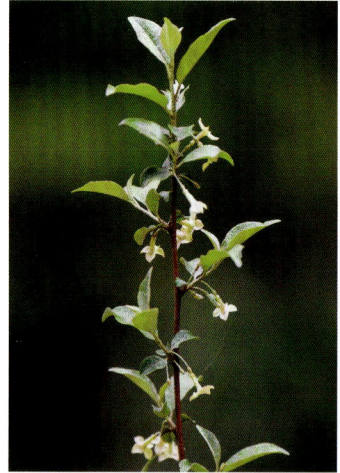

【种质资源】南京市木半夏野生种质资源共 1 份，归属于栖霞区，具体种质资源信息见表44。

01：栖霞区

分布于兴卫山、栖霞山、西岗街道、大普塘水库、灵山、南象山、北象山、何家山和乌龙山。在栖霞区 44 个样地中 12 个样地有分布，共 54 株，其中 25 株株高小于 1.3 米，单株最大胸径为 12 厘米。种群较小，分布较集中。

表44 木半夏野生种质资源信息

种质资源编号	种质资源归属	林地名称	小地名	样地中心GPS坐标	数量/株
01	栖霞区	兴卫山		E118°50′50.989″ N32°5′58.330″	7
		栖霞山	小营盘娱乐场	E118°57′44.147″ N32°9′18.299″	3
		栖霞山		E118°57′19.627″ N32°9′23.778″	7
		栖霞山		E118°57′19.159″ N32°9′23.648″	6
		西岗街道	西岗果牧场场部对面山头南坡	E118°58′45.048″ N32°5′46.392″	3
		大普塘水库	对面山头	E118°55′07.597″ N32°4′59.578″	6
		大普塘水库		E118°55′24.017″ N32°5′03.289″	1
		灵山		E118°55′42.668″ N32°5′24.799″	6
		南象山	南象山	E118°56′03.419″ N32°8′25.199″	10
		北象山		E118°56′31.920″ N32°9′16.618″	2
		何家山	何家山	E118°57′20.218″ N32°8′41.820″	2
		乌龙山	乌龙山炮台西南	E118°52′01.020″ N32°9′42.480″	1

芫花 *Daphne genkwa* Sieb. et Zucc.

【别名】药鱼草、老鼠花、头痛皮、石棉皮、泡米花，泥秋树，黄大戟、蜀桑、鱼毒

【科属】瑞香科（Thymelaeaceae）瑞香属（*Daphne*）

【树种简介】落叶小灌木，高 0.3~1 米。花先叶开放，紫色或淡紫蓝色，无香味，常 3~6 朵簇生于叶腋或侧生，花梗短。果实肉质，白色，椭圆形，长约 4 毫米。花期 3~5 月，果期 6~7 月。主要分布于河北、山西、陕西、甘肃、山东、江苏、安徽、浙江、江西、福建、台湾、河南、湖北、湖南、四川、贵州等地。喜温暖气候，耐旱怕涝；在丘陵地带田埂、塘边偶见。春季观花小灌木；花蕾药用，具有消水肿、祛痰等功效；根可毒鱼，全株可作农药，煮汁可杀虫，灭天牛效果良好。

【种质资源】南京市芫花野生种质资源共 3 份，分别归属于溧水区、江浦区和六合区。具体种质资源信息见表 45。

01：浦口区

分布于老山林场平坦分场和星甸杜仲林场。在浦口区 198 个样地中仅 2 个样地有分布，共 11 株，植株高度均小于 1.3 米。种群极小，分布集中。

02：溧水区

分布于溧水区林场东庐分场、平山分场。在溧水区 115 个样地中 4 个样地有分布，共 11 株，植株高度均小于 1.3 米。种群极小，分布分散。

03：六合区

分布于平山林场和盘山。在六合区 81 个样地中 2 个样地有分布，总计 9 株，植株高度均小于 1.3 米。种群极小，分布集中。

表45　芫花野生种质资源信息

种质资源编号	种质资源归属	林地名称	小地名	样地中心GPS坐标	数量/株
01	浦口区	老山林场平坦分场	横山沟旁	E118°31′14.43″ N32°4′19.78″	8
		星甸杜仲林场	华济山	E118°23′47.84″ N32°3′13.33″	3
02	溧水区	溧水区林场东庐分场	马占山	E119°8′12″ N31°33′60″	5
		溧水区林场东庐分场	马占山	E119°7′59″N31°34′22″	3
		溧水区林场平山分场	丁公山	E118°51′32″N31°38′17″	1
		溧水区林场平山分场	乌王山	E119°1′46″N31°36′5″	2
03	六合区	平山林场	骡子山	E118°49′44″ N32°29′10″	6
		盘山		E118°35′25.99″ N32°28′54.2″	3

苦皮藤 *Celastrus angulatus* Maxim.

【科属】卫矛科（Celastraceae）南蛇藤属（*Celastrus*）

【树种简介】藤状灌木。小枝常具 4~6 纵棱，皮孔密生，圆形至椭圆形，白色。叶大，近革质，长方阔椭圆形、阔卵形、圆形，长 7~17 厘米，宽 5~13 厘米，先端圆阔，中央具尖头，侧脉 5~7 对，在叶面明显突起，两面光滑或稀于叶背的主侧脉上具短柔毛。聚伞圆锥花序顶生，花序轴及小花轴光滑或被锈色短毛；花瓣长方形，长约 2 毫米，宽约 1.2 毫米，边缘不整齐。蒴果近球状，直径 8~10 毫米；种子椭圆状，长 3.5~5.5 毫米，直径 1.5~3 毫米。花期 5 月。主产河北、山东、河南、陕西、甘肃、江苏、安徽、江西、湖北、湖南、四川、贵州、云南及广东、广西。常生长于山地丛林及山坡灌丛中。树皮纤维可供造纸及人造棉原料，果皮及种子含油脂可供工业用，根皮及茎皮为杀虫剂和灭菌剂。

【种质资源】南京市苦皮藤野生种质资源共 4 份，归属于浦口区、栖霞区、溧水区和主城区。具体种质资源信息见表 46。

01：浦口区

分布于老山林场平坦分场和星甸杜仲林场。在 198 个样地中 3 个样地有分布，其中 2 个样地有 20 株，另一样地中苦皮藤占地约 60 平方米。株高均小于 1.3 米。种群大，分布较集中。

02：栖霞区

分布于栖霞山小营盘娱乐场。在 44 个样地中仅 1 个样地有 2 株，株高均小于 1.3 米。种群极小，分布集中。

03：溧水区

分布于溧水区林场平山分场。在 115 个样地中仅 1 个样地有分布，且仅有 1 株，胸径为 3 厘米。种群极小。

04：主城区

分布于幕府山。在 69 个样地中 2 个样地有分布，仅有 2 株。种群极小。

表46　苦皮藤野生种质资源信息

种质资源编号	种质资源归属	林地名称	小地名	样地GPS坐标	数量/株
01	浦口区	老山林场平坦分场	门坎里山	E118°32′23.84″ N32°3′54.86″	10
		星甸杜仲林场	东常山	E118°24′17.24″ N32°3′28.39″	10
		星甸杜仲林场	宝塔洼子	E118°24′39.42″ N32°2′45.75″	约60平方米
02	栖霞区	栖霞山	小营盘娱乐场	E118°57′44.15″ N32°9′18.3″	2
03	溧水区	溧水区林场平山分场	丁公山	E118°51′32″ N31°38′17″	1
04	主城区	幕府山		E118°47′23″ N32°7′45″	1
		幕府山	仙人台	E118°48′0.05″ N32°7′60″	1

扶芳藤 *Euonymus fortunei* (Turcz.) Hand.-Mazz.

【别名】爬行卫矛、胶东卫矛、文县卫矛、胶州卫矛、常春卫矛

【科属】卫矛科（Celastraceae）卫矛属（*Euonymus*）

【树种简介】常绿藤本灌木，高1至数米。小枝方楞不明显。叶薄革质，椭圆形、长方椭圆形或长倒卵形，宽窄变异较大，可窄至近披针形，先端钝或急尖，基部楔形，边缘齿浅不明显。聚伞花序3~4次分枝；小聚伞花密集，有花4~7朵，花白绿色。蒴果粉红色，果皮光滑，近球状；种子长方椭圆状，棕褐色，假种皮鲜红色，全包种子。花期6月，果期10月。主产江苏、浙江、安徽、江西、湖北、湖南、四川、陕西等地。喜光，亦耐阴，喜温暖湿润环境。优良的观叶地被植物，抗二氧化硫、三氧化硫、硫化氢、氯气、氟化氢、二氧化氮等有害气体，可作空气污染严重的工矿区的绿化树种。带叶的茎枝可入药，主要用于治疗腰肌劳损、风湿痹痛、咯血、血崩、月经不调、跌打骨折、创伤出血等。

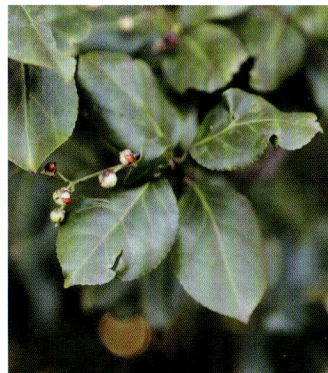

【种质资源】南京市扶芳藤野生种质资源共4份，分别归属于六合区、浦口区、栖霞区和高淳区，具体种质资源信息见表47。

01：六合区

分布于平山林场。在六合区81个样地中4个样地有分布，共50株。种群较小，分布集中。

02：浦口区

分布于老山林场狮子岭分场、定山林场。在浦口区198个样地中2个样地有分布，共37株，单株最大胸径2厘米。种群较小，分布集中。

03：栖霞区

分布于大普塘水库。在栖霞区44个样地中1个样地有分布，且仅有1株，胸径3厘米。种群极小。

04：高淳区

分布于游子山林场。在高淳区53个样地中1个样地有分布，且仅有1株。种群极小。

表47　扶芳藤野生种质资源信息

种质资源编号	种质资源归属	林地名称	小地名	样地中心GPS坐标	数量/株
01	六合区	平山林场	骡子山尖山万寿庵	E118°49′07″ N32°30′28″	10
		平山林场	袁家洼	E118°49′48″ N32°30′8″	8
		平山林场	骡子山	E118°50′14″ N32°28′52″	20
		平山林场	骡子山	E118°50′14″ N32°28′52″	12
02	浦口区	老山林场狮子岭分场	暗沟护林点	E118°30′49.74″ N32°2′34.47″	4
		定山林场	佛手湖	E118°38′55.2″ N32°6′37.44″	33
03	栖霞区	大普塘水库	对面山头	E118°55′7.6″ N32°4′59.58″	1
04	高淳区	游子山林场		E118°0′31.18″ N32°4′59.58″	1

卫矛 *Euonymus alatus* (Thunb.) Sieb

【别名】鬼见羽、鬼箭羽、艳龄茶、南昌卫矛、毛脉卫矛

【科属】卫矛科（Celastraceae）卫矛属（*Euonymus*）

【树种简介】灌木，高 1~3 米。小枝常具 2~4 列宽阔木栓翅。叶卵状椭圆形、窄长椭圆形，偶为倒卵形，边缘具细锯齿。聚伞花序 1~3 朵，花白绿色，直径约 8 毫米。蒴果 1~4 深裂，裂瓣椭圆状，假种皮橙红色。花期 5~6 月，果期 7~10 月。除东北、新疆、青海、西藏、广东及海南以外，全国其他各省份均有分布；日本、朝鲜也有分布。喜光，也稍耐阴；萌芽力强，耐修剪；对气候和土壤适应性强，能耐干旱、瘠薄和寒冷，对二氧化硫有较强抗性。常生于山坡、沟地边沿。卫矛秋叶红艳耀目，常用于园林观赏。还具有除邪解毒的药效，可用于治疗蛊毒、鬼疰。

【种质资源】南京市卫矛野生种质资源共 7 份，分别归属于六合区、浦口区、栖霞区、江宁区、溧水区、高淳区和主城区。具体种质资源信息见表 48。

01：六合区

分布于盘山、冶山、方山、灵岩山。在六合区 81 个样地中 6 个样地有分布，共 41 株，其中 35 株株高小于 1.3 米，单株最大胸径 4 厘米。种群较小，分布集中。

02：浦口区

分布于老山林场平坦分场、狮子岭分场、七佛寺分场，星甸杜仲林场和龙王山林场，老山林场分布最多。在浦口区 198 个样地中 10 个样地有分布，共 68 株，大部分植株高度小于 1.3 米，最大 1 株胸径为 1 厘米。种群较小，分布相对集中。

03：栖霞区

分布于兴卫山、栖霞山、大普塘水库和灵山。在栖霞区 44 个样地中 20 个样地有分布，共 657 株，其中 411 株植株高度小于 1.3 米，245 株胸径在 1~10 厘米，最大 1 株胸径为 11 厘米。种群大，分布比较广泛。

04：江宁区

分布于方山、汤山林场、东山街道林场、汤山地质公园、孟塘社区、青林社区、古泉社区、东善桥林场、谷里街道、牛首山、洪幕社区、西宁社区和秣陵街道，其中青林社区分布最多。在江宁区 223 个样地中 35 个样地有分布，共 62 株，其中 35 株株高小于 1.3 米（占 56%），27 株胸径在 1~5 厘米，平均胸径 3.3 厘米。种群较小，分布较集中。

05：溧水区

分布于溧水区林场平山分场。在溧水区 115 个样地中 1 个样地有分布，且仅有 1 株，胸径 9 厘米。种群极小。

06：高淳区

分布于大山林场、游子山林场。在所调查的 53 个样地中 3 个样地有分布，共 20 株，其中株高小于 1.3 米的有 17 株，占总数的 85%；胸径 1~10 厘米有 2 株，占总数的 15%。种群小，分布集中。

07：主城区

分布于紫金山和幕府山，以紫金山居多。在南京主城区 69 个样地中有 27 个样地有分布，共 232 株，其中 108 株株高小于 1.3 米，其余 124 株胸径在 1~10 厘米，单株最大胸径为 6 厘米。种群较大，分布较广泛。

表48　卫矛野生种质资源信息

种质资源编号	种质资源归属	林地名称	小地名	样地中心GPS坐标	数量/株
01	六合区	盘山		E118°36′13.939″ N32°28′44.468″	2
		冶山		E118°56′55.997″ N32°30′49.000″	15
		方山		E118°59′20.209″ N32°18′37.627″	10
		方山		E118°59′03.019″ N32°18′38.250″	9
		灵岩山		E118°53′00.229″ N32°18′35.399″	1
		灵岩山		E118°53′11.479″ N32°18′27.958″	4
02	浦口区	老山林场平坦分场	横山沟旁	E118°31′14.430″ N32°4′19.776″	5
		老山林场平坦分场	杨船山	E118°31′55.150″ N32°4′32.556″	5
		老山林场平坦分场	匪集场道旁	E118°32′01.918″ N32°4′24.809″	5
		老山林场平坦分场	大平山	E118°33′51.016″ N32°4′18.203″	10
		老山林场狮子岭分场	石门	E118°34′48.443″ N32°4′05.020″	2
		老山林场七佛寺分场	老鹰山	E118°36′40.252″ N32°6′24.700″	2

种质资源编号	种质资源归属	林地名称	小地名	样地中心GPS坐标	数量/株
02	浦口区	星甸杜仲林场	华济山	E118°23′47.836″ N32°3′13.331″	10
		星甸杜仲林场	东常山	E118°24′17.237″ N32°3′28.386″	16
		星甸杜仲林场	场部后面	E118°24′15.840″ N32°3′20.776″	10
		龙王山林场	龙王山	E118°42′43.661″ N32°11′52.696″	3
03	栖霞区	兴卫山		E118°50′40.740″ N32°5′57.120″	2
		兴卫山		E118°50′50.989″ N32°5′58.330″	1
		兴卫山		E118°50′32.467″ N32°5′59.028″	1
		兴卫山		E118°50′24.338″ N32°6′00.259″	2
		栖霞山		E118°57′30.719″ N32°9′18.940″	1
		栖霞山		E118°57′29.020″ N32°9′17.680″	35
		栖霞山		E118°57′26.928″ N32°9′18.979″	14
		栖霞山		E118°57′29.207″ N32°9′14.098″	60
		栖霞山		E118°57′43.247″ N32°9′18.529″	10
		栖霞山		E118°57′44.147″ N32°9′18.299″	9
		栖霞山		E118°57′35.039″ N32°9′28.418″	12
		栖霞山		E118°57′19.627″ N32°9′23.778″	5
		栖霞山		E118°57′19.159″ N32°9′23.648″	3
		栖霞山		E118°57′37.688″ N32°9′15.779″	15
		大普塘水库		E118°55′07.597″ N32°4′59.578″	3
		大普塘水库		E118°55′24.017″ N32°5′03.289″	4
		灵山		E118°56′05.849″ N32°5′24.508″	16
		灵山		E118°55′42.668″ N32°5′24.799″	390
		灵山		E118°55′53.710″ N32°5′14.849″	59
		灵山		E118°55′54.700″ N32°5′14.539″	15
04	江宁区	方山		E118°52′29.320″ N31°53′46.939″	5
		方山		E118°52′34.252″ N31°53′49.409″	1
		方山		E118°52′25.658″ N31°53′33.979″	1
		汤山林场长山工区	黄龙山	E118°54′16.816″ N31°58′29.377″	5
		汤山林场长山工区	黄龙山	E118°54′20.797″ N31°58′33.812″	1
		汤山林场长山工区	青龙山	E118°54′05.292″ N31°58′48.850″	1

种质资源编号	种质资源归属	林地名称	小地名	样地中心GPS坐标	数量/株
		汤山林场长山工区	青龙山	E118°54′07.261″ N31°58′51.629″	1
		汤山林场长山工区	青龙山	E118°54′10.800″ N31°58′54.890″	1
		东山街道林场		E118°56′01.270″ N31°57′51.203″	1
		汤山林场龙泉工区		E118°58′18.728″ N32°0′11.840″	1
		汤山地质公园		E119°2′50.820″ N32°3′17.078″	1
		汤山地质公园		E119°2′40.099″ N32°3′07.099″	1
		孟塘社区	培山	E119°3′00.940″ N32°4′50.441″	1
		孟塘社区	培山	E119°3′08.212″ N32°4′44.501″	3
		青林社区	白露头	E119°5′23.212″ N32°4′43.061″	1
		青林社区	文山	E119°4′54.970″ N32°5′20.411″	1
		青林社区	文山	E119°4′47.280″ N32°5′16.771″	9
		青林社区	孤山堰	E119°4′55.178″ N32°5′02.101″	1
		古泉社区		E119°1′27.509″ N32°2′48.142″	4
		古泉社区		E119°1′33.391″ N32°2′47.620″	1
04	江宁区	古泉社区		E119°1′33.679″ N32°22′44.310″	1
		古泉社区		E119°1′35.519″ N32°2′42.850″	1
		东善桥林场横山分场		E118°48′57.060″ N31°37′55.301″	3
		东善桥林场横山分场		E118°48′53.791″ N31°37′15.380″	1
		东善桥林场横山分场		E118°48′12.380″ N31°37′10.301″	1
		东善桥林场横山分场		E118°47′25.390″ N31°38′23.590″	1
		东善桥林场横山分场		E118°49′26.969″ N31°38′12.307″	1
		东善桥林场横山分场		E118°49′51.910″ N31°38′35.459″	1
		东善桥林场铜山分场		E118°51′12.247″ N31°39′19.598″	1
		谷里街道	东塘水库附近	E118°42′46.692″ N31°46′46.420″	1
		牛首山		E118°44′25.289″ N31°53′42.857″	1
		牛首山		E118°44′33.929″ N31°53′41.359″	1
		洪幕社区		E118°34′48.961″ N31°46′19.859″	1
		西宁社区		E118°35′47.810″ N31°46′51.820″	5
		秣陵街道将军山		E118°46′40.868″ N31°55′47.161″	1
05	溧水区	溧水区林场平山分场	龙冠子	E118°50′33.997″ N31°38′21.998″	1

种质资源编号	种质资源归属	林地名称	小地名	样地中心GPS坐标	数量/株
06	高淳区	大山林场	大山游行道旁中段	E119°5′04.841″ N31°25′06.946″	4
		游子山林场	花山游山中段路旁	E118°57′51.599″ N31°16′09.005″	15
		游子山林场	花山山顶道旁	E118°57′46.710″ N31°16′12.270″	1
07	主城区	紫金山	头陀岭处	E118°50′25.001″ N32°4′22.001″	14
		紫金山	茅一峯北防火卫下方	E118°50′26.999″ N32°4′25.000″	1
		紫金山		E118°50′33.000″ N32°4′23.002″	3
		紫金山		E118°52′05.002″ N32°3′45.000″	1
		紫金山		E118°52′05.002″ N32°3′46.001″	4
		紫金山		E118°52′00.001″ N32°3′42.998″	1
		紫金山		E118°52′00.998″ N32°3′46.001″	3
		紫金山		E118°52′01.999″ N32°3′47.002″	5
		紫金山		E118°50′24.000″ N32°4′09.840″	4
		紫金山		E118°50′25.001″ N32°4′12.000″	1
		紫金山		E118°50′39.001″ N32°48′18.000″	3
		紫金山		E118°50′24.000″ N32°3′56.002″	4
		紫金山		E118°50′38.000″ N32°3′24.998″	6
		紫金山	山北坡小卖铺处	E118°50′43.001″ N32°4′22.001″	8
		紫金山	山北坡小卖铺处	E118°50′39.998″ N32°4′23.002″	10
		紫金山	山北坡中上段	E118°50′39.998″ N32°4′23.002″	4
		紫金山	山北坡中上段	E118°50′39.001″ N32°4′23.002″	6
		紫金山	山北坡中上段	E118°50′39.001″ N32°4′23.999″	4
		紫金山	山北坡中上段	E118°50′39.998″ N32°4′23.999″	1
		幕府山		E118°47′25.001″ N32°7′45.001″	1
		幕府山		E118°47′25.001″ N32°7′45.998″	7
		幕府山		E118°47′22.999″ N32°7′45.001″	10
		幕府山	达摩洞景区上坡	E118°47′55.000″ N32°7′57.000″	1
		幕府山	达摩洞景区下坡	E118°47′53.999″ N32°7′58.001″	21
		幕府山	仙人对弈左坡	E118°48′05.000″ N32°8′10.000″	83
		幕府山	仙人对弈左中坡	E118°48′06.001″ N32°8′16.001″	13
		幕府山	仙人对弈下坡	E118°48′05.000″ N32°8′16.001″	13

大芽南蛇藤 *Celastrus gemmatus* Loes.

【别名】哥兰叶

【科属】卫矛科（Celastraceae）南蛇藤属（*Celastrus*）

【树种简介】落叶攀缘状灌木，小枝具多皮孔。冬芽大，长卵状至长圆锥状，长可达 12 毫米。叶长方形，卵状椭圆形或椭圆形，先端渐尖，基部圆阔，近叶柄处变窄，边缘具浅锯齿。聚伞花序顶生及腋生，花瓣长方倒卵形。蒴果球状，直径 10~13 毫米，小果梗皮孔显突起；种子阔椭圆状至长方椭圆状，两端钝，红棕色，有光泽。花期 4~9 月，果期 8~10 月。主产河南、陕西、甘肃、安徽、浙江、江西、湖北、湖南、贵州、四川、台湾、福建、广东、广西、云南。喜光，耐阴，耐干旱瘠薄，对环境条件要求不苛刻。石漠化地区荒山绿化、水土保持等的优良树种；枝条内皮含有丰富的纤维，可搓绳索，亦可作人造棉及造纸的原料；种子含油，供制肥皂或其他工业用。

【种质资源】南京市大芽南蛇藤野生种质资源共 1 份，归属于浦口区，具体种质资源信息见表49。

01：浦口区

分布于老山林场平坦分场、七佛寺分场和星甸杜仲林场。在浦口区 198 个样地中 3 个样地有分布，共 33 株，其中 5 株株高小于 1.3 米，8 株胸径在 1~5 厘米。种群较小，分布集中。

表49　大芽南蛇藤野生种质资源信息

种质资源编号	种质资源归属	林地名称	小地名	样地中心GPS坐标	数量/株
01	浦口区	老山林场平坦分场	虎洼山脊	E118°33′25.82″ N32°3′46.15″	3
		老山林场七佛寺分场	老鹰山	E118°36′40.25″ N32°6′24.7″	10
		星甸杜仲林场	林业队	E118°24′19.91″ N32°3′29.56″	20

南蛇藤 *Celastrus orbiculatus* Thunb.

【**别名**】金银柳、金红树、过山风

【**科属**】卫矛科（Celastraceae）南蛇藤属（*Celastrus*）

【**树种简介**】落叶藤状灌木。小枝光滑无毛，灰棕色或棕褐色，皮孔稀且不明显。叶常阔倒卵形，近圆形或长方椭圆形，先端圆阔，具有小尖头或短渐尖，基部阔楔形至近钝圆形，边缘具锯齿。聚伞花序腋生，间有顶生，小花1~3朵，偶仅1~2朵。蒴果近球状。花期5~6月，果期7~10月。主产黑龙江、吉林、辽宁、内蒙古、河北、山东、山西、河南、陕西、甘肃、江苏、安徽、浙江、江西、湖北、四川；朝鲜、日本也有分布。喜光耐阴，抗寒耐旱，对土壤要求不严。历经岁月后呈现出的老树风韵，具有极高观赏价值；植株可入药，具有祛风湿、活血脉之功效。

【**种质资源**】南京市南蛇藤野生种质资源共6份，分别归属于六合区、浦口区、栖霞区、江宁区、高淳区和主城区，具体种质资源信息见表50。

01：六合区

仅分布于灵岩山。在六合区81个样地中仅1个样地有分布，共2株，植株平均胸径为4厘米。种群极小，分布集中。

02：浦口区

分布于老山林场平坦分场、西山林场、狮子岭分场、七佛寺分场、铁路林分场，星甸杜仲林场，定山林场和大桥林场。在浦口区198个样地中34个样地有分布，共480株，其中379株株高均小于1.3米，101株胸径在1~5厘米。种群大，分布相对集中。

03：栖霞区

分布于栖霞山、大埔塘水库和灵山。在栖霞区44个样地中7个样地有分布，共39株，其中

26 株株高小于 1.3 米，12 株胸径在 1~10 厘米，1 株胸径 33 厘米。种群小，分布相对集中。

04：江宁区

分布于汤山林场、东山街道林场、汤山地质公园、青林社区、古泉社区、东善桥林场、横溪街道、青山社区和牛首山。在 223 个样地中 23 个样地有分布，共 1222 株。种群极大，分布集中。

05：高淳区

主要分布于游子山林场，大荆山林场也有少量分布。在 53 个样地中 4 个样地有分布，共 104 株，植株高度均小于 1.3 米。种群较大，分布较集中。

06：主城区

分布于紫金山、幕府山。在南京主城区 69 个样地中 6 个样地有分布，共 40 株，其中 9 株株高小于 1.3 米，单株最大胸径 5 厘米。种群小，分布较集中。

表50　南蛇藤野生种质资源信息

种质资源编号	种质资源归属	林地名称	小地名	样地中心GPS坐标	数量/株
01	六合区	灵岩山	横山沟旁	E118°53′11.48″ N32°18′27.96″	2
		老山林场平坦分场	横山半坡	E118°31′14.43″ N32°4′19.78″	20
		老山林场平坦分场	大姑山	E118°31′11.77″ N32°4′13.89″	17
		老山林场平坦分场	枣核山	E118°30′24.14″ N32°4′4.44″	47
		老山林场平坦分场	匪集场道旁	E118°30′26.25″ N32°4′5.79″	3
		老山林场平坦分场	门坎里山	E118°31′58.93″ N32°4′11.24″	10
		老山林场平坦分场	老山隧道	E118°32′23.84″ N32°3′54.86″	5
		老山林场平坦分场	蛇地	E118°34′8.04″ N32°5′2.84″	10
		老山林场平坦分场	大平山	E118°33′59.25″ N32°5′39.57″	15
02	浦口区	老山林场平坦分场	虎洼山脊	E118°33′51.02″ N32°4′18.2″	31
		老山林场平坦分场	虎洼山脊	E118°33′25.82″ N32°3′46.15″	7
		老山林场西山分场	罗汉寺—迎面山	E118°33′21.49″ N32°3′48.09″	37
		老山林场狮子岭分场	大洼口—狮平路	E118°26′22.73″ N32°2′48.4″	5
		老山林场狮子岭分场	小洼口—平滩子	E118°33′57.22″ N32°5′37.83″	5
		老山林场狮子岭分场	分场场部背后山	E118°33′42.09″ N32°3′11.99″	5
		老山林场七佛寺分场	吴家大洼	E118°33′0.83″ N32°3′51.44″	6
		老山林场七佛寺分场	大椅子山	E118°37′12.09″ N32°6′3.87″	10
		老山林场七佛寺分场	黄山岭	E118°38′8.81″ N32°6′32.85″	20

种质资源编号	种质资源归属	林地名称	小地名	样地中心GPS坐标	数量/株
02	浦口区	老山林场七佛寺分场	黑桃洼	E118°35′32.83″ N32°5′46.91″	15
		老山林场七佛寺分场	老鹰山	E118°35′33.9″ N32°6′34.8″	50
		老山林场七佛寺分场	牛角洼	E118°35′39.86″ N32°6′12.48″	10
		老山林场七佛寺分场	景观平台	E118°36′28.61″ N32°6′16.76″	20
		老山林场铁路林分场	分场实验林旁	E118°37′42.17″ N32°6′13.78″	10
		老山林场铁路林分场	羊鼻山脊	E118°40′51.19″ N32°8′58.53″	2
		老山林场铁路林分场	采石场旁	E118°40′49.98″ N32°8′52.39″	10
		老山林场	大槽洼	E118°39′22.55″ N32°8′19.15″	5
		星甸杜仲林场	华济山	E118°23′55.09″ N32°2′33.68″	1
		星甸杜仲林场	山喷码子	E118°23′47.84″ N32°3′13.33″	1
		星甸杜仲林场	亭子山	E118°24′30.16″ N32°3′9.77″	1
		星甸杜仲林场	定山林场	E118°24′58.38″ N32°3′2.74″	10
		定山林场	定山林场	E118°39′6.02″ N32°7′38″	10
		定山林场	定山林场	E118°39′2.67″ N32°7′42.66″	6
		定山林场	老虎洞	E118°39′11.87″ N32°7′53.96″	20
		大桥林场	石头山	E118°41′13.35″ N32°9′24.49″	36
		大桥林场	横山沟旁	E118°38′54.1″ N32°8′4.25″	20
03	栖霞区	栖霞山		E118°57′43.25″ N32°9′18.53″	1
		大普塘水库		E118°55′7.6″ N32°4′59.58″	2
		大普塘水库	对面山头	E118°55′24.02″ N32°5′3.29″	4
		灵山		E118°56′5.85″ N32°5′24.51″	17
		灵山		E118°55′42.67″ N32°5′24.8″	12
		灵山		E118°55′53.71″ N32°5′14.85″	2
		灵山		E118°55′54.7″ N32°5′14.54″	1
04	江宁区	汤山林场长山工区	黄龙山	E118°54′16.82″ N31°58′29.38″	1
		汤山林场长山工区	青龙山	E118°54′5.29″ N31°58′48.85″	1
		汤山林场长山工区	青龙山	E118°54′10.8″ N31°58′54.89″	1
		东山街道林场		E118°56′1.27″ N31°57′51.2″	1
		东山街道林场		E118°56′3.33″ N31°57′50.81″	1200

种质资源编号	种质资源归属	林地名称	小地名	样地中心GPS坐标	数量/株
04	江宁区	东山街道林场		E118°55′58.48″ N31°57′44.99″	1
		汤山林场龙泉工区		E118°57′43.17″ N31°59′1.1″	1
		汤山林场龙泉工区		E118°57′54.02″ N31°59′53.54″	1
		汤山林场龙泉工区		E118°58′9.72″ N32°0′12.98″	1
		汤山林场龙泉工区		E118°58′14.15″ N32°0′12.64″	1
		汤山林场龙泉工区		E118°58′18.73″ N32°0′11.84″	1
		汤山地质公园		E119°1′57.91″ N32°2′52.42″	1
		青林社区	白露头	E119°5′30.3″ N32°5′15.17″	1
		青林社区	文山	E119°4′10.68″ N32°5′12.67″	1
		古泉社区		E119°1′27.51″ N32°2′48.14″	1
		古泉社区		E119°1′33.68″ N32°22′44.31″	1
		东善桥林场云台工区	鸡笼山	E118°41′59.67″ N31°41′55″	1
		东善桥林场横山工区		E118°48′16.46″ N31°37′22.44″	1
		东善桥林场东善分场	静龙山	E118°47′36.6″ N31°50′56.61″	1
		东善桥林场横山分场		E118°49′41.13″ N31°38′0.37″	1
		横溪街道		E118°42′19.89″ N31°46′38.04″	1
		青山社区	汤山街道	E118°56′59.76″ N31°57′50.98″	1
		牛首山		E118°44′57.33″ N31°53′46.05″	1
05	高淳区	大荆山林场	四凹	E118°8′6.12″ N32°26′16.62″	
		游子山林场	花山游山上段路旁	E118°57′47.58″ N31°16′10.28″	3
		游子山林场	花山游山中段路旁	E118°57′51.6″ N31°16′9″	30
		游子山林场	花山游山道上部道旁	E118°57′46.49″ N31°16′10.91″	70
06	主城区	紫金山	山北坡中上段	E118°50′4″ N32°4′26″	1
		幕府山		E118°47′25″ N32°7′45″	5
		幕府山	达摩洞景区下坡	E118°47′54″ N32°7′58″	25
		幕府山	仙人对弈	E118°48′4″ N32°8′19″	2
		幕府山	仙人对弈左坡	E118°48′5″ N32°8′10″	1
		幕府山	仙人对弈下坡	E118°48′5″ N32°8′16″	6

一叶荻 *Fluggea suffruticosa* (Pall.) Baill.

【别名】叶底珠、叶屈珠、小粒蒿、花扫条、马扫帚牙、小孩拳

【科属】大戟科（Euphorbiaceae）白饭树属（*Flueggea*）

【树种简介】灌木，高 1~3 米。茎多分枝，当年新枝淡黄绿色，略具棱角。树皮浅灰棕色，多不规则的纵裂。根浅红棕色，具点状突起及横长的皮孔。叶互生，椭圆形、矩圆形或卵状矩圆形，先端短尖或钝头，基部楔形，全缘或有不整齐波状齿或细钝齿，两面无毛。花小，单性，雌雄异株，无花瓣。蒴果三棱状扁球形，径约 5 毫米，红褐色，无毛，3 瓣裂。花期 7~8 月，果期 9~10 月。主要分布于东北、华北、华东及湖南、河南、陕西、四川等地。喜肥沃疏松的土壤及向阳平地或山坡，常生于海拔 800~2500 米的山坡灌丛中或山沟、路边。枝、叶、花均可入药，具有活血通络、健脾化积、补肾强筋等功效，用于治疗面神经麻痹、小儿麻痹后遗症、眩晕、耳聋、神经衰弱、嗜睡症、阳痿等症。在园林中可作护坡及遮蔽污地之用，常配植于山石旁，观赏价值很高。

【种质资源】南京市一叶荻野生种质资源共 3 份，分别归属于六合区、江宁区和高淳区。具体种质资源信息见表 51。

01：六合区

集中分布于瓜埠林场，盘山、竹镇和冶山也有少量分布。在六合区 81 个样地中 4 个样地有分布，共 23 株，其中 22 株株高小于 1.3 米，单株最大胸径 6 厘米。种群极小，分布较分散。

02：江宁区

分布于青林社区、古泉社区、横溪街道和青山社区，其中青林社区分布最多。江宁区 223 个样地中 6 个样地有分布，共 14 株，其中 5 株株高小于 1.3 米，9 株胸径在 1~5 厘米，平均胸径 2.7 厘米。种群极小，分布分散。

03：高淳区

仅分布于游子山林场。在高淳区 53 个样地中仅 1 个样地有分布，共 50 株，株高均小于 1.3 米。种群较小，分布高度集中。

表51　一叶荻野生种质资源信息

种质资源编号	种质资源归属	林地名称	小地名	样地中心GPS坐标	数量/株
01	六合区	盘山		E118°36′13.94″ N32°28′44.47″	3
		竹镇		E118°34′26.51″ N32°33′26.61″	1
		冶山		E118°56′56″ N32°30′49″	1
		瓜埠林		E118°53′33.6″ N32°16′25″	18
02	江宁区	青林社区	白露头	E119°5′41.22″ N32°5′18.96″	9
		青林社区	白露头	E119°5′30.3″ N32°5′15.17″	1
		青林社区	文山	E119°4′54.97″ N32°5′20.41″	1
		古泉社区		E119°1′33.39″ N32°2′47.62″	1
		横溪街道横溪	蒋门山	E118°40′26.15″ N31°47′16.76″	1
		青山社区		E118°56′59.76″ N31°57′50.98″	1
03	高淳区	游子山林场	花山山顶	E118°57′46.51″ N31°16′14.56″	50

青灰叶下珠 *Phyllanthus glaucus* Wall. ex Müll. Arg.

【科属】叶下珠科（Phyllanthaceae）叶下珠属（*Phyllanthus*）

【树种简介】灌木，高达 4 米。枝条圆柱形。叶片膜质，椭圆形或长圆形，长 2.5~5 厘米，宽 1.5~2.5 厘米，顶端急尖，有小尖头；花小，雌花通常 1 朵与数朵雄花同生于叶腋；蒴果浆果状，直径约 1 厘米，紫黑色，基部有宿存的萼片。花期 4~7 月，果期 7~10 月。主产江苏、安徽、浙江、江西、湖北、湖南、广东、广西、四川、贵州、云南和西藏等地；印度、不丹、锡金、尼泊尔等地也有分布。常生于海拔 200~1000 米的山地灌木丛中或稀疏林下。根入药，味辛、甘，性温；在夏季和秋季可挖根，切片晒干，可用于治疗风湿痹痛、小儿疳积。

【种质资源】南京市青灰叶下珠野生种质资源共 4 份，分别归属于栖霞区、江宁区、溧水区和主城区，具体种质资源信息见表 52。

01：栖霞区

分布于兴卫山、灵山、羊山。在栖霞区 44 个样地中 7 个样地有分布，共 31 株，其中 24 株高度小于 1.3 米，7 株胸径在 1~5 厘米，单株最大胸径 4 厘米。种群小，分布较分散。

02：江宁区

分布于横溪街道。在江宁区 223 个样地中 2 个样地有分布，且仅有 2 株，植株高度均小于 1.3 米。种群极小。

03：溧水区

分布于溧水区林场东庐分场。在溧水区 115 个样地中 2 个样地有分布，共 4 株，单株最大胸径 5 厘米。种群极小。

04：主城区

分布于幕府山。在南京主城区 69 个样地中 2 个样地有分布，共 3 株，其中 1 株高度小于 1.3 米，其余 2 株胸径均为 2 厘米。种群极小，分布集中。

表52　青灰叶下珠野生种质资源信息

种质资源编号	种质资源归属	林地名称	小地名	样地中心GPS坐标	数量/株
01	栖霞区	兴卫山		E118°50′40.74″ N32°5′57.12″	1
		兴卫山	北坡	E118°50′24.34″ N32°6′0.26″	1
		灵山		E118°56′5.85″ N32°5′24.51″	11
		灵山		E118°55′42.67″ N32°5′24.8″	10
		灵山		E118°55′53.71″ N32°5′14.85″	3

（续）

种质资源编号	种质资源归属	林地名称	小地名	样地中心GPS坐标	数量/株
01	栖霞区	灵山		E118°55′54.7″ N32°5′14.54″	1
		羊山		E118°55′56.24″ N32°6′47.59″	4
02	江宁区	横溪街道	横溪	E118°42′18.24″ N31°46′38.03″	1
		横溪街道	云台山	E118°40′48.91″ N31°42′13.9″	1
03	溧水区	溧水区林场 东庐分场	东庐山中部	E119°7′35″ N31°38′33″	2
		溧水区林场 东庐分场	东庐山中部	E119°7′34″ N31°38′41″	2
04	主城区	幕府山	三台洞	E118°1′0″ N31°21′0.02″	2
		幕府山	三台洞（仙人台） 下坡	E118°48′0.04″ N32°8′0.28″	1

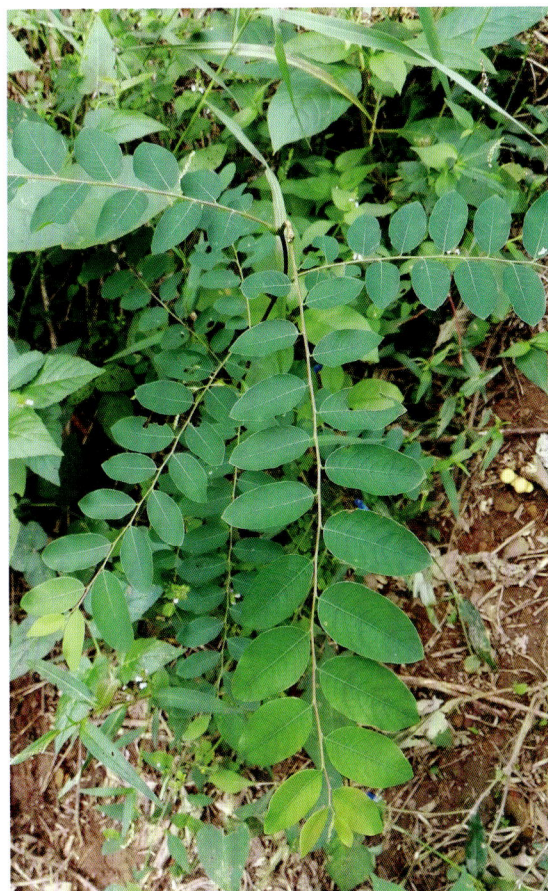

算盘子 *Glochidion puberum*（L.）Hutch.

【别名】算盘珠、野南瓜

【科属】大戟科（Euphorbiaceae）算盘子属（*Glochidion*）

【树种简介】直立灌木，高1~5米，多分枝。小枝灰褐色。叶片纸质或近革质，长圆形、长卵形或倒卵状长圆形，稀披针形。花小，雌雄同株或异株。蒴果扁球状，直径8~15毫米，边缘有8~10条纵沟，成熟时带红色。花期4~8月，果期7~11月。主产陕西、甘肃、江苏、安徽、浙江、江西、福建、台湾、河南、湖北、湖南、广东、海南、广西、四川、贵州、云南和西藏等地。生于海拔300~2200米山坡、溪旁灌木丛中或林缘。根、茎、叶和果实均可入药用，有活血散瘀、消肿解毒之效，治痢疾、腹泻、感冒发热、咳嗽、食滞腹痛、湿热腰痛、跌打损伤、疝气等；也可作农药。种子可榨油，含油量20%，供制肥皂或作润滑油。

【种质资源】南京市算盘子野生种质资源共5份，分别归属于六合区、浦口区、栖霞区、江宁区和高淳区，具体种质资源信息见表53。

01：六合区

仅分布于平山林场。在六合区81个样地中1个样地有分布，共20株，高度均小于1.3米。种群极小，分布集中。

02：浦口区

仅分布于老山林场平坦分场。在浦口区198个样地中3个样地有分布，共30株，高度均小于1.3米。种群小，分布较集中。

03：栖霞区

分布于兴卫山、栖霞山、羊山。在栖霞区44个样地中3个样地有分布，共6株，高度均小于1.3米。种群极小，分布较分散。

04：江宁区

分布于汤山林场、青林社区、东善桥林场横山分场、青山社区和汤山街道。在江宁区223个样地中6个样地有分布，共6株，高度均小于1.3米。种群小，分布分散。

05：高淳区

零星分布于傅家坛林场、大荆山林场和青山林场。在高淳区53个样地中3个样地有分布，共4株，高度均小于1.3米。种群极小，分布分散。

表53 算盘子野生种质资源信息

种质资源编号	种质资源归属	林地名称	小地名	样地中心GPS坐标	数量/株
01	六合区	平山林场	骡子山	E118°49′44.000″ N32°29′10.000″	20
02	浦口区	老山林场 平坦分场	横山半坡	E118°31′11.766″ N32°4′13.890″	5

（续）

种质资源编号	种质资源归属	林地名称	小地名	样地中心GPS坐标	数量/株
02	浦口区	老山林场平坦分场	埋娃山	E118°30′11.783″ N32°3′34.643″	5
		老山林场平坦分场	匪集场山后	E118°31′58.926″ N32°4′11.244″	20
03	栖霞区	兴卫山		E118°50′46.039″ N32°5′59.388″	1
		栖霞山		E118°57′16.978″ N32°9′29.498″	4
		羊山		E118°55′56.237″ N32°6′47.588″	1
04	江宁区	汤山林场黄栗墅工区	土地山	E119°1′13.379″ N32°4′05.948″	1
		青林社区	女儿山	E119°4′37.171″ N32°4′21.652″	1
		东善桥林场横山分场		E118°48′45.310″ N31°28′06.431″	1
		东善桥林场横山分场		E118°48′53.791″ N31°37′15.380″	1
		青山社区		E118°56′59.759″ N31°57′50.980″	1
		汤山街道		E119°0′03.319″ N32°0′47.470″	1
		傅家坛林场	窑冲	E119°4′45.779″ N31°14′09.366″	2
05	高淳区	大荆山林场	四凹	E118°8′26.142″ N32°26′10.349″	1
		青山林场	林业队	E119°3′50.465″ N31°22′07.259″	1

雀梅藤 *Sageretia thea*（Osbeck）Johnst.

【别名】酸色子、酸铜子、酸味、对角刺、碎米子、对节刺、刺冻绿

【科属】鼠李科（Rhamnaceae）雀梅藤属（*Sageretia*）

【树种简介】藤状或直立灌木。小枝具刺，互生或近对生。叶纸质，近对生或互生，边缘具细锯齿；花无梗，黄色，有芳香，通常 2 至数个簇生排成顶生或腋生疏散穗状或圆锥状穗状花序；花瓣匙形，顶端 2 浅裂，常内卷。核果近圆球形，直径约 5 毫米，成熟时黑色或紫黑色。花期 7~11 月，果期翌年 3~5 月。主产安徽、江苏、浙江、江西、福建、台湾、广东、广西、湖南、湖北、四川、云南；印度、越南、朝鲜、日本也有分布。喜温暖湿润环境，半阴半湿的环境最好；对土壤要求不严，可生长于干旱贫瘠之地；常生于海拔 2100 米以下的丘陵、山地林下或灌丛中。藤蔓可依石攀岩，高低分层，错落有致，适于立体绿化，也是制作树桩盆景的极好材料，素有树桩盆景"七贤"之一的美称；叶可代茶，果味酸，可食；根、叶均可入药，叶可用于治疮疡肿毒，根具有降气化痰的功效，可用于治疗咳嗽。

【种质资源】南京市雀梅藤野生种质资源共 6 份，分别归属于浦口区、栖霞区、雨花台区、江宁区、高淳区和主城区。具体种质资源信息见表 54。

01：浦口区

分布于老山林场平坦分场和星甸杜仲林场，其中老山林场平坦分场分布较多。在浦口区 198 个样地中 2 个样地有分布，共 13 株，其中 11 株高度小于 1.3 米，2 株胸径在 1~10 厘米。种群极小，分布集中。

02：栖霞区

分布于兴卫山、栖霞山、大普塘水库、灵山、仙鹤山、北象山、何家山。在栖霞区 44 个样地中 16 个样地有分布，共 393 株，其中 315 株株高小于 1.3 米，78 株胸径在 1~10 厘米，单株最大胸径 8 厘米。种群大，分布相对集中。

03：雨花台区

分布于秣陵街道。在雨花台区 24 个样地中仅 1 个样地有 1 株，种群极小。

04：江宁区

分布于汤山林场、东山街道林场、汤山地质公园、孟塘社区、青林社区、古泉社区、东善桥林场、青山社区、汤山街道、洪幕社区、西宁社区和秣陵街道，其中，汤山林场分布最多。在江宁区 223 个样地中 44 个样地有分布，共 549 株，其中 445 株株高小于 1.3 米，104 株胸径在 1~10 厘米，平均胸径 3.7 厘米。种群大，且分布广泛。

05：高淳区

大部分分布于傅家坛林场，大荆山林场和游子山林场也有少量分布。在高淳区 53 个样地中 6 个样地有分布，共 52 株，其中 50 株高度小于 1.3 米（占总数的 97%），2 株胸径在 1~5 厘米，单株最大胸径 2 厘米。种群小，分布相对集中。

06：主城区

仅分布于紫金山。在南京主城区 69 个样地中 3 个样地有分布，共 12 株，其中 1 株株高小于 1.3 米，11 株胸径在 1~10 厘米。种群极小，分布分散。

表54　雀梅藤野生种质资源信息

种质资源编号	种质资源归属	林地名称	小地名	样地中心GPS坐标	数量/株
01	浦口区	老山林场平坦分场	门坎里山	E118°32′23.838″ N32°3′54.857″	11
		星甸杜仲林场	宝塔洼子	E118°24′39.442″ N32°3′43.157″	2
		兴卫山		E118°50′40.740″ N32°5′57.120″	3
		兴卫山	兴卫山东南坡	E118°50′40.740″ N32°5′57.124″	10
		兴卫山		E118°50′44.279″ N32°5′58.560″	5
		兴卫山		E118°50′32.467″ N32°5′59.028″	1
		兴卫山	兴卫山北坡	E118°50′24.338″ N32°6′00.259″	1
		栖霞山		E118°57′16.978″ N32°9′29.498″	11
02	栖霞区	大普塘水库		E118°55′24.017″ N32°5′03.289″	93
		灵山		E118°56′05.849″ N32°5′24.508″	82
		灵山		E118°55′42.668″ N32°5′24.799″	38
		灵山		E118°55′53.710″ N32°5′14.849″	30
		灵山		E118°55′54.700″ N32°5′14.539″	35
		仙鹤山		E118°53′34.519″ N32°6′17.190″	47
		羊山		E118°55′56.237″ N32°6′47.588″	34
		北象山		E118°56′25.620″ N32°9′05.278″	1
		何家山		E118°57′22.378″ N32°8′45.960″	1
		何家山	中眉心	E118°58′10.200″ N32°8′39.538″	1
03	雨花台区	秣陵街道将军山		E118°45′50.090″ N31°55′23.408″	1

（续）

种质资源编号	种质资源归属	林地名称	小地名	样地中心GPS坐标	数量/株
04	江宁区	汤山林场佘村工区	连山	E119°0′37.940″ N32°3′31.039″	1
		汤山林场佘村工区		E119°1′29.370″ N32°2′49.718″	5
		汤山林场佘村工区		E119°1′33.391″ N32°2′47.620″	1
		汤山林场佘村工区		E119°1′35.519″ N32°2′42.850″	1
		东山街道林场		E118°43′12.781″ N31°42′57.150″	1
		东山街道林场	大平山	E118°42′19.429″ N31°42′28.840″	1
		东山街道林场		E118°49′08.130″ N31°38′18.841″	6
		汤山林场龙泉工区		E118°48′13.759″ N31°37′39.479″	1
		汤山林场龙泉工区		E118°46′37.348″ N31°51′54.428″	1
		汤山林场龙泉工区		E118°49′26.969″ N31°38′12.307″	1
		汤山林场龙泉工区		E118°56′59.759″ N31°57′50.980″	1
		汤山林场龙泉工区		E118°57′02.578″ N31°58′12.958″	1
		汤山地质公园		E118°57′02.459″ N31°58′40.098″	1
		孟塘社区		E118°57′00.068″ N31°58′30.900″	1
		孟塘社区		E119°0′03.319″ N32°0′47.470″	1
		青林社区		E118°34′48.090″ N31°44′56.029″	1
		青林社区		E118°34′19.099″ N31°45′59.130″	7
		青林社区		E118°34′48.961″ N31°46′19.859″	1
		青林社区		E118°35′35.750″ N31°46′20.798″	1
		青林社区		E118°36′05.450″ N31°47′05.251″	5
		青林社区		E118°46′40.868″ N31°55′47.161″	1
		青林社区	连山	E119°0′37.940″ N32°3′31.039″	1

（续）

种质资源编号	种质资源归属	林地名称	小地名	样地中心GPS坐标	数量/株
		青林社区		E119°1′29.370″ N32°2′49.718″	5
		古泉社区		E119°1′33.391″ N32°2′47.620″	1
		古泉社区		E119°1′35.519″ N32°2′42.850″	1
		古泉社区		E118°43′12.781″ N31°42′57.150″	1
		古泉社区	大平山	E118°42′19.429″ N31°42′28.840″	1
		东善桥林场 云台山分场		E118°49′08.130″ N31°38′18.841″	6
		东善桥林场 云台山分场		E118°48′13.759″ N31°37′39.479″	1
		东善桥林场 横山分场		E118°46′37.348″ N31°51′54.428″	1
		东善桥林场 横山分场		E118°49′26.969″ N31°38′12.307″	1
		东善桥林场 东善分场		E118°56′59.759″ N31°57′50.980″	1
04	江宁区	东善桥林场 横山分场		E118°57′02.578″ N31°58′12.958″	1
		青山社区		E118°57′02.459″ N31°58′40.098″	1
		汤山街道	西猪咀凹	E118°57′00.068″ N31°58′30.900″	1
		汤山街道		E119°0′03.319″ N32°0′47.470″	1
		汤山街道		E118°34′48.090″ N31°44′56.029″	1
		汤山街道		E118°34′19.099″ N31°45′59.130″	7
		洪幕社区		E118°34′48.961″ N31°46′19.859″	1
		洪幕社区		E118°35′35.750″ N31°46′20.798″	1
		洪幕社区		E118°36′05.450″ N31°47′05.251″	5
		洪幕社区		E118°46′40.868″ N31°55′47.161″	1
		西宁社区	连山	E119°0′37.940″ N32°3′31.039″	1
		秣陵街道 将军山		E119°1′29.370″ N32°2′49.718″	5

（续）

种质资源编号	种质资源归属	林地名称	小地名	样地中心GPS坐标	数量/株
05	高淳区	傅家坛林场	窑冲	E119°4′45.779″ N31°14′09.366″	21
		傅家坛林场	林科站	E119°5′21.322″ N31°14′54.492″	25
		傅家坛林场	林科站	E119°4′46.938″ N31°14′34.055″	1
		大荆山林场	四凹	E118°8′37.205″ N32°26′15.029″	1
		大荆山林场	黄家塞	E118°8′32.183″ N32°26′15.828″	1
		游子山林场	青阳殿对面	E119°0′36.832″ N31°20′32.921″	3
06	主城区	紫金山		E118°52′05.002″ N32°3′45.000″	1
		紫金山		E118°51′20.999″ N32°4′03.000″	4
		紫金山		E118°50′24.000″ N32°3′56.002″	7

圆叶鼠李 *Rhamnus globosa* Bunge

【别名】偶栗子、黑旦子、冻绿树、冻绿、山绿柴、迈氏鼠李

【科属】鼠李科（Rhamnaceae）鼠李属（*Rhamnus*）

【树种简介】灌木，稀小乔木，高2~4米。小枝对生或近对生，顶端具针刺。叶纸质或薄纸质，对生或近对生，稀兼互生，或在短枝上簇生；叶片近圆形、倒卵状圆形或卵圆形，稀圆状椭圆形，边缘具圆齿状锯齿。花单性，雌雄异株，聚伞花序腋生，花黄绿色。核果球形或倒卵状球形，成熟时黑色。花期4~5月，果期6~10月。主产辽宁（金县）、河北（灵寿、北京）、山西（翼城、雪花山）、河南南部和西部、陕西南部、山东（烟台、青岛）、安徽、江苏、浙江、江西、湖南及甘肃（兰州、庄浪）。常生于海拔1600米以下的山坡、林下或灌丛中。茎皮、果实及根可作绿色染料；果实烘干、捣碎和红糖水煎水服，可治肿毒。

【种质资源】南京市圆叶鼠李野生种质资源共5份，分别归属于六合区、浦口区、栖霞区、江宁区和主城区，具体种质资源信息见表55。

01：六合区

集中分布于方山，灵岩山、平山林场、盘山和冶山也有少量分布。在六合区81个样地中6个样地有分布，共53株。种群较小，分布相对集中。

02：浦口区

分布于老山林场平坦分场、西山分场、铁路林分场和星甸杜仲林场，龙王山林场，定山林场。在浦口区198个样地中12个样地有分布，共38株。种群小，分布相对集中。

03：栖霞区

分布于兴卫山、栖霞山、西岗街道、大普塘水库、灵山、仙鹤山、羊山、太平山公园、南象山、北象山、何家山、乌龙山。在栖霞区44个样地中24个样地有分布，共200株。种群较大，分布广泛。

04：江宁区

分布于方山、汤山林场、东山街道林场、汤山地质公园、孟塘社区、青林社区、古泉社区、东善桥林场、汤山街道和西宁社区，其中方山分布最多。在江宁区223个样地中19个样地有分布，共1222株。种群极大，分布集中。

05：主城区

仅分布于幕府山。在南京主城区69个样地中3个样地有分布，共34株。种群小，分布相对集中。

表55　圆叶鼠李野生种质资源信息

种质资源编号	种质资源归属	林地名称	小地名	样地中心GPS坐标	数量/株
01	六合区	灵岩山		E118°53′0.23″ N32°18′35.4″	2

（续）

种质资源编号	种质资源归属	林地名称	小地名	样地中心GPS坐标	数量/株
01	六合区	平山林场		E118°50′25.34″ N32°27′31.95″	1
		盘山		E118°36′13.94″ N32°28′44.47″	8
		冶山		E118°56′21″ N32°29′58″	2
		冶山		E118°56′49.13″ N32°29′55.03″	3
		方山		E118°59′20.21″ N32°18′37.63″	37
02	浦口区	老山林场平坦分场		E118°30′26.25″ N32°4′5.79″	3
		老山林场平坦分场		E118°30′30.27″ N32°3′40.25″	1
		老山林场平坦分场		E118°33′51.53″ N32°4′13.08″	1
		老山林场平坦分场		E118°32′28.45″ N32°4′39.38″	1
		老山林场西山分场		E118°25′41.49″ N32°3′45.74″	10
		老山林场铁路林分场		E118°39′22.55″ N32°8′19.15″	1
		星甸杜仲林场		E118°23′55.09″ N32°2′33.68″	2
		星甸杜仲林场		E118°24′30.16″ N32°3′9.77″	3
		星甸杜仲林场		E118°24′38.81″ N32°3′48.84″	10
		龙王山林场		E118°42′43.66″ N32°11′52.7″	2
		定山林场		E118°39′11.18″ N32°7′58.04″	2
		定山林场		E118°39′3.81″ N32°7′51.05″	2
03	栖霞区	兴卫山		E118°50′40.74″ N32°5′57.12″	4
		兴卫山	兴卫山东南坡	E118°50′40.74″ N32°5′57.12″	1
		兴卫山		E118°50′44.28″ N32°5′58.56″	1
		栖霞山		E118°57′30.72″ N32°9′18.94″	21
		栖霞山		E118°57′29.02″ N32°9′17.68″	7
		栖霞山		E118°57′34.38″ N32°9′15.58″	1
		栖霞山	天开岩上方亭子附近	E118°57′35.04″ N32°9′28.42″	1
		栖霞山		E118°57′19.63″ N32°9′23.78″	2
		栖霞山		E118°57′19.16″ N32°9′23.65″	4
		栖霞山		E118°57′16.98″ N32°9′29.5″	14
		西岗街道	西岗果牧场场部对面山头南坡	E118°58′45.05″ N32°5′46.39″	1

（续）

种质资源编号	种质资源归属	林地名称	小地名	样地中心GPS坐标	数量/株
		大普塘水库	对面山头	E118°55′7.6″ N32°4′59.58″	1
		大普塘水库		E118°55′24.02″ N32°5′3.29″	27
		灵山		E118°56′5.85″ N32°5′24.51″	13
		灵山		E118°55′42.67″ N32°5′24.8″	19
		灵山		E118°55′53.71″ N32°5′14.85″	20
		灵山		E118°55′54.7″ N32°5′14.54″	9
03	栖霞区	仙鹤山		E118°53′34.52″ N32°6′17.19″	1
		羊山		E118°55′56.24″ N32°6′47.59″	35
		太平山公园		E118°52′10.66″ N32°7′56.81″	7
		南象山	南象山衡阳寺	E118°55′50.16″ N32°8′8.7″	3
		北象山		E118°56′25.62″ N32°9′5.28″	1
		何家山	中眉心	E118°58′10.2″ N32°8′39.54″	1
		乌龙山	乌龙山炮台西南	E118°52′1.02″ N32°9′42.48″	6
		方山		E118°57′54.02″ N31°59′53.54″	1
		方山		E119°2′50.82″ N32°3′17.08″	1
		方山		E119°3′31.36″ N32°6′8.14″	1200
		汤山林场佘村工区	青龙山	E119°3′0.94″ N32°4′50.44″	1
		东山街道林场		E119°3′8.21″ N32°4′44.5″	1
		汤山林场龙泉工区		E119°15′20.59″ N32°4′59.61″	1
		汤山地质公园		E119°4′10.68″ N32°5′12.67″	1
04	江宁区	孟塘社区	射乌山	E119°4′54.97″ N32°5′20.41″	1
		孟塘社区	培山	E119°4′47.28″ N32°5′16.77″	1
		孟塘社区	培山	E119°0′37.94″ N32°3′31.04″	1
		青林社区	白露头	E118°49′26.97″ N31°38′12.31″	1
		青林社区	文山	E118°56′56.89″ N31°58′24.51″	1
		青林社区	文山	E118°36′5.45″ N31°47′5.25″	1
		青林社区	文山	E118°35′47.81″ N31°46′51.82″	1
		古泉社区	连山	E118°57′54.02″ N31°59′53.54″	1
		东善桥林场横山分场		E119°2′50.82″ N32°3′17.08″	1
		汤山街道		E119°3′31.36″ N32°6′8.14	1
		西宁社区		E119°3′0.94″ N32°4′50.44″	3

（续）

种质资源编号	种质资源归属	林地名称	小地名	样地中心GPS坐标	数量/株
04	江宁区	西宁社区		E119°3′8.21″ N32°4′44.5″	3
05	主城区	幕府山	达摩洞景区下坡	E118°47′54″ N32°7′58″	2
		幕府山	仙人对弈左坡	E118°48′5″ N32°8′10″	16
		幕府山	仙人对弈左中坡	E118°48′6″ N32°8′16″	16

猫乳 *Rhamnella franguloides*（Maxim）Weberb

【**别名**】鼠矢枣、山黄、长叶绿柴

【**科属**】鼠李科（Rhamnaceae）猫乳属（*Rhamnella*）

【**树种简介**】落叶灌木或小乔木，高2~9米。幼枝绿色，被短柔毛或密柔毛。叶倒卵状矩圆形、倒卵状椭圆形、矩圆形，长椭圆形，稀倒卵形。花黄绿色，两性，6~18个腋生呈聚伞花序；总花梗长1~4毫米；核果圆柱形，长7~9毫米，成熟时红色或橘红色，干后变黑色或紫黑色。花期5~7月，果期7~10月。主产陕西南部、山西南部、河北、河南、山东、江苏、安徽、浙江、江西、湖南、湖北西部；日本、朝鲜也有分布。喜温暖，耐半阴，对土壤要求不严；常生于海拔1100米以下的山坡、路旁或林中。可植于庭园观赏；根供药用，可补脾益肾，亦可疗疮。

【**种质资源**】南京市猫乳野生种质资源共6份，分别归属于六合区、浦口区、栖霞区、江宁区、高淳区和主城区，具体种质资源信息见表56。

01：六合区

分布于平山林场。在六合区81个样地中1个样地有分布，且仅有1株，胸径3厘米。种群极小。

02：浦口区

分布于老山林场平坦分场、西山分场、狮子岭分场、七佛寺分场、东山分场和星甸杜仲林场，龙王山林场，定山林场。在浦口区198个样地中14个样地有分布，共100株，其中93株株高小于1.3米（占总数的93%），7株胸径在1~10厘米，平均胸径5厘米。种群较大，分布分散。

03：栖霞区

分布于栖霞山、灵山、仙鹤山。在栖霞区44个样地中6个样地有分布，共32株，其中14株株高小于1.3米，18株胸径在1~3厘米，单株最大胸径3厘米。种群小，分布较分散。

04：江宁区

分布于方山、孟塘社区、青林社区、东善桥林场、横溪街道和秣陵街道。在江宁区223个样地中9个样地有分布，共45株，其中37株株高小于1.3米，8株胸径在1~5厘米，平均胸径3厘米。种群较大，分布分散。

05：高淳区

分布于傅家坛林场、大山林场和大荆山林场。在高淳区53个样地中仅有3个样地有分布，共5株，高度均小于1.3米。种群极小，分布分散。

06：主城区

仅分布于幕府山。在主城区69个样地中4个样地有分布，共8株，其中6株高度小于1.3米，2株胸径在1~5厘米。种群极小，分布分散。

表56　猫乳野生种质资源信息

种质资源编号	种质资源归属	林地名称	小地名	样地中心GPS坐标	数量/株
01	六合区	平山林场	骡子山尖山万寿庵	E118°49′7″ N32°30′28″	1
02	浦口区	老山林场平坦分场	杨船山	E118°31′55.15″ N32°4′32.56″	10
		老山林场平坦分场	埋娃山	E118°30′11.78″ N32°3′34.64″	10
		老山林场平坦分场	匪集场道旁	E118°31′58.93″ N32°4′11.24″	10
		老山林场平坦分场	虎洼山脊	E118°33′38.87″ N32°3′52.48″	1
		老山林场西山分场	西山—煤峰口	E118°26′53.81″ N32°3′57.6″	2
		老山林场狮子岭分场	石门	E118°34′48.44″ N32°4′5.02″	1
		老山林场七佛寺分场	七佛寺分场场部旁	E118°36′11.86″ N32°5′28.29″	1
		老山林场东山分场	椅子山	E118°37′30.87″ N32°6′45.48″	2
		星甸杜仲林场	山喷码字上	E118°24′31.92″ N32°3′10.73″	6
		星甸杜仲林场	宝塔洼子	E118°24′39.44″ N32°3′43.16″	2
		星甸杜仲林场	东常山	E118°24′17.24″ N32°3′28.39″	15
		龙王山林场	龙王山	E118°42′43.66″ N32°11′52.7″	30
		定山林场		E118°39′34.97″ N32°7′51.6″	7
		定山林场	定山寺旁	E118°39′3.81″ N32°7′51.05″	3
03	栖霞区	栖霞山	天开岩上方亭子附近	E118°57′35.04″ N32°9′28.42″	2
		灵山		E118°56′5.85″ N32°5′24.51″	16
		灵山		E118°55′42.67″ N32°5′24.8″	5
		灵山		E118°55′53.71″ N32°5′14.85″	3
		灵山		E118°55′54.7″ N32°5′14.54″	5
		仙鹤山		E118°53′34.52″ N32°6′17.19″	1

（续）

种质资源编号	种质资源归属	林地名称	小地名	样地中心GPS坐标	数量/株
04	江宁区	方山	栎树林	E118°51′52.28″ N31°53′53.91″	37
		孟塘社区	培山	E119°3′0.94″ N32°4′50.44″	1
		青林社区	白露头	E119°5′30.3″ N32°5′15.17″	1
		青林社区	孤山堰	E119°4′55.18″ N32°5′2.1″	1
		东善桥林场 横山分场		E118°48′57.06″ N31°37′55.3″	1
		东善桥林场 横山分场		E118°49′26.97″ N31°38′12.31″	1
		横溪街道	横溪	E118°41′15.45″ N31°45′8.48″	1
		横溪街道	横溪	E118°41′18.22″ N31°45′41.33″	1
		秣陵街道 将军山		E118°46′50.72″ N31°55′57.1″	1
05	高淳区	傅家坛林场	窑冲	E119°4′45.78″ N31°14′9.37″	2
		大山林场	大山寺旁	E119°4′55.83″ N31°25′8.59″	1
		大荆山林场	四凹	E118°8′9.71″ N32°26′15.11″	2
06	主城区	幕府山	达摩洞景区下坡	E118°47′54″ N32°7′58″	3
		幕府山	仙人对弈左坡	E118°48′5″ N32°8′10″	3
		幕府山	三台洞	E118°1′0″ N31°21′0.02″	1
		幕府山	三台洞下坡	E118°48′0.04″ N32°8′0.28″	1

多花勾儿茶 *Berchemia floribunda*（Wall.）Brongn.

【别名】牛鼻角秧、扁担果、扁担藤、金刚藤、牛儿藤、牛鼻圈、勾儿茶

【科属】鼠李科（Rhamnaceae）勾儿茶属（*Berchemia*）

【树种简介】藤状或直立灌木。幼枝黄绿色，光滑无毛。叶纸质，上部叶较小，下部叶较大。花多数，通常数个簇生排成顶生宽聚伞圆锥花序，或下部兼腋生聚伞总状花序。核果圆柱状椭圆形，长 7~10 毫米，直径 4~5 毫米。花期 7~10 月，果期翌年 4~7 月。主产山西、陕西、甘肃、河南、安徽、江苏、浙江、江西、福建、广东、广西、湖南、湖北、四川、贵州、云南、西藏；印度、尼泊尔、锡金、不丹、越南、日本也有分布。常生于海拔 2600 米以下的山坡、沟谷、林缘、林下或灌丛中。主要用于观赏和药用。

【种质资源】南京市多花勾儿茶野生种质资源共 3 份，分别归属于栖霞区、江宁区和高淳区，具体种质资源信息见表 57。

01：栖霞区

分布于灵山。在栖霞区 44 个样地中仅 1 个样地有分布，共 8 株。种群极小，且分布集中。

02：江宁区

分布于横溪街道和秣陵街道。在江宁区 223 个样地中 2 个样地有分布，共 8 株，高度均小于 1.3 米。种群极小，分布集中。

03：高淳区

仅分布于游子山林场。在高淳区 53 个样地中 2 个样地有分布，共 6 株，高度均小于 1.3 米，种群极小，分布集中。

表57　多花勾儿茶野生种质资源信息

种质资源编号	种质资源归属	林地名称	小地名	样地中心GPS坐标	数量/株
01	栖霞区	灵山		E118°55′42.67″ N32°5′24.8″	8
02	江宁区	横溪街道横溪		E118°41′18.22″ N31°45′41.33″	7
		秣陵街道将军山		E118°46′40.87″ N31°55′47.16″	1
03	高淳区	游子山林场	花山山顶道旁	E118°57′46.71″ N31°16′12.27″	5
		游子山林场	花山游山道上部道旁	E118°57′46.76″ N31°16′11.91″	1

马甲子 *Paliurus ramosissimus*（Lour.）Poir.

【别名】棘盘子、簕子、雄虎刺、马鞍树、铜钱树、铁篱笆、白棘

【科属】鼠李科（Rhamnaceae）马甲子属（*Paliurus*）

【树种简介】灌木，高达6米。叶互生，纸质，宽卵状、卵状椭圆形或近圆形，顶端钝或圆形，基部宽楔形、楔形或近圆形，稍偏斜，边缘具钝细锯齿或细锯齿，稀上部近全缘。腋生聚伞花序，被黄色茸毛；花瓣匙形，短于萼片。核果杯状，被黄褐色或棕褐色茸毛，周围具木栓质3浅裂的窄翅；种子紫红色或红褐色，扁圆形。花期5~8月，果期9~10月。主产江苏、浙江、安徽、江西、湖南、湖北、福建、台湾、广东、广西、云南、贵州、四川；朝鲜、日本和越南也有分布。喜光，喜温暖湿润气候，不耐寒，常生于海拔2000米以下的山地和平原。分枝密且具针刺，常栽培作绿篱；材质坚硬，可作农具柄；根、枝、叶、花、果均可入药，具有解毒消肿、止痛活血之功效，用于治疗痈肿溃脓等症。

【种质资源】南京市马甲子野生种质资源1份，归属于主城区。具体种质资源信息见表58。

01：主城区

仅分布于幕府山。在主城区69个样地中2个样地有分布，共4株，其中3株株高小于1.3米，1株胸径1.5厘米。种群极小，分布集中。

表58　马甲子野生种质资源信息

种质资源编号	种质资源归属	林地名称	小地名	样地中心GPS坐标	数量/株
01	主城区	幕府山		E118°47′25″ N32°7′43″	1
		幕府山		E118°47′13″ N32°7′48″	3

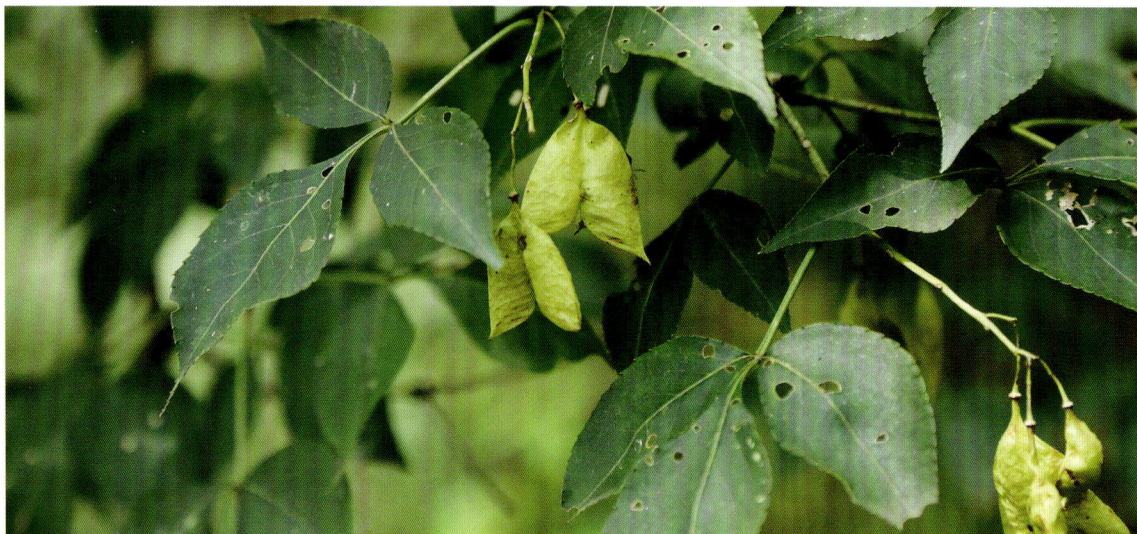

省沽油 *Staphylea bumalda* DC.

【别名】水条、珍珠花

【科属】省沽油科（Staphyleaceae）省沽油属（*Staphylea*）

【树种简介】落叶灌木，高约2米，稀达5米。树皮紫红色或灰褐色，有纵棱。绿白色复叶对生，具3小叶；小叶椭圆形、卵圆形或卵状披针形，先端锐尖，具尖尾，尖尾长约1厘米，基部楔形或圆形，边缘有细锯齿，齿尖具尖头。圆锥花序顶生，直立，花白色；萼片长椭圆形，浅黄白色。蒴果膀胱状，扁平；种子黄色，有光泽。花期4~5月，果期8~9月。主产黑龙江、吉林、辽宁、河北、山西、陕西、四川、湖北、安徽、江苏、浙江。常生于路旁、山地或丛林中。果实含有多种维生素和人体所需的矿质营养元素，可入药，具有明目、降压、利尿、解毒等功效，可用于治疗无名肿毒、痔疮、皮炎、跌打骨损、动脉硬化、肠炎等病症。

【种质资源】南京市省沽油野生种质资源共1份，归属于浦口区，具体种质资源信息见表59。

01：浦口区

仅分布于老山林场平坦分场。在浦口区198个样地中3个样地有分布，总数大于157株，高度均小于1.3米。种群较大，分布较集中。

表59 省沽油野生种质资源信息

种质资源编号	种质资源归属	林地名称	小地名	样地中心GPS坐标	数量/株
01	浦口区	老山林场平坦分场	虎洼山脊	E118°33′21.49″ N32°3′48.09″	52
		老山林场平坦分场	虎洼山脊	E118°33′33.27″ N32°3′51.77″	5
		老山林场平坦分场	虎洼山脊路两旁	E118°33′18.43″ N32°3′50.4″	>100

野鸦椿 *Euscaphis japonica*（Thunb.）Dippel

【别名】红椋、芽子木要、山海椒、小山辣子、鸡眼睛、酒药花、福建野鸦椿

【科属】省沽油科（Staphyleaceae）野鸦椿属（*Euscaphis*）

【树种简介】落叶灌木或小乔木，高（2）3~6（8）米。树皮灰褐色，具纵条纹，小枝及芽红紫色，枝叶揉碎后发出恶臭气味。叶对生，奇数羽状复叶，小叶 5~9，稀 3~11，厚纸质，长卵形或椭圆形，稀为圆形，先端渐尖，基部钝圆，边缘具疏短锯齿，齿尖有腺体。圆锥花序顶生，花多，较密集，黄白色。蓇葖果长 1~2 厘米，每一花发育为 1~3 个蓇葖，果皮软革质，紫红色，种子近圆形，假种皮肉质，黑色，有光泽。花期 5~6 月，果期 8~9 月。除西北各省份外，全国其他各省份均产，主产江南各省份，西至云南东北部；日本、朝鲜也有分布。幼苗耐阴，耐湿润，大树则偏喜光，耐瘠薄干燥，耐寒性较强。多生长于山脚和山谷，常与一些小灌木混生，散生，很少有成片的纯林。秋天，果成熟后果荚开裂，果皮反卷，露出鲜红色的内果皮，黑色的种子粘挂在内果皮上，犹如满树红花上点缀着颗颗黑珍珠，十分艳丽，观赏价值较高。根和果可入药，根具有解毒、清热、利湿的功效，用于治疗感冒头痛、痢疾、肠炎等；果具有祛风散寒、行气止痛的功效。

【种质资源】南京市野鸦椿野生种质资源共 7 份，分别归属于浦口区、栖霞区、雨花台区、江宁区、溧水区、高淳区和主城区。具体种质资源信息见表 60。

01：浦口区

仅分布于老山林场平坦分场、七佛寺分场。在浦口区 198 个样地中 10 个样地有分布，共 131 株，其中 128 株株高小于 1.3 米，3 株胸径在 1~10 厘米。种群较大，分布较集中。

02：栖霞区

分布于兴卫山、栖霞山、仙鹤山、何家山。在栖霞区 44 个样地中 8 个样地有分布，共 82 株，其中 63 株高度小于 1.3 米，19 株胸径在 1~5 厘米，单株胸径最大为 2 厘米。种群较小，分布较广泛。

03：雨花台区

分布于铁心桥街道、秣陵街道、牛首山、普觉寺和罐子山。在雨花台区 24 个样地中 13 个样地有分布，共 60 株，其中 22 株高度小于 1.3 米，38 株胸径在 1~10 厘米，平均胸径 4 厘米。种群较小，分布较广泛。

04：江宁区

分布于汤山林场、东山街道林场、孟塘社区、青林社区、古泉社区、东善桥林场、谷里街道、横溪街道、汤山街道、牛首山、南山湖、富贵山公墓、洪幕社区和秣陵街道，以汤山林场分布最多。在江宁区 223 个样地中 67 个样地有分布，共 359 株，其中 40 株高度小于 1.3 米，316 株胸径在 1~10 厘米（平均胸径 4 厘米），3 株胸径在 11~15 厘米（平均胸径 11 厘米）。种群大，分布广泛。

05：溧水区

分布于溧水区林场芳山分场、平山分场。在溧水区 115 个样地中有 3 个样地有分布，共 12 株，其中 11 株株高小于 1.3 米，1 株胸径为 5 厘米。种群极小，分布集中。

06：高淳区

集中分布于游子山林场，大荆山林场和青山林场也有少量分布。在高淳区 53 个样地中 5 个样地有分布，共 69 株，其中 67 株高度小于 1.3 米，2 株胸径在 1~5 厘米。种群较小，分布较集中。

07：主城区

分布于紫金山和幕府山。在南京主城区 69 个样地中 12 个样地有分布，共 44 株，其中 8 株高度小于 1.3 米，33 株胸径在 1~10 厘米，13 株胸径在 11~15 厘米，单株最大胸径 14.8 厘米。种群小，分布较集中。

表60　野鸦椿野生种质资源信息

种质资源编号	种质资源归属	林地名称	小地名	样地中心GPS坐标	数量/株
01	浦口区	老山林场平坦分场	横山沟旁	E118°31′14.43″ N32°4′19.78″	1
		老山林场平坦分场	横山半坡	E118°31′11.77″ N32°4′13.89″	10
		老山林场平坦分场	凤凰山后	E118°30′32.38″ N32°4′18.2″	11
		老山林场平坦分场	埋娃山	E118°30′11.78″ N32°3′34.64″	50
		老山林场平坦分场	小鸡山	E118°30′31.7″ N32°3′42.03″	1
		老山林场平坦分场	匪集场道旁	E118°31′58.93″ N32°4′11.24″	20
		老山林场平坦分场	蛇地	E118°33′59.25″ N32°5′39.57″	1
		老山林场平坦分场	虎洼九龙山	E118°32′58.06″ N32°4′31.75″	15
		老山林场平坦分场	门坎里—黄梨山	E118°32′28.45″ N32°4′39.38″	20
		老山林场七佛寺分场	老山中学	E118°35′10.03″ N32°6′43.61″	2
02	栖霞区	兴卫山	兴卫山东南坡	E118°50′40.74″ N32°5′57.12″	23
		兴卫山		E118°50′40.74″ N32°5′57.13″	2
		兴卫山		E118°50′44.28″ N32°5′58.56″	31
		兴卫山		E118°50′46.04″ N32°5′59.39″	2

（续）

种质资源编号	种质资源归属	林地名称	小地名	样地中心GPS坐标	数量/株
02	栖霞区	兴卫山		E118°50′50.99″ N32°5′58.33″	14
		栖霞山		E118°57′16.98″ N32°9′29.5″	4
		仙鹤山		E118°53′34.52″ N32°6′17.19″	4
		何家山	何家山	E118°57′20.22″ N32°8′41.82″	2
03	雨花台区	铁心桥街道韩府山		E118°45′29.12″ N31°56′56.46″	9
		铁心桥街道韩府山		E118°45′30.33″ N31°56′48.6″	3
		铁心桥街道韩府山		E118°45′17.62″ N31°56′34.85″	17
		铁心桥街道韩府山		E118°45′17.62″ N31°56′34.85″	2
		秣陵街道将军山	高家库	E118°45′9.45″ N31°56′8.89″	1
		秣陵街道将军山	高家库	E118°45′39.8″ N31°55′43.36″	1
		秣陵街道将军山		E118°45′51.79″ N31°55′16.54″	1
		秣陵街道将军山		E118°45′50.09″ N31°55′23.41″	15
		牛首山		E118°44′18″ N31°55′28.39″	5
		牛首山		E118°44′22.53″ N31°55′29.01″	1
		普觉寺		E118°44′29.02″ N31°55′22.11″	2
		普觉寺		E118°44′28.27″ N31°55′18.77″	2
		罐子山		E118°43′10.85″ N31°55′55.24″	1
04	江宁区	汤山林场汤山一郎山		E119°3′20.34″ N32°4′16.29″	200
		汤山林场黄栗墅工区	土地山	E119°1′10.68″ N32°4′16.29″	1
		汤山林场黄栗墅工区	土地山	E119°1′2.54″ N32°3′44.17″	1
		汤山林场黄栗墅工区	土地山	E119°1′13.38″ N32°4′5.95″	1
		汤山林场黄栗墅工区	土地山	E119°1′25.51″ N32°4′10.33″	1

（续）

种质资源编号	种质资源归属	林地名称	小地名	样地中心GPS坐标	数量/株
		汤山林场佘村工区		E118°56′43.52″ N32°0′41.96″	2
		东山街道林场		E118°55′56.56″ N31°57′55.99″	3
		东山街道林场		E118°56′1.27″ N31°57′51.2″	2
		东山街道林场		E118°55′52.8″ N31°57′55.47″	2
		汤山林场龙泉工区		E118°58′5.04″ N31°59′18.89″	8
		汤山林场龙泉工区		E118°57′32.46″ N31°59′6.67″	2
		汤山林场龙泉工区		E118°57′54.02″ N31°59′53.54″	5
		汤山林场龙泉工区		E118°58′9.72″ N32°0′12.98″	1
		汤山林场龙泉工区		E118°58′14.15″ N32°0′12.64″	3
		汤山林场龙泉工区		E118°58′18.73″ N32°0′11.84″	2
04	江宁区	孟塘社区	射乌山	E119°3′31.36″ N32°6′8.14″	5
		孟塘社区	射乌山	E119°3′5.35″ N32°5′57.62″	1
		孟塘社区	射乌山	E119°3′8.53″ N32°5′52.37″	1
		孟塘社区	射乌山	E119°2′56.77″ N32°5′44.84″	1
		青林社区	白露头	E119°25′33.41″ N32°4′52.23″	1
		青林社区	女儿山	E119°4′37.17″ N32°4′21.65″	4
		古泉社区	连山	E119°0′37.94″ N32°3′31.04″	1
		东善桥林场 东稔工区		E118°42′15.15″ N31°44′7.34″	1
		东善桥林场 云台山分场		E118°43′12.78″ N31°42′57.15″	1
		东善桥林场 云台山分场	大平山	E118°42′19.43″ N31°42′28.84″	1
		东善桥林场 云台山分场	太平山公园	E118°42′1.24″ N31°41′56.23″	3
		东善桥林场横山分场		E118°48′45.31″ N31°28′6.43″	2

（续）

种质资源编号	种质资源归属	林地名称	小地名	样地中心GPS坐标	数量/株
		东善桥林场横山分场		E118°48′57.06″ N31°37′55.3″	1
		东善桥林场横山分场		E118°48′53.79″ N31°37′15.38″	2
		东善桥林场横山分场		E118°48′13.76″ N31°37′39.48″	1
		东善桥林场横山分场		E118°48′14.69″ N31°37′17.87″	5
		东善桥林场横山分场		E118°48′16.46″ N31°37′22.44″	3
		东善桥林场东善分场	静龙山	E118°47′37.61″ N31°51′2.5″	1
		东善桥林场东善分场		E118°46′50.46″ N31°51′25.78″	1
		东善桥林场横山分场		E118°49′41.13″ N31°38′0.37″	1
		东善桥林场横山分场		E118°49′36.91″ N31°38′30.23″	1
		东善桥林场横山分场		E118°49′51.91″ N31°38′35.46″	1
		东善桥林场铜山分场		E118°50′36.88″ N31°39′17.79″	1
04	江宁区	东善桥林场铜山分场		E118°52′44.03″ N31°39′26.42″	1
		东善桥林场铜山分场		E118°52′27.84″ N31°39′18.32″	1
		东善桥林场铜山分场		E118°52′18.33″ N31°39′18.52″	1
		东善桥林场铜山分场		E118°52′18.08″ N31°39′27.82″	1
		东善桥林场铜山分场		E118°52′1.25″ N31°39′1.29″	1
		东善桥林场铜山分场		E118°51′5.98″ N31°39′1.58″	3
		谷里街道	东塘水库附近	E118°42′50.9″ N31°47′20.37″	1
		横溪街道横溪	枣山	E118.705525 N31°46′38.04″	1
		汤山街道		E119°0′3.32″ N32°0′47.47″	1
		牛首山		E118°44′43.64″ N31°53′23.64″	3
		牛首山		E118°44′47.99″ N31°53′30.49″	1

（续）

种质资源编号	种质资源归属	林地名称	小地名	样地中心GPS坐标	数量/株
04	江宁区	牛首山		E118°44′21.5″ N31°54′46.66″	1
		牛首山		E118°45′12.86″ N31°53′45.91″	1
		牛首山		E118°44′53.71″ N31°54′7.74″	1
		南山湖		E118°32′58.89″ N31°46′8.24″	1
		富贵山公墓处		E118°32′28.22″ N31°45′46.73″	1
		洪幕社区		E118°33′10.13″ N31°45′49.22″	17
		洪幕社区	洪幕山	E118°32′52.77″ N31°45′49.17″	12
		洪幕社区	洪幕山	E118°32′49.64″ N31°45′38.28″	7
		洪幕社区	洪幕山	E118°32′58.01″ N31°45′31.69″	1
		洪幕社区		E118°34′48.96″ N31°46′19.86″	1
		横溪街道横溪	石塘附近	E118°42′2.91″ N31°42′52.53″	1
		横溪街道横溪		E118°41′9.8″ N31°45′10.41″	1
		横溪街道横溪		E118°41′18.22″ N31°45′41.33″	1
		横溪街道云台山		E118°40′48.91″ N31°42′13.9″	1
		秣陵街道将军山		E118°46′50.72″ N31°55′57.1″	1
		秣陵街道将军山		E118°46′13.43″ N31°56′12.86″	5
		秣陵街道将军山		E118°46′45.53″ N31°55′28.55″	5
		古泉社区		E119°1′33.39″ N32°2′47.62″	12
05	溧水区	溧水区林场芳山分场	芳山	E119°8′12.49″ N31°29′16.18″	1
		溧水区林场平山分场	小茅山东面	E118°51′14″ N31°38′38″	1
		溧水区林场平山分场	小茅山东面	E118°56′54.19″ N31°38′20.23″	10
06	高淳区	大荆山林场	四凹	E118°8′37.2″ N32°26′15.03″	1

（续）

种质资源编号	种质资源归属	林地名称	小地名	样地中心GPS坐标	数量/株
06	高淳区	大荆山林场	四凹	E118°8′6.12″ N32°26′16.62″	1
		游子山林场	大凹	E119°0′28.21″ N31°20′46.35″	50
		青山林场	林业队	E119°3′50.46″ N31°22′7.26″	5
		青山林场	林业队	E119°3′42.58″ N31°22′16.38″	12
07	主城区	紫金山	永慕庐两边	E118°5′2″ N32°4′5″	2
		紫金山		E118°51′3″ N32°4′8″	1
		紫金山		E118°51′13″ N32°4′4″	12
		紫金山		E118°52′5″ N32°3′45″	5
		紫金山		E118°52′5″ N32°3′46″	2
		紫金山		E118°52′0″ N32°3′43″	1
		紫金山		E118°52′2″ N32°3′47″	1
		紫金山		E118°51′22″ N32°4′2″	5
		紫金山	中马腰与猴子头间	E118°50′35″ N32°4′11″	6
		紫金山		E118°50′24″ N32°4′9.84″	3
		紫金山		E118°50′24″ N32°3′56″	4
		幕府山	达摩洞景区上坡	E118°47′17″ N32°7′47″	2

青花椒 *Zanthoxylum schinifolium* Sieb. et Zucc.

【别名】野椒、天椒、崖椒、隔山消、山甲、狗椒、青椒、香椒子、王椒、小花椒、山花椒

【科属】芸香科（Rutaceae）花椒属（*Zanthoxylum*）

【树种简介】灌木，高 1~2 米。茎枝有短刺，刺基部两侧压扁状，嫩枝暗紫红色。叶有小叶 7~19 片；小叶纸质，对生，几无柄，位于叶轴基部的常互生，叶缘有细裂齿或近于全缘。花序顶生，花或多或少，花瓣淡黄白色；种子径 3~4 毫米。花期 7~9 月，果期 9~12 月。主产五岭以北、辽宁以南大多数省份，但云南未见，多地有栽培，江苏、山东一带的小叶明显较小，有较多的透明油点，叶面的毛稀疏且短，以至几无毛；朝鲜、日本也有分布。其果可作花椒替代品，名为青椒。根、叶及果均可入药，具有发汗、散寒、止咳、除胀、消食之功效。

【种质资源】南京市青花椒野生种质资源共 5 份，分别归属于浦口区、雨花台区、江宁区、溧水区和高淳区，具体种质资源信息见表 61。

01：浦口区

集中分布于老山林场平坦分场、狮子岭分场和七佛寺分场。在浦口区 198 个样地中 7 个样地有分布，共 59 株，其中 58 株株高小于 1.3 米，1 株胸径在 2 厘米。种群较小，分布分散。

02：雨花台区

分布于铁心桥街道和牛首山。在雨花台区 24 个样地中 4 个样地有分布，共 7 株，高度均小于 1.3 米。种群极小，分布较分散。

03：江宁区

分布于青林社区、东善桥林场、青山社区、汤山街道、牛首山、南山湖、洪幕社区、西宁社区、天台山和横溪街道。在江宁区 223 个样地中 30 个样地有分布，共 58 株，其中 42 株株高小于 1.3 米，16 株胸径在 1~10 厘米，平均胸径 6.1 厘米。种群较小，分布分散。

04：溧水区

分布于溧水区林场芳山分场、平山分场和东庐分场。在溧水区 115 个样地中 6 个样地有分布，共 11 株，其中 8 株株高小于 1.3 米，单株最大胸径 3 厘米。种群极小，分布分散。

05：高淳区

主要分布于傅家坛林场，游子山林场也有零星分布。在高淳区 53 个样地中 3 个样地有分布，共 35 株，其中 34 株株高小于 1.3 米（占总数的 97%）。种群小，分布相对集中。

表61　青花椒野生种质资源信息

种质资源编号	种质资源归属	林地名称	小地名	样地中心GPS坐标	数量/株
01	浦口区	老山林场平坦分场	杨船山	E118°31′55.150″ N32°4′32.556″	3
		老山林场平坦分场	枣核山	E118°30′26.255″ N32°4′05.790″	40

（续）

种质资源编号	种质资源归属	林地名称	小地名	样地中心GPS坐标	数量/株
01	浦口区	老山林场平坦分场	小马腰与大马腰间	E118°31′07.788″ N32°3′30.564″	1
		老山林场狮子岭分场	兴隆寺路旁	E118°31′38.158″ N32°2′50.590″	1
		老山林场七佛寺分场	黑桃洼	E118°35′33.900″ N32°6′34.805″	2
		老山林场七佛寺分场	老山中学	E118°35′10.032″ N32°6′43.614″	10
		老山林场平坦分场	横山	E118°31′12.594″ N32°4′13.631″	2
02	雨花台区	韩府山铁心桥街道		E118°45′29.120″ N31°56′56.461″	3
		韩府山铁心桥街道		E118°45′30.330″ N31°56′48.599″	2
		韩府山铁心桥街道		E118°45′17.618″ N31°56′34.850″	1
		牛首山		E118°44′17.999″ N31°55′28.391″	1
03	江宁区	青林社区	孤山堰	E119°4′20.662″ N32°4′38.899″	1
		东善桥林场云台山分场	大平山	E118°42′30.629″ N31°42′28.361″	1
		东善桥林场云台山分场	大平山	E118°42′19.429″ N31°42′28.840″	1
		东善桥林场云台山分场	大平山	E118°42′21.359″ N31°42′26.539″	1
		东善桥林场云台山分场	大平山	E118°42′21.359″ N31°42′26.539″	1
		东善桥林场横山分场		E118°48′45.310″ N31°28′06.431″	1
		东善桥林场横山分场		E118°48′12.380″ N31°37′10.301″	1
		东善桥林场横山分场		E118°48′35.831″ N31°37′55.960″	1
		东善桥林场横山分场		E118°49′32.959″ N31°38′04.110″	1
		东善桥林场铜山分场		E118°51′19.429″ N31°39′58.417″	1
		东善桥林场铜山分场		E118°50′29.998″ N31°39′41.839″	1
		东善桥林场铜山分场		E118°52′44.029″ N31°39′26.417″	1
		青山社区		E118°56′59.759″ N31°57′50.980″	1

（续）

种质资源编号	种质资源归属	林地名称	小地名	样地中心GPS坐标	数量/株
03	江宁区	汤山街道		E118°56′53.369″ N31°57′57.287″	1
		汤山街道		E119°0′03.319″ N32°0′47.470″	2
		汤山街道天龙山		E118°58′25.057″ N32°0′23.310″	1
		牛首山		E118°44′43.638″ N31889900°0′00.000″	1
		牛首山		E118°44′57.329″ N31°53′46.050″	1
		牛首山		E118°44′53.707″ N31°54′07.740″	1
		南山湖		E118°32′58.888″ N31°46′08.238″	1
		洪幕社区		E118°33′10.127″ N31°45′49.219″	12
		洪幕山		E118°32′49.639″ N31°45′38.279″	1
		洪幕山		E118°32′58.009″ N31°45′31.687″	2
		洪幕社区		E118°35′05.748″ N31°46′08.530″	9
		西宁社区		E118°36′05.450″ N31°47′05.251″	1
		天台山		E118°41′51.130″ N31°43′06.229″	
		横溪街道横溪		E118°40′58.660″ N31°44′04.319″	
		横溪街道横溪		E118°41′24.709″ N31°44′06.079″	
		横溪街道横溪		E118°41′18.010″ N31°45′45.490″	
		横溪街道横溪		E118°40′45.930″ N31°41′24.770″	
04	溧水区	溧水区林场芳山分场	芳山	E119°8′35.808″ N31°30′12.298″	3
		溧水区林场平山分场	小茅山东面	E118°51′14.000″ N31°38′38.000″	1
		溧水区林场平山分场	小茅山东面	E118°56′54.190″ N31°38′20.234″	3
		溧水区林场平山分场	尚书塘	E118°56′32.230″ N31°38′37.921″	2
		溧水区林场东庐分场	美人山	E119°7′20.302″ N31°38′02.090″	1

（续）

种质资源编号	种质资源归属	林地名称	小地名	样地中心GPS坐标	数量/株
04	溧水区	溧水区林场 平山分场	铜山老凹山	E118°50′18.319″ N31°38′02.011″	1
05	高淳区	傅家坛林场	窑冲	E119°4′45.779″ N31°14′09.366″	31
		傅家坛林场	林科站	E119°5′21.322″ N31°14′54.492″	3
		游子山林场	大凹	E119°0′28.206″ N31°20′46.356″	1

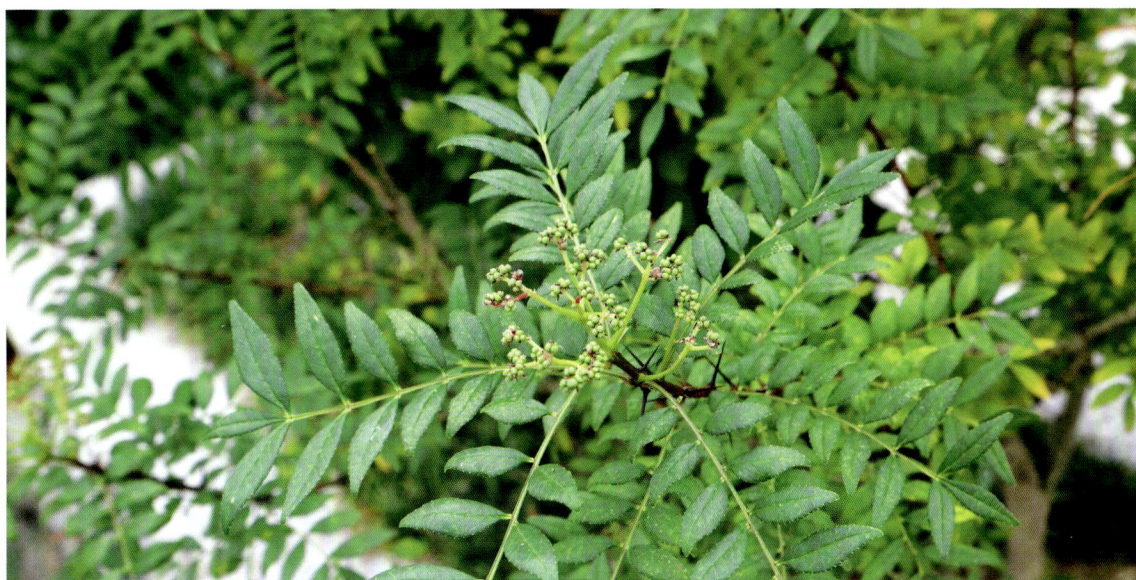

细柱五加 *Eleutherococcus nodiflorus*（Dunn）S. Y. Hu

【别名】五叶木、白刺尖、五叶路刺、白簕树、五加皮、南五加、五加、柔毛五加、短毛五加、糙毛五加、大叶五加

【科属】五加科（Araliaceae）五加属（*Eleutherococcus*）

【树种简介】灌木，高2~3米。小枝细长下垂，节上疏被扁钩刺；掌状复叶在长枝上互生，在短枝上簇生；有小叶5，稀3~4；膜质至纸质，倒卵形至倒披针形，先端尖至短渐尖，基部楔形，边缘有细钝齿。伞形花序单个，稀2个腋生，或顶生在短枝上，花多数，黄绿色。果扁球形，熟时紫色。花期4~8月，果期6~10月。主要分布于中南、西南及山西、陕西、江苏、福建等地，常生于海拔200~1600米的灌木丛林、林缘、山坡路旁和村落中。根皮供药用，中药称"五加皮"，可作祛风湿药和强壮药，"五加皮酒"即由五加根皮泡制而成。

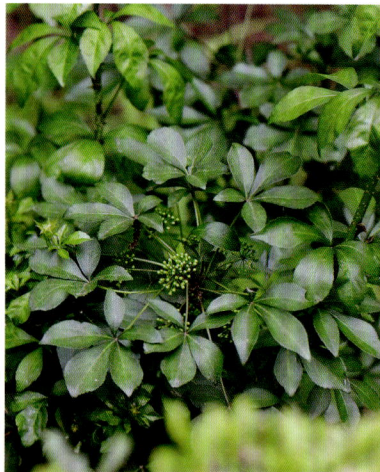

【种质资源】南京市细柱五加野生种质资源共3份，分别归属于浦口区、栖霞区和江宁区，具体种质资源信息见表62。

01：浦口区

仅分布于老山林场平坦分场，其他林场未见。在浦口区198个样地中仅1个样地中有分布，共50株，高度均小于1.3米。种群较小，分布高度集中。

02：栖霞区

分布于栖霞街道栖霞山小营盘娱乐场和天开岩上方亭子附近。在栖霞区44个样地中2个样地有分布，共28株，高度均小于1.3米。种群极小，分布集中。

03：江宁区

分布于东善桥林场横山分场。在江宁区223个样地中1个样地有分布，且仅有1株，高度小于1.3米。调查样地内数量虽然极少，但在林地全面勘查发现该树种具有零星分布的特点，林地实际数量较多。

表62 细柱五加野生种质资源信息

种质资源编号	种质资源归属	林地名称	小地名	样地中心GPS坐标	数量/株
01	浦口区	老山林场平坦分场	太平山公园	E118°33′50.3″ N32°4′14.2″	50
02	栖霞区	栖霞山	小营盘娱乐场	E118°57′44.15″ N32°9′18.3″	24
		栖霞山	天开岩上方亭子附近	E118°57′35.04″ N32°9′28.42″	4
03	江宁区	东善桥林场横山分场		E118°49′59.49″ N31°38′49.31″	1

枸杞 *Lycium chinense* Miller

【别名】狗奶子、狗牙子、牛右力、红珠仔刺、枸杞菜

【科属】茄科（Solanaceae）枸杞属（*Lycium*）

【树种简介】落叶灌木，高 0.5~1 米，栽培可达 2 米多。枝条细弱，弓状弯曲或俯垂。花冠漏斗状，长 9~12 毫米，淡紫色。浆果红色，卵状，经栽培可呈长矩圆状或长椭圆状，长可达 2.2 厘米，直径 5~8 毫米。花期 6~7 月，果期 6~11 月。主要分布于东北、河北、山西、陕西、甘肃南部以及西南、华中、华南和华东各地，在我国除普遍野生外，各地也有作药用、蔬菜或绿化栽培；朝鲜、日本和欧洲有栽培或逸为野生。喜光，喜冷凉气候，耐寒；抗旱能力较强，在干旱荒漠地仍能生长；耐盐碱，多生长在碱性土和砂质壤土上。果实（中药称"枸杞子"）性味甘平，有滋肝补肾、益精明目的功效；根皮（中药称"地骨皮"）有解热止咳的功效；嫩叶可作蔬菜；种子油可制润滑油或食用油。

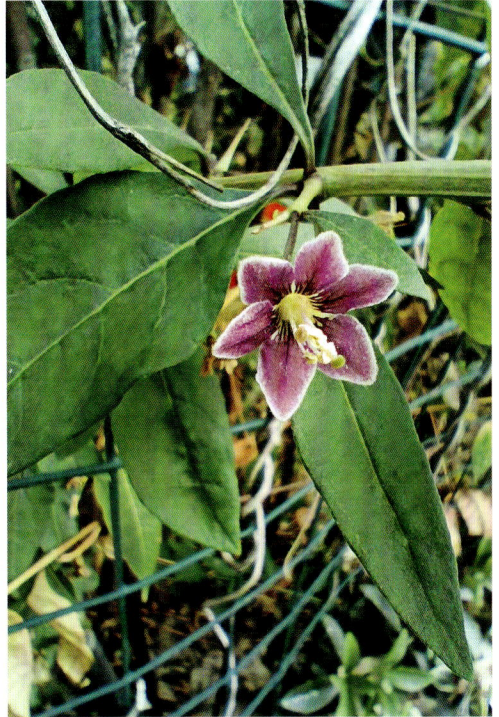

【种质资源】南京市枸杞野生种质资源共 5 份，分别归属于六合区、浦口区、栖霞区、高淳区和主城区，具体种质资源信息见表 63。

01：六合区

分布于平山林场、盘山林场、奶山林场、冶山林场、方山林场、瓜埠果园和瓜埠林场，其中冶山林场分布最多。在六合区 76 个样地中 17 个样地有分布，共 384 株。种群较大，分布较集中。

02：浦口区

集中分布于老山林场平坦分场、西山分场和星甸杜仲林场。在浦口区 198 个样地中 5 个样地有分布，共 76 株。种群较小，分布集中。

03：栖霞区

分布于北象山。在栖霞区 44 个样地中 2 个样地有分布，共 28 株，最大 1 株胸径 3 厘米。种群极小，分布集中。

04：高淳区

分布于游子山林场。在高淳区 53 个样地中仅 1 个样地有分布，共 10 株，种群极小，且分布集中。

05：主城区

仅幕府山有分布。在 68 个样地中 3 个样地有分布，共 50 株，其中幼苗 20 株。种群较小，分布相对集中。

表63 枸杞野生种质资源信息

种质资源编号	种质资源归属	林地名称	小地名	样地中心GPS坐标	数量/株
01	六合区	平山林场	骡子山	E118°50′14″ N32°28′52″	20
		平山林场	灵岩山	E118°52′56″ N32°18′15″	11
		平山林场	灵岩山	E118°53′10.65″ N32°18′25.63″	10
		平山林场	灵岩山	E118°53′0.23″ N32°18′35.4″	8
		盘山林场		E118°36′13.94″ N32°28′44.47″	8
		奶山林场		E119°0′33.27″ N32°18′5.78″	28
		奶山林场		E119°0′34.19″ N32°18′6.34″	39
		冶山林场		E118°56′52.25″ N32°30′42.76″	3
		冶山林场		E118°56′40.57″ N32°30′20.79″	40
		冶山林场		E118°56′21.8″ N32°30′35.68″	30
		冶山林场		E118°56′49.13″ N32°29′55.03″	41
		冶山林场		E118°56′49.13″ N32°29′55.03″	32
		方山林场		E118°58′55″ N32°19′11″	33
		方山林场		E118°59′1.76″ N32°18′53″	8
		方山林场		E118°59′3.02″ N32°18′38.25″	45
		瓜埠果园		E118°54′4″ N32°15′18″	2
		瓜埠林场		E118°53′33.6″ N32°16′25″	26
02	浦口区	老山林场平坦分场	平阳山	E118°33′37.721″ N32°4′59.999″	15
		老山林场西山分场	西山—杨喷后	E118°26′05.770″ N32°4′18.588″	10
		星甸杜仲林场	亭子山	E118°24′01.487″ N32°3′00.461″	1
		星甸杜仲林场	宝塔洼子	E118°24′39.442″ N32°3′43.157″	30
		星甸杜仲林场	西山沟	E118°24′17.417″ N32°3′33.862″	20
03	栖霞区	北象山		E118°56′31.920″ N32°9′16.618″	27
		北象山		E118°56′25.620″ N32°9′05.278″	1
04	高淳区	游子山林场	真武庙前	E119°0′36.526″ N31°20′47.454″	10
05	主城区	幕府山		E118°47′25.001″ N32°7′45.998″	10
		幕府山	半山禅院上中	E118°48′04.000″ N32°8′13.999″	2
		幕府山	半山禅院上	E118°47′57.998″ N32°8′01.000″	38

老鸦糊 *Callicarpa giraldii* Hesse ex Rehd.

【别名】小米团花、紫珠、鱼胆

【科属】马鞭草科（Verbenaceae）紫珠属（*Callicarpa*）

【树种简介】落叶灌木，高1~3（5）米。叶片纸质，宽椭圆形至披针状长圆形，长5~15厘米，宽2~7厘米，顶端渐尖，基部楔形或下沿成狭楔形，边缘有锯齿。聚伞花序宽2~3厘米，4~5次分歧；花冠紫色，稍有毛，具黄色腺点。果实球形，初时疏被星状毛，熟时无毛，紫色，径2.5~4毫米。花期5~6月，果期7~11月。主产甘肃、陕西（南部）、河南、江苏、安徽、浙江、江西、湖南、湖北、福建、广东、广西、四川、贵州、云南。常生于海拔200~3400米的疏林和灌丛中。常用于治疗跌打损伤及各种炎症和出血症，《福建民间草药》《贵州民间草药》《浙江民间常用草药》等多部地方典籍有收录。

【种质资源】南京市老鸦糊野生种质资源仅1份，归属于栖霞区。具体种质资源信息见表64。

01：栖霞区

仅分布于栖霞山。在栖霞区44个样地中仅有1个样地有分布，共3株，其中2株株高小于1.3米，1株胸径为1厘米。种群极小，分布集中。

表64　老鸦糊野生种质资源信息

种质资源编号	种质资源归属	林地名称	小地名	样地中心GPS坐标	数量/株
01	栖霞区	栖霞山		E118°57′29.02″ N32°9′17.68″	3

白棠子树 *Callicarpa dichotoma*（Lour.）K. Koch

【**科属**】马鞭草科（Verbenaceae）紫珠属（*Callicarpa*）

【**树种简介**】多分枝的小灌木，高约1（3）米。叶倒卵形或披针形，边缘仅上半部具数个粗锯齿，表面稍粗糙，背面无毛，密生细小黄色腺点。聚伞花序在叶腋的上方着生，细弱；花冠紫色，长1.5~2毫米。果实球形，紫色，径约2毫米。花期5~6月，果期7~11月。主产山东、河北、河南、江苏、安徽、浙江、江西、湖北、湖南、福建、台湾、广东、广西、贵州；日本、越南也有分布。喜光，喜肥沃湿润土壤，耐寒，耐干旱瘠薄；常生于海拔600米以下的低山丘陵灌丛中。重要的观果树种；全株供药用，可用于治疗感冒、跌打损伤、气血瘀滞、妇女闭经、外伤肿痛等；叶可提取芳香油。

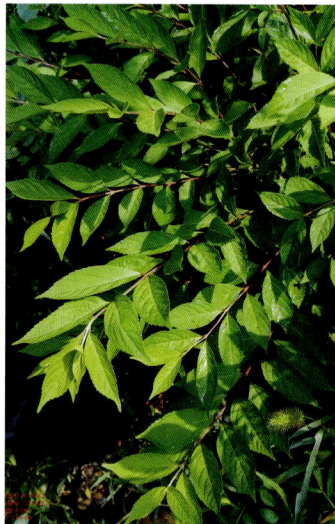

【**种质资源**】南京市白棠子树野生种质资源共2份，分别归属于江宁区和高淳区。具体种质资源信息见表65。

01：江宁区

分布于横溪街道和云台山。在江宁区223个样地中4个样地有分布，共4株。种群极小，分布分散。

02：高淳区

仅分布于傅家坛林场。在高淳区53个样地中2个样地有分布，共9株。种群极小，分布集中。

表65　白棠子树野生种质资源信息

种质资源编号	种质资源归属	林地名称	小地名	样地中心GPS坐标	数量/株
01	江宁区	横溪街道石塘		线路调查起点和终点： E118°41′11.09,″N31°45′11.31″ E118°41′17.66,″N31°45′02.84″	1
		横溪街道石塘		线路调查起点和终点： E118°41′08.02,″N31°45′00.66″ E118°41′08.20,″N31°45′58.36″	1
		云台山		线路调查起点和终点： E118°40′42.42,″N31°41′48.59″ E118°40′39.13,″N31°41′48.49″	1
		云台山		线路调查起点和终点： E118°40′00.60,″N31°41′40.95″ E118°40′24.14,″N31°41′39.61″	1
02	高淳区	傅家坛林场	窑冲	E119°4′45.78″N31°14′9.37″	3
		傅家坛林场	林科站	E119°4′49.68″N31°14′38.97″	6

紫珠 *Callicarpa bodinieri* Levl.

【别名】爆竹紫、白木姜、大叶鸦鹊饭、漆大伯、珍珠枫

【科属】马鞭草科（Verbenaceae）紫珠属（*Callicarpa*）

【树种简介】灌木，高约2米。小枝、叶柄和花序均被粗糠状星状毛。叶片卵状长椭圆形至椭圆形，顶端长渐尖至短尖，基部楔形，边缘有细锯齿。聚伞花序宽3~4.5厘米，4~5次分歧，花冠紫色，长约3毫米。果实球形，熟时紫色，无毛，径约2毫米。花期6~7月，果期8~11月。主产河南（南部）、江苏（南部）、安徽、浙江、江西、湖南、湖北、广东、广西、四川、贵州、云南；越南也有分布。喜温，喜湿，忌风，忌旱。株形秀丽，花色绚丽，果实色彩鲜艳，珠圆玉润，犹如一颗颗紫色的珍珠，是一种既可观花又能赏果的优良观赏植物；全株均可入药，可以通经和血。

【种质资源】南京市紫珠野生种质资源共4份，分别归属于栖霞区、江宁区、溧水区和主城区。具体种质资源信息见表66。

01：栖霞区

仅分布于栖霞山。在栖霞区44个样地中仅1个样地有分布，共3株，高度均小于1.3米。种群极小，分布集中。

02：江宁区

分布于汤山林场、汤山地质公园、东善桥林场、谷里街道、横溪街道、汤山街道、牛首山和洪幕社区，其中汤山林场分布最多。在江宁区223个样地中22个样地有分布，共46株，其中36株高度小于1.3米（占78%），10株胸径在1~5厘米，平均胸径2.7厘米。种群小，分布较分散。

03：溧水区

分布于溧水区林场东庐分场。在溧水区115个样地中仅1个样地有分布，共4株，高度均小于1.3米。种群极小，分布集中。

04：主城区

仅分布于紫金山。在主城区69个样地中2个样地有分布，共13株，胸径均1~2厘米，单株最大胸径2厘米。种群极小，分布集中。

表66　紫珠野生种质资源信息

种质资源编号	种质资源归属	林地名称	小地名	样地中心GPS坐标	数量/株
01	栖霞区	栖霞山		E118°57′26.93″ N32°9′18.98″	3
02	江宁区	汤山林场龙泉工区		E118°57′43.17″ N31°59′1.1″	1
		汤山林场龙泉工区		E118°57′32.46″ N31°59′6.67″	5
		汤山林场龙泉工区		E118°57′54.02″ N31°59′53.54″	2
		汤山林场龙泉工区		E118°58′9.72″ N32°0′12.98″	1

（续）

种质资源编号	种质资源归属	林地名称	小地名	样地中心GPS坐标	数量/株
02	江宁区	汤山林场龙泉工区		E118°58′14.15″ N32°0′12.64″	1
		汤山林场龙泉工区		E118°58′18.73″ N32°0′11.84″	1
		汤山地质公园		E119°1′57.91″ N32°2′52.42″	1
		东善桥林场云台山分场	大平山	E118°42′33.67″ N31°42′26.54″	1
		东善桥林场云台山分场	太平山公园	E118°42′1.24″ N31°41′56.23″	1
		东善桥林场横山分场		E118°48′14.69″ N31°37′17.87″	1
		东善桥林场横山分场		E118°47′31.34″ N31°38′33.17″	1
		东善桥林场横山分场		E118°52′34.94″ N31°42′12.6″	4
		东善桥林场横山分场		E118°49′32.96″ N31°38′4.11″	1
		东善桥林场铜山分场		E118°51′5.98″ N31°39′1.58″	1
		谷里街道	东塘水库附近	E118°42′50.9″ N31°47′20.37″	7
		横溪街道横溪	枣山	E118°42′19.89″ N31°46′38.04″	1
		汤山街道		E118°56′56.89″ N31°58′24.51″	1
		牛首山		E118°45′12.86″ N31°53′45.91″	1
		牛首山		E118°44′33.93″ N31°53′41.36″	1
		洪幕社区		E118°34′48.09″ N31°44′56.03″	1
		洪幕社区		E118°34′42.5″ N31°44′52.9″	7
		洪幕社区		E118°35′5.75″ N31°46′8.53″	3
		横溪街道	云台山	E118°40′48.91″ N31°42′13.9″	1
		横溪街道	云台山	E118°40′53.86″ N31°42′7.02″	1
03	溧水区	溧水区林场东庐分场	东庐山中部	E119°7′26″ N31°38′50″	4
04	主城区	紫金山		E118°50′35″ N32°4′29″	5
		紫金山	山北坡中上段	E118°50′39″ N32°4′24″	8

华紫珠 *Callicarpa cathayana* H. T. Chang

【别名】鱼显子

【科属】马鞭草科（Verbenaceae）紫珠属（*Callicarpa*）

【树种简介】灌木，高1.5~3米。叶片椭圆形或卵形，顶端渐尖，基部楔形，边缘密生细锯齿。聚伞花序细弱，宽约1.5厘米，3~4次分歧；花冠紫色，疏生星状毛，有红色腺点。果实球形，紫色，径约2毫米。花期5~7月，果期8~11月。主产河南、江苏、湖北、安徽、浙江、江西、福建、广东、广西、云南。多生于海拔1200米以下的山坡、谷地的丛林中。根叶均可入药，叶可治疗各种内外出血、疖痈、走马牙疳，根、叶具有祛风利湿、散瘀止血等功效。

【种质资源】南京市华紫珠野生种质资源共3份，分别归属于浦口区、高淳区和主城区，具体种质资源信息见表67。

01：浦口区

仅分布于老山林场平坦分场。在浦口区198个样地中仅1个样地有分布，共15株，高度均小于1.3米。种群极小，分布集中。

02：高淳区

仅分布于大荆山林场。在高淳区53个样地中3个样地有分布，共15株，其中13株株高小于1.3米，2株胸径在1~5厘米。种群极小，分布较分散。

03：主城区

仅分布于紫金山。在主城区69个样地中仅1个样地有分布，且仅有1株，高度小于1.3米。种群极小。

表67　华紫珠野生种质资源信息

种质资源编号	种质资源归属	林地名称	小地名	样地中心GPS坐标	数量/株
01	浦口区	老山林场平坦分场	蛇地	E118°33′59.249″ N32°5′39.574″	15
02	高淳区	大荆山林场	四凹	E118°8′37.205″ N32°26′15.029″	9
		大荆山林场	黄家塞	E118°8′32.183″ N32°26′15.828″	3
		大荆山林场	四凹	E118°8′09.712″ N32°26′15.108″	3
03	主城区	紫金山		E118°50′38.000″ N32°3′24.998″	1

豆腐柴 *Premna microphylla* Turcz.

【别名】豆腐木、腐婢、止血草、观音草、豆腐草、土黄芪、观音柴、臭黄荆

【科属】马鞭草科（Verbenaceae）豆腐柴属（*Premna*）

【树种简介】直立落叶灌木。幼枝有柔毛，老枝无毛。叶揉之有臭味，卵状披针形、椭圆形、卵形或倒卵形，全缘至有不规则粗齿。聚伞花序组成顶生塔形的圆锥花序；花萼杯状，绿色，有时略带紫色；花冠淡黄色，外有柔毛和腺点。核果紫色，球形至倒卵形。花果期 5~10 月。主产华东、中南、华南以至四川、贵州等地；日本也有分布。常生于海拔 1000 米以下的山坡、林缘、疏林下、溪沟两侧的灌丛中及道路旁。叶可制豆腐，或加工生产豆腐柴果冻；根、茎、叶入药，具有清热解毒、消肿止血之功效，主治毒蛇咬伤、无名肿毒、创伤出血。

【种质资源】南京市豆腐柴野生种质资源共 4 份，分别归属于栖霞区、江宁区、高淳区和主城区。具体种质资源信息见表 68。

01：栖霞区

仅分布于兴卫山。在栖霞区 44 个样地中仅 1 个样地有分布，共 13 株，其中 8 株高度小于1.3 米。种群极小，分布集中。

02：江宁区

分布于横溪街道。在江宁区 223 个样地中 2 个样地有分布，共 2 株，高度均小于 1.3 米。种群极小。

03：高淳区

仅分布于大荆山林场、青山林场。在高淳区 53 个样地中 2 个样地有分布，共 3 株，其中 1株株高小于 1.3 米。种群极小，分布集中。

04：主城区

仅分布于紫金山。在南京主城区 69 个样地中 4 个样地有分布，共 4 株，单株最大胸径 1.2厘米。种群极小，分布分散。

表68　豆腐柴野生种质资源信息

种质资源编号	种质资源归属	林地名称	小地名	样地中心GPS坐标	数量/株
01	栖霞区	兴卫山		E118°50′46.04″ N32°5′59.39″	13
02	江宁区	横溪街道		E118°40′39.18″ N31°41′48.42″	1
		东善桥林场		E118°48′14.69″ N31°37′17.87″	1
03	高淳区	大荆山林场	四凹	E118°8′37.2″ N32°26′15.03″	2
		青山林场	林业队	E118°3′39.43″ N31°22′8.71″	1

（续）

种质资源编号	种质资源归属	林地名称	小地名	样地中心GPS坐标	数量/株
04	主城区	紫金山	永慕庐两边	E118°5′2″ N32°4′5″	1
		紫金山		E118°51′3″ N32°4′8″	1
		紫金山		E118°52′0″ N32°3′43″	1
		紫金山		E118°52′2″ N32°3′47″	1

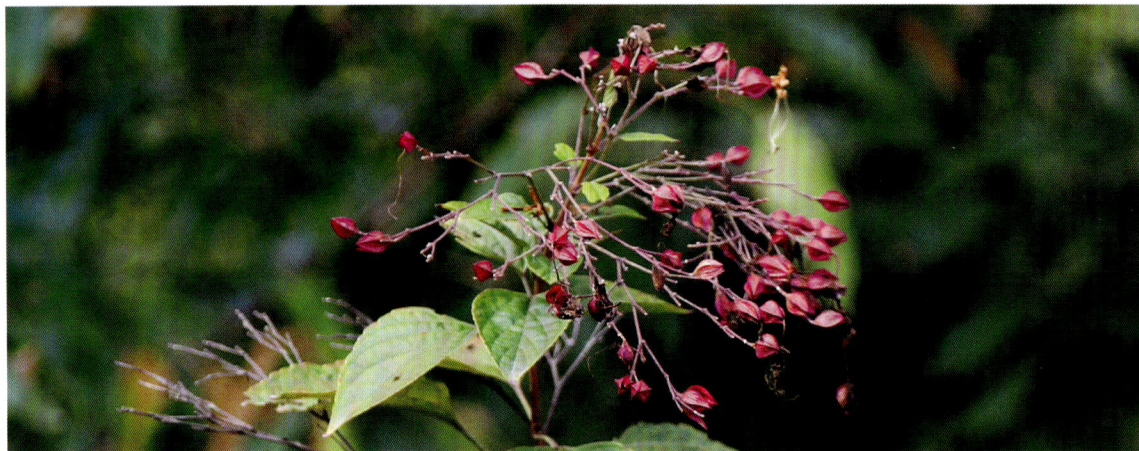

臭牡丹 *Clerodendrum bungei* Steud.

【别名】臭八宝、臭梧桐、矮桐子、大红袍、臭枫根

【科属】马鞭草科（Verbenaceae）大青属（*Clerodendrum*）

【树种简介】灌木，高 1~2 米，植株有臭味。叶片纸质，宽卵形或卵形，边缘具粗或细锯齿。伞房状聚伞花序顶生，密集；苞片叶状，披针形或卵状披针形，早落或花时不落；花冠淡红色、红色或紫红色，花冠管长 2~3 厘米，裂片倒卵形；雄蕊及花柱均突出花冠外；核果近球形，径 0.6~1.2 厘米，成熟时蓝黑色。花果期 5~11 月。主产华北、西北、西南以及江苏、安徽、浙江、江西、湖南、湖北、广西；印度北部、越南、马来西亚也有分布。喜阳光充足和湿润环境，耐寒耐旱，也较耐阴；常生于海拔 2500 米以下的山坡、林缘或水沟旁。花色艳丽，花期长，可用于观赏；茎、叶和根可入药。

【种质资源】南京市臭牡丹野生种质资源共 2 份，分别归属于栖霞区和高淳区。具体种质资源信息见表69。

01：栖霞区

仅分布于兴卫山。在栖霞区 44 个样地中 1 个样地有分布，且仅有 1 株，高度小于 1.3 米。种群极小。

02：高淳区

仅零星分布于砖桥镇河岸旁。在高淳区 53 个样地中 1 个样地有分布，共 5 株。

表69　臭牡丹野生种质资源信息

种质资源编号	种质资源归属	林地名称	小地名	样地中心GPS坐标	数量/株
01	栖霞区	兴卫山		E118°50′32.47″ N32°5′59.03″	1
02	高淳区	砖桥		E118°50′32.5″ N31°16′4″	5

小叶女贞　*Ligustrum quihoui* Carr.

【**别名**】小叶水蜡

【**科属**】木犀科（Oleaceae）女贞属（*Ligustrum*）

【**树种简介**】落叶灌木，高 1~3 米。小枝淡棕色，圆柱形。叶片薄革质，形状和大小变异较大，披针形、长圆状椭圆形、椭圆形、倒卵状长圆形至倒披针形或倒卵形，先端锐尖、钝或微凹，基部狭楔形至楔形，叶缘反卷。圆锥花序顶生，近圆柱形；花冠长 4~5 毫米，花冠管长 2.5~3 毫米。果倒卵形、宽椭圆形或近球形，成熟时紫黑色。花期 5~7 月，果期 8~11 月。主产陕西南部、山东、江苏、安徽、浙江、江西、河南、湖北、四川、贵州西北部、云南、西藏察隅。常生于沟边、路旁或河边灌丛中，或山坡。耐修剪，易造型，可作观赏和制作盆景；抗污染能力强，可以吸收有害物质，净化空气。叶和树皮可入药，叶片具有清热解毒功效，树皮可用于治疗烫伤、外伤等。

【**种质资源**】南京市小叶女贞野生种质资源共 7 份，分别归属于六合区、浦口区、栖霞区、雨花台区、江宁区、高淳区和主城区。具体种质资源信息见表 70。

01：六合区

仅分布于奶山。在六合区 81 个样地中仅 1 个样地有分布，共 8 株，株高小于 1.3 米。种群极小，分布集中。

02：浦口区

分布于老山林场平坦分场、狮子岭分场、西山分场、七佛寺分场、东山分场和星甸杜仲林场。在浦口区 198 个样地中 17 个样地有分布，共 188 株，其中 174 株高度小于 1.3 米，单株最大胸径为 4 厘米。种群较大，分布较广泛。

03：栖霞区

仅分布于南象山。在栖霞区 44 个样地中仅 1 个样地有分布，共 4 株，高度均小于 1.3 米。种群极小，分布集中。

04：雨花台区

分布于铁心桥街道和牛首山北坡。在雨花台区 24 个样地中 2 个样地有分布，共 2 株，高度均小于 1.3 米。种群极小，分布零散。

05：江宁区

分布于汤山林场、东山街道林场、汤山地质公园、青林社区、古泉社区、东善桥林场、横溪街道、青山社区、汤山街道、牛首山和西宁社区，其中东善桥林场分布最多。在江宁区 223 个样地有 26 个样地有分布，共 36 株，其中 33 株高度小于 1.3 米，3 株胸径在 1~5 厘米，平均胸径 3.3 厘米。种群较小，分布集中。

06：高淳区

分布于傅家坛林场、大山林场、大荆山林场、游子山林场，以游子山林场分布居多。在高淳区 53 个样地中 12 个样地有分布，共 63 株，其中 52 株株高小于 1.3 米（占总数的 83%），10 株胸径在 1~10 厘米（占总数的 16%），1 株胸径 12 厘米。种群较小，分布较分散。

07：主城区

主要分布于幕府山。在南京主城区 69 个样地中 9 个样地有分布，共 463 株，其中 70 株株高小于 1.3 米，393 株胸径在 1~10 厘米。种群大，分布较为集中。

表70　小叶女贞野生种质资源信息

种质资源编号	种质资源归属	林地名称	小地名	样地中心GPS坐标	数量/株
01	六合区	奶山	奶山 03	E119°0′34.19″ N32°18′6.34″	8
02	浦口区	老山林场平坦分场	枣核山	E118°30′26.25″ N32°4′5.79″	1
		老山林场平坦分场	小马腰下	E118°30′53.15″ N32°3′25.44″	10
		老山林场平坦分场	小马腰与大马腰间	E118°30′6.71″ N32°3′30″	10
		老山林场平坦分场	虎洼九龙山	E118°32′58.06″ N32°4′31.75″	15
		老山林场西山分场	西山—杨喷后	E118°26′5.77″ N32°4′18.59″	23
		老山林场狮子岭分场	大洼口—狮平路	E118°33′57.22″ N32°5′37.83″	1
		老山林场狮子岭分场	兜率寺后山	E118°33′3.83″ N32°3′48.2″	5
		老山林场七佛寺分场	老母猪沟	E118°36′34.76″ N32°6′21.58″	5
		老山林场东山分场	椅子山顶	E118°37′49.14″ N32°6′44.1″	4
		星甸杜仲林场	华济山	E118°23′47.84″ N32°3′13.33″	50
		星甸杜仲林场	观音洞下	E118°23′35.7″ N32°3′15.64″	1
		星甸杜仲林场	山喷码子	E118°24′30.16″ N32°3′9.77″	10
		星甸杜仲林场	山喷码字上	E118°24′32.34″ N32°3′9.2″	15
		星甸杜仲林场	亭子山	E118°24′1.49″ N32°3′0.46″	3
		星甸杜仲林场	独山西	E118°24′38.81″ N32°3′48.84″	15
		星甸杜仲林场	西山沟	E118°24′17.42″ N32°3′33.86″	10
		星甸杜仲林场	东常山	E118°24′17.24″ N32°3′28.39″	10

（续）

种质资源编号	种质资源归属	林地名称	小地名	样地中心GPS坐标	数量/株
03	栖霞区	南象山	衡阳寺	E118°55′50.16″ N32°8′8.7″	4
04	雨花台区	铁心桥街道韩府山		E118°45′30.33″ N31°56′48.6″	1
		牛首山北坡		E118°44′9.75″ N31°55′12.16″	1
		汤山林场长山工区	青龙山	E118°54′5.29″ N31°58′48.85″	1
		汤山林场佘村工区	青龙山	E118°56′46.14″ N32°0′53.25″	1
		汤山林场佘村工区	青龙山	E118°56′19.79″ N32°0′5.54″	1
		东山街道林场		E118°56′1.27″ N31°57′51.2″	1
		东山街道林场		E118°55′52.26″ N31°57′47.79″	1
		汤山林场龙泉工区		E118°57′43.17″ N31°59′1.1″	1
		汤山林场龙泉工区		E118°58′9.72″ N32°0′12.98″	1
		汤山地质公园		E119°2′40.1″ N32°3′7.1″	1
		汤山地质公园		E119°2′4.68″ N32°2′57″	1
05	江宁区	青林社区	孤山堰	E119°4′55.18″ N32°5′2.1″	1
		古泉社区	连山	E119°0′37.94″ N32°3′31.04″	1
		古泉社区		E119°1′27.51″ N32°2′48.14″	1
		东善桥林场 横山分场		E118°48′57.06″ N31°37′55.3″	1
		东善桥林场 横山分场		E118°48′53.79″ N31°37′15.38″	1
		东善桥林场 东善分场		E118°46′41.81″ N31°52′3.2″	1
		东善桥林场 东善分场		E118°46′47.1″ N31°51′54.58″	1
		东善桥林场 横山分场		E118°52′34.94″ N31°42′12.6″	4
		东善桥林场 横山分场		E118°49′26.97″ N31°38′12.31″	1
		东善桥林场 横山分场		E118°49′41.13″ N31°38′0.37″	1

（续）

种质资源编号	种质资源归属	林地名称	小地名	样地中心GPS坐标	数量/株
05	江宁区	东善桥林场铜山分场		E118°51′12.25″N31°39′19.6″	1
		横溪街道横溪	蒋门山	E118°40′26.15″N31°47′16.76″	2
		青山社区		E118°56′59.76″N31°57′50.98″	1
		汤山街道		E118°57′2.46″N31°58′40.1″	1
		汤山街道		E118°57′0.07″N31°58′30.9″	1
		牛首山		E118°44′24.22″N31°54′50.01″	1
		西宁社区		E118°35′47.81″N31°46′51.82″	7
06	高淳区	傅家坛林场	林科站	E119°5′21.32″N31°14′54.49″	2
		大山林场	大山路旁南到北2千米处	E119°6′56″N31°24′14.97″	2
		大山林场	大山游步道旁中段	E119°5′4.84″N31°25′6.95″	2
		大山林场	大山寺旁	E119°4′55.83″N31°25′8.59″	3
		大荆山林场	四凹	E118°8′37.2″N32°26′15.03″	2
		大荆山林场	黄家塞	E118°8′32.18″N32°26′15.83″	3
		大荆山林场	四凹	E118°8′9.71″N32°26′15.11″	5
		游子山林场	真武庙前	E119°0′36.52″N31°20′47.45″	19
		游子山林场	真武庙前	E119°0′36.12″N31°20′49.65″	16
		游子山林场	青阳殿对面	E119.010231N31°20′32.92″	5
		游子山林场	花山游山上段路旁	E119°0′36.83″N31.269523	1
		游子山林场	大凹	E119°0′28.21″N31°20′46.35″	3
07	主城区	幕府山		E118°47′25″N32°7′43″	1
		幕府山		E118°47′25″N32°7′46″	8
		幕府山		E118°47′13″N32°7′48″	90

（续）

种质资源编号	种质资源归属	林地名称	小地名	样地中心GPS坐标	数量/株
07	主城区	幕府山	达摩洞景区上坡	E118°47′55″ N32°7′48″	54
		幕府山	达摩洞景区下坡	E118°47′54″ N32°7′58″	77
		幕府山	仙人对弈	E118°48′4″ N32°8′19″	1
		幕府山	仙人对弈左坡	E118°48′5″ N32°8′10″	8
		幕府山	仙人对弈左中坡	E118°48′6″ N32°8′16″	96
		幕府山	仙人对弈下坡	E118°48′5″ N32°8′16″	128

蜡子树 *Ligustrum leucanthum*（S. Moore）P. S. Green

【别名】长筒女贞

【科属】木犀科（Oleaceae）女贞属（*Ligustrum*）

【树种简介】落叶灌木，高 1.5 米。叶片纸质或厚纸质，椭圆形、椭圆状长圆形至狭披针形、宽披针形，或为椭圆状卵形，先端锐尖、短渐尖而具微凸头，或钝，基部楔形、宽楔形至近圆形。圆锥花序着生于小枝顶端，长 1.5~4 厘米，宽 1.5~2.5 厘米。果近球形至宽长圆形，呈蓝黑色，长 0.5~1 厘米，径 5~8 毫米。花期 6~7 月，果期 8~11 月。主产陕西南部、甘肃南部、江苏、安徽、浙江、江西、福建、湖北、湖南、四川。喜光、喜温暖气候及深厚肥沃的土壤，并有一定的耐旱、耐水湿及抗风能力，并能耐间歇性水淹，能适应 0.25% 的盐碱地；常生长于山坡林下、路边和山谷丛林中以及荒地、溪沟边或林边。树皮、根、叶均可入药；木质坚韧细密不挠不裂，是军工、模具、钢琴、手提琴、雕刻、高档家具、高档汽车内装的上等用材。

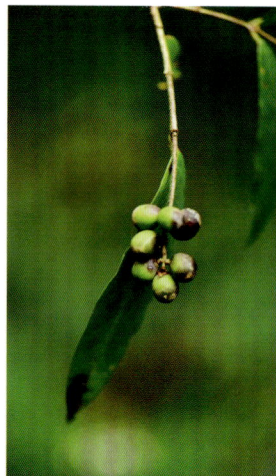

【种质资源】南京市蜡子树野生种质资源共 1 份，归属于溧水区。具体种质资源信息见表71。

01：溧水区

仅分布于溧水区林场平山分场。在溧水区 115 个样地中仅 1 个样地有 1 株，胸径 2 厘米，种群极小。

表71　蜡子树野生种质资源信息

种质资源编号	种质资源归属	林地名称	小地名	样地中心 GPS 坐标	数量/株
01	溧水区	溧水区林场平山分场	丁公山	E118°51′32″ N31°38′17″	1

细叶水团花 *Adina rubella* Hance

【**别名**】水杨梅

【**科属**】茜草科（Rubiaceae）水团花属（*Adina*）

【**树种简介**】落叶小灌木，高 1~3 米。叶对生，近无柄，薄革质，卵状披针形或卵状椭圆形，全缘，顶端渐尖或短尖，基部阔楔形或近圆形。头状花序不计花冠直径 4~5 毫米，单生，顶生或兼有腋生；花冠裂片三角状，紫红色。小蒴果长卵状楔形。花果期 5~12 月。主产广东、广西、福建、江苏、浙江、湖南、江西和陕西（秦岭南坡）；朝鲜也有分布。喜光，喜温暖湿润，耐水湿，较耐寒，但畏炎热，喜砂质土壤；多生于山坡潮湿地或塘边。适用于池畔、塘边或绿篱、花径；全株均可入药，枝干通经，根煎水口服用于治疗小儿惊风症，花球具有清热解毒之功效，可治疗菌痢和肺热咳嗽。

【**种质资源**】南京市细叶水团花野生种质资源共 1 份，归属于江宁区，具体种质资源信息见表 72。

01：江宁区

分布于青林社区、东善桥林场横山分场和横溪街道。在江宁区 223 个样地中 3 个样地有分布，共 3 株。种群极小，分布分散。

表72 细叶水团花野生种质资源信息

种质资源编号	种质资源归属	林地名称	小地名	线路GPS坐标		数量/株
				经度	纬度	
01	江宁区	青林社区		起点 E119°00′39.26″ 终点 E119°00′42.78″	起点 N32°03′33.18″ 终点 N32°03′47.56″	1
		东善桥林场横山分场		起点 E118°48′14.30″ 终点 E118°41′25.50″	起点 N31°37′18.44″ 终点 N31°38′23.42″	1
		横溪街道	枣山	起点 E118°57′01.35″ 终点 E118°57′00.30″	起点 N31°58′08.48″ 终点 N31°58′10.13″	1

栀子 *Gardenia jasminoides* J. Ellis

【**别名**】野栀子、黄栀子、栀子花、小叶栀子、山栀子

【**科属**】茜草科（Rubiaceae）栀子属（*Gardenia*）

【**树种简介**】灌木，高 0.3~3 米。嫩枝常被短毛，枝圆柱形，灰色。叶对生，少为 3 枚轮生，革质，稀为纸质，叶形多样。花冠白色或乳黄色，高脚碟状；果卵形、近球形、椭圆形或长圆形，黄色或橙红色，有翅状纵棱 5~9 条，顶部的宿存萼片长达 4 厘米。花期 3~7 月，果期 5 月至翌年 2 月。主产山东、江苏、安徽、浙江、江西、福建、台湾、湖北、湖南、广东、香港、广西、海南、四川、贵州、云南、河北、陕西和甘肃有栽培；日本、朝鲜、越南、老挝、柬埔寨、印度、尼泊尔、巴基斯坦、太平洋岛屿和美洲北部有分布或栽培。喜温暖湿润、光照充足且通风良好的环境，但忌强光暴晒，适宜在稍荫蔽处生活，耐半阴，怕积水，较耐寒；常生于海拔 10~1500 米的旷野、丘陵、山谷、山坡、溪边的灌丛或林中。花大而美丽、芳香，广植于庭园供观赏；果可作染料，常用作化妆等天然着色剂原料，又可作天然食品色素；叶、花、根、果实均可入药，成熟果实干燥具有清热利尿、泻火除烦、凉血解毒、散瘀之功效。

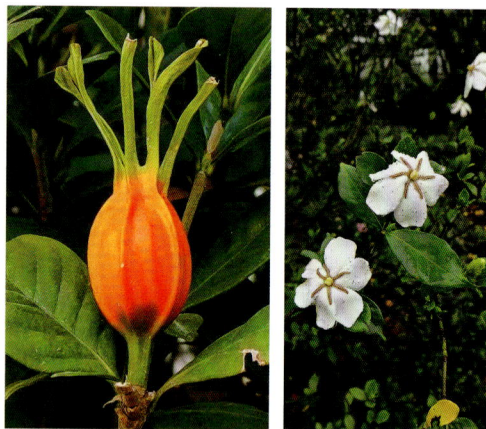

【**种质资源**】南京市栀子野生种质资源共 3 份，分别归属于雨花台区、溧水区和高淳区，具体种质资源信息见表 73。

01：雨花台区

分布于铁心桥街道。在雨花台区 24 个样地中 2 个样地有分布，共 2 株。种群极小。

02：溧水区

分布于溧水区林场平山分场。在溧水区 115 个样地中仅 1 个样地分布，共 2 株。种群极小。

03：高淳区

分布于游子山林场和青山林场。在高淳区 53 个样地中 2 个样地有分布，共 2 株。种群极小。

表73 栀子野生种质资源信息

种质资源编号	种质资源归属	林地名称	小地名	样地中心GPS坐标	数量/株
01	雨花台区	铁心桥街道韩府山		E118°45′30.33″ N31°56′48.6″	1
		铁心桥街道韩府山		E118°45′39.8″ N31°55′43.36″	1
02	溧水区	溧水区林场平山分场	平安山	E119°0′15.36″ N31°36′23.71″	2
03	高淳区	游子山林场	青阳殿对面	E119°0′36.83″ N31°20′32.92″	1
		青山林场	林业队	E118°3′39.43″ N31°22′8.71″	1

六月雪 *Serissa japonica*（Thunb.）Thunb. Nov. Gen.

【**别名**】满天星、白马骨、路边荆、路边姜

【**科属**】茜草科（Rubiaceae）白马骨属（*Serissa*）

【**树种简介**】小灌木，高 60~90 厘米，有臭气。花单生或数朵丛生于小枝顶部或腋生，花冠淡红色或白色。花期 5~7 月。主产江苏、安徽、江西、浙江、福建、广东、香港、广西、四川、云南；日本、越南也有分布。喜温暖湿润的气候条件及半阴半阳、疏松肥沃、排水良好的土壤，中性及微酸性尤宜，抗寒能力不强；常生于河溪边或丘陵的杂木林内。萌芽力、分蘖力较强，耐修剪，易造型。全株入药，具有疏风解表、清热利湿、舒筋活络的功效。

【**种质资源**】南京市六月雪野生种质资源共 6 份，分别归属于六合区、栖霞区、雨花台区、江宁区、溧水区和主城区，具体种质资源信息见表 74。

01：六合区

分布于平山林场、盘山、冶山、方山和灵岩山，且各样地中分布数量相当。在六合区 81 个样地中 13 个样地有分布，共 295 株，高度均小于 1.3 米。种群大，分布相对集中。

02：栖霞区

分布于兴卫山、栖霞山、西岗街道、大普塘水库、灵山、仙鹤山、羊山和何家山。在栖霞区 44 个样地中 19 个样地有分布，共 91 株，其中 82 株株高小于 1.3 米（占总数的 90%），9 株胸径在 1~5 厘米。种群较大，分布较广泛。

03：雨花台区

分布于铁心桥街道、将军山、牛首山北坡和普觉寺。在雨花台区 24 个样地中 10 个样地有分布，共 48 株，高度均小于 1.3 米。种群小，分布较广泛。

04：江宁区

分布于方山、汤山林场、汤山地质公园、孟塘社区、青林社区、古泉社区、东善桥林场、横

溪街道、青山社区、汤山街道、牛首山、富贵山公墓处、洪幕社区、西宁社区、天台山、秣陵街道。在江宁区 223 个样地中 84 个样地有分布，共 3981 株，其中 3972 株高度小于 1.3 米，9 株胸径在 1~5 厘米，平均胸径 1.3 厘米。种群极大，分布广泛。

05：溧水区

分布于溧水区林场平山分场。在溧水区 115 个样地中 2 个样地有分布，共 5 株，高度均小于 1.3 米。种群极小，分布集中。

06：主城区

分布于紫金山、幕府山。在南京主城区 69 个样地中 23 个样地有分布，共 252 株，220 株高度小于 1.3 米，单株最大胸径为 3.5 厘米。种群大，分布较广泛。

表74　六月雪野生种质资源信息

种质资源编号	种质资源归属	林地名称	小地名	样地中心GPS坐标	数量/株
01	六合区	平山林场	平山林场梅花鹿养殖场	E118°50′9″ N32°30′10″	15
		平山林场	骡子山	E118°49′44″ N32°29′10″	12
		平山林场	骡子山	E118°49′50″ N32°28′59″	12
		平山林场	骡子山	E118°50′14″ N32°28′52″	16
		平山林场	骡子山	E118°50′14″ N32°28′52″	33
		盘山		E118°35′25.99″ N32°28′54.2″	26
		冶山		E118°56′58.9″ N32°30′33.65″	24
		冶山		E118°56′21.8″ N32°30′35.68″	37
		冶山		E118°56′49.13″ N32°29′55.03″	45
		方山		E118°59′20.21″ N32°18′37.63″	17
		灵岩山		E118°53′0.23″ N32°18′35.4″	25
		灵岩山		E118°53′20.85″ N32°18′52.36″	15
		灵岩山		E118°53′11.48″ N32°18′27.96″	18
		兴卫山		E118°50′40.74″ N32°5′57.12″	10
		兴卫山		E118°50′46.04″ N32°5′59.39″	9
		兴卫山		E118°50′50.99″ N32°5′58.33″	4
02	栖霞区	栖霞山		E118°57′30.72″ N32°9′18.94″	7
		栖霞山		E118°57′29.02″ N32°9′17.68″	5
		栖霞山		E118°57′26.93″ N32°9′18.98″	8
		栖霞山		E118°57′34.38″ N32°9′15.58″	5
		栖霞山	陆羽茶庄东坡	E118°57′34.27″ N32°9′6.65″	2
		栖霞山	天开岩上方亭子附近	E118°57′35.04″ N32°9′28.42″	1
		栖霞山		E118°57′16.98″ N32°9′29.5″	12
		栖霞山		E118°57′37.69″ N32°9′15.78″	1

（续）

种质资源编号	种质资源归属	林地名称	小地名	样地中心GPS坐标	数量/株
02	栖霞区	西岗街道	西岗果牧场场部对面山头南坡	E118°58′45.05″ N32°5′46.39″	1
		大普塘水库	对面山头	E118°55′9.24″ N32°5′0.34″	6
		大普塘水库	对面山头	E118°55′7.6″ N32°4′59.58″	3
		灵山		E118°55′42.67″ N32°5′24.8″	8
		灵山		E118°55′53.71″ N32°5′14.85″	3
		仙鹤山		E118°53′34.52″ N32°6′17.19″	1
		羊山		E118°55′56.24″ N32°6′47.59″	4
		何家山		E118°57′22.38″ N32°8′45.96″	1
03	雨花台区	铁心桥街道韩府山		E118°45′29.12″ N31°56′56.46″	13
		铁心桥街道韩府山		E118°45′30.33″ N31°56′48.6″	27
		铁心桥街道韩府山		E118°45′6.12″ N31°56′2.61″	1
		铁心桥街道韩府山		E118°45′39.8″ N31°55′43.36″	1
		将军山		E118°45′51.79″ N31°55′16.54″	1
		将军山		E118°45′50.09″ N31°55′23.41″	1
		牛首山北坡		E118°44′18″ N31°55′28.39″	1
		牛首山北坡		E118°44′21.7″ N31°55′25.6″	1
		牛首山北坡		E118°44′22.53″ N31°55′29.01″	1
		普觉寺		E118°44′29.02″ N31°55′22.11″	1
04	江宁区	方山	栎树林	E118°51′52.28″ N31°53′53.91″	85
		方山		E118°52′11.99″ N31°54′15.33″	1
		方山		E118°52′25.66″ N31°53′33.98″	9
		汤山林场汤山一郎山		E119°3′20.34″ N32°4′16.29″	120
		汤山林场黄栗墅工区	土地山	E119°1′2.54″ N32°3′44.17″	1
		汤山林场黄栗墅工区	土地山	E119°1′13.38″ N32°4′5.95″	1
		汤山林场长山工区	黄龙山	E118°54′16.82″ N31°58′29.38″	1200
		汤山林场长山工区	青龙山	E118°54′5.29″ N31°58′48.85″	1
		汤山林场佘村工区	青龙山	E118°56′40.7″ N32°0′10.51″	1200
		汤山林场佘村工区	青龙山	E118°56′46.14″ N32°0′53.25″	1
		汤山林场东山街道林场		E118°55′56.56″ N31°57′55.99″	1200
		汤山林场东山街道林场		E118°56′1.27″ N31°57′51.2″	1
		汤山林场东山街道林场		E118°55′52.26″ N31°57′47.79″	1
		汤山林场青龙山		E118°58′5.04″ N31°59′18.89″	1
		汤山林场青龙山		E118°57′43.17″ N31°59′1.1″	1

（续）

种质资源编号	种质资源归属	林地名称	小地名	样地中心GPS坐标	数量/株
		汤山林场青龙山		E118°57′32.46″ N31°59′6.67″	1
		汤山林场青龙山		E118°57′54.02″ N31°59′53.54″	1
		汤山林场青龙山		E118°58′9.72″ N32°0′12.98″	1
		汤山林场青龙山		E118°58′18.73″ N32°0′11.84″	1
		汤山地质公园		E119°2′50.82″ N32°3′17.08″	1
		汤山地质公园		E119°2′40.1″ N32°3′7.1″	1
		孟塘社区	射乌山	E119°3′8.53″ N32°5′52.37″	1
		孟塘社区	射乌山	E119°2′56.77″ N32°5′44.84″	1
		孟塘社区	培山	E119°3′0.94″ N32°4′50.44″	1
		孟塘社区	培山	E119°3′8.21″ N32°4′44.5″	1
		青林社区	白露头	E119°5′23.21″ N32°4′43.06″	1
		青林社区	白露头	E119°25′33.41″ N32°4′52.23″	1
		青林社区	女儿山	E119°4′37.17″ N32°4′21.65″	1
		青林社区	小石浪山	E119°4′50.57″ N32°4′32.13″	1
		青林社区	小石浪山	E119°4′40.75″ N32°4′43.29″	1
04	江宁区	青林社区	文山	E119°4′10.68″ N32°5′12.67″	1
		青林社区	文山	E119°4′54.97″ N32°5′20.41″	1
		青林社区	文山	E119°4′47.28″ N32°5′16.77″	1
		古泉社区		E119°1′29.37″ N32°2′49.72″	1
		古泉社区		E119°1′27.51″ N32°2′48.14″	1
		古泉社区		E119°1′33.68″ N32°22′44.31″	1
		古泉社区		E119°1′33.68″ N32°22′44.31″	1
		古泉社区		E119°1′35.52″ N32°2′42.85″	1
		东善桥林场云台山分场	大平山	E118°42′30.63″ N31°42′28.36″	1
		东善桥林场云台山分场	大平山	E118°42′19.43″ N31°42′28.84″	1
		东善桥林场云台山分场	鸡笼山	E118°41′59.67″ N31°41′55″	1
		东善桥林场云台山分场	鸡笼山	E118°41′59.67″ N31°41′55″	1
		东善桥林场云台山分场	太平山公园	E118°42′1.24″ N31°41′56.23″	1
		东善桥林场横山分场		E118°48′45.31″ N31°28′6.43″	1
		东善桥林场横山分场		E118°48′13.76″ N31°37′39.48″	1
		东善桥林场横山分场		E118°47′31.34″ N31°38′33.17″	1
		东善桥林场东善分场	静龙山	E118°47′37.61″ N31°51′2.5″	1

（续）

种质资源编号	种质资源归属	林地名称	小地名	样地中心GPS坐标	数量/株
		东善桥林场东善分场	静龙山	E118°47′36.6″ N31°50′56.61″	1
		东善桥林场东善分场		E118°46′37.35″ N31°51′54.43″	1
		东善桥林场东善分场		E118°46′41.81″ N31°52′3.2″	1
		东善桥林场横山分场	山下坡、溪水处	E118°52′34.94″ N31°42′12.6″	1
		东善桥林场横山分场		E388820°54′0″ N3502761°12′0″	1
		东善桥林场横山分场		E118°49′51.91″ N31°38′35.46″	1
		东善桥林场铜山分场		E118°50′30″ N31°39′41.84″	1
		东善桥林场铜山分场		E118°52′8.1″ N31°41′13.63″	1
		东善桥林场铜山分场		E118°52′18.33″ N31°39′18.52″	1
		东善桥林场铜山分场		E118°52′1.25″ N31°39′1.29″	1
		横溪街道		E118°42′18.24″ N31°46′38.03″	1
		横溪街道		E118°42′19.89″ N31°46′38.04″	1
		青山社区		E118°56′59.76″ N31°57′50.98″	1
		汤山街道	西猪咀凹	E118°57′2.58″ N31°58′12.96″	1
		汤山街道		E118°57′2.46″ N31°58′40.1″	1
04	江宁区	汤山街道		E118°57′0.07″ N31°58′30.9″	1
		汤山街道		E119°0′3.32″ N32°0′47.47″	1
		汤山街道天龙山		E118°58′25.06″ N32°0′23.31″	1
		牛首山		E118°44′43.64″ N31°53′23.64″	1
		牛首山		E118°45′12.86″ N31°53′45.91″	1
		牛首山		E118°44′53.71″ N31°54′7.74″	1
		富贵山公墓处		E118°32′28.22″ N31°45′46.73″	11
		洪幕社区洪幕山		E118°33′10.13″ N31°45′49.22″	1
		洪幕社区洪幕山		E118°32′52.77″ N31°45′49.17″	1
		洪幕社区洪幕山		E118°32′49.64″ N31°45′38.28″	16
		洪幕社区洪幕山		E118°32′58.01″ N31°45′31.69″	1
		洪幕社区		E118°34′19.1″ N31°45′59.13″	13
		洪幕社区		E118°34′55.84″ N31°46′14.18″	1
		洪幕社区		E118°35′5.75″ N31°46′8.53″	33
		西宁社区		E118°36′5.45″ N31°47′5.25″	1
		西宁社区		E118°35′47.81″ N31°46′51.82″	21

（续）

种质资源编号	种质资源归属	林地名称	小地名	样地中心GPS坐标	数量/株
04	江宁区	天台山		E118°41′25.94″ N31°42′49.41″	1
		横溪街道云台山	横溪	E118°40′48.91″ N31°42′13.9″	1
		横溪街道横溪		E118°40′39.18″ N31°41′48.42″	1
		秣陵街道将军山		E118°46′50.72″ N31°55′57.1″	1
		秣陵街道将军山		E118°46′13.43″ N31°56′12.86″	1
		秣陵街道将军山		E118°46′45.53″ N31°55′28.55″	1
05	溧水区	溧水区林场平山分场	小茅山东面	E118°56′54.19″ N31°38′20.23″	2
		溧水区林场平山分场	尚书塘	E118°56′32.23″ N31°38′37.92″	3
06	主城区	紫金山	头陀岭处	E118°50′25″ N32°4′22″	1
		紫金山		E118°52′5″ N32°3′45″	1
		紫金山		E118°52′5″ N32°3′46″	4
		紫金山		E118°52′2″ N32°3′47″	1
		紫金山		E118°51′22″ N32°4′2″	1
		紫金山	中马腰与猴子头之间	E118°50′35″ N32°4′11″	1
		紫金山		E118°50′25″ N32°4′12″	1
		紫金山		E118°50′39″ N32°48′18″	1
		紫金山	山北坡中上段	E118°50′39″ N32°4′25″	2
		紫金山	山北坡中上段	E118°50′40″ N32°4′26″	1
		九华山	弥勒佛坡下	E118°48′12″ N32°3′45″	32
		幕府山	窑上村入口处左上方	E118°47′43″ N32°7′38″	13
		幕府山		E118°47′25″ N32°7′45″	5
		幕府山		E118°47′25″ N32°7′43″	6
		幕府山	达摩洞景区上上坡	E118°47′55″ N32°7′57″	5
		幕府山	达摩洞景区下坡	E118°47′54″ N32°7′58″	14
		幕府山	仙人对弈	E118°48′4″ N32°8′19″	12
		幕府山	仙人对弈左坡	E118°48′5″ N32°8′10″	46
		幕府山	仙人对弈左中坡	E118°48′6″ N32°8′16″	7
		幕府山	仙人对弈下坡	E118°48′5″ N32°8′16″	54
		幕府山	三台洞	E118°1′0″ N31°21′0.02″	37
		幕府山	三台洞（仙人台）下坡	E118°48′0.04″ N32°8′0.28″	6
		幕府山	仙人台	E118°48′0.05″ N32°7′60″	1

白马骨 *Serissa serissoides*（DC.）Druce

【别名】路边姜（湖南）、路边荆

【科属】茜草科（Rubiaceae）白马骨属（*Serissa*）

【树种简介】常绿小灌木，通常高达1米。枝粗壮，灰色。叶通常丛生，薄纸质，倒卵形或倒披针形，顶端短尖或近短尖；花无梗，生于小枝顶部。花期4~6月。主产江苏、安徽、浙江、江西、福建、台湾、湖北、广东、香港、广西等地。喜光，也较耐阴，耐旱力强，对土壤要求不严，生于荒地或草坪。全株可入药，具有清热解毒之功效。

【种质资源】南京市白马骨野生种质资源共5份，分别归属于六合区、浦口区、栖霞区、高淳区和主城区，具体种质资源信息见表75。

01：六合区

分布于盘山、竹镇、冶山、方山和灵岩山，其中冶山分布最多。在六合区81个样地中9个样地有分布，共191株，高度均小于1.3米。种群大，分布相对集中。

02：浦口区

分布于老山林场平坦分场、西山分场、狮子岭分场、七佛寺分场、铁路林分场和星甸杜仲林场，其中老山林场范围内分布最多。在浦口区198个样地中22个样地有分布，共513株，其中512株株高小于1.3米（占总数的99%），1株胸径2.2厘米。种群较大，分布相对集中。

03：栖霞区

分布于兴卫山、栖霞山、西岗街道、大普塘水库、灵山、仙鹤山、羊山、太平山公园、南象山、北象山、何家山和乌龙山。在栖霞区44个样地中32个样地有分布，共673株，其中645株植株高度小于1.3米（占总数的96%），28株胸径在1~10厘米。种群大，分布广泛。

04：高淳区

分布于傅家坛林场、大山林场、大荆山林场、游子山林场和青山林场，其中大荆山林场分布最多。在高淳区53个样地中9个样地有分布，共89株，高度均小于1.3米。种群较大，分布较广泛。

05：主城区

仅分布于幕府山，在主城区69个样地中仅1个样有8株，株高均小于1.3米。种群极小。

表75　白马骨野生种质资源信息

种质资源编号	种质资源归属	林地名称	小地名	样地GPS坐标	总数/株
01	六合区	盘山		E118°36′27.65″，N32°14′50.54″	8
		盘山		E118°37′5.58″，N32°29′14.22″	30
		竹镇		E118°34′22.88″，N32°34′8.57″	5
		冶山		E118°56′46.02″，N32°30′35.16″	53

（续）

种质资源编号	种质资源归属	林地名称	小地名	样地GPS坐标	总数/株
		冶山		E118°56′54″，N32°30′30″	18
		冶山		E118°56′45.75″，N32°30′25.42″	30
01	六合区	冶山		E118°56′21.8″，N32°30′35.68″	4
		方山		E118°58′55″，N32°19′11″	7
		灵岩山		E118°53′13″，N32°18′20″	36
		老山林场平坦分场	横山沟旁	E118°31′14.43″，N32°4′19.78″	51
		老山林场平坦分场	杨船山	E118°31′55.15″，N32°4′32.56″	10
		老山林场平坦分场	大姑山	E118°30′24.14″，N32°4′4.44″	2
		老山林场平坦分场	门坎里山	E118°32′23.84″，N32°3′54.86″	50
		老山林场平坦分场	蛇地	E118°33′59.25″，N32°5′39.57″	15
		老山林场平坦分场	门坎里—黄梨山	E118°32′28.45″，N32°4′39.38″	20
		老山林场西山分场	西山—煤峰口	E118°26′53.81″，N32°3′57.6″	50
		老山林场西山分场	万隆护林点后	E118°26′48.01″，N32°2′59.19″	30
		老山林场西山分场	坡山口—大洼塘	E118°26′37.63″，N32°3′4.49″	30
		老山林场狮子岭分场	兴隆寺旁	E118°31′36.08″，N32°3′5.09″	10
		老山林场狮子岭分场	暗沟护林点	E118°30′49.74″，N32°2′34.47″	5
02	浦口区	老山林场狮子岭分场	厂部	E118°32′53.41″，N32°2′57.91″	5
		老山林场七佛寺分场	大椅子山	E118°38′8.81″，N32°6′32.85″	20
		老山林场七佛寺分场	牛角洼	E118°36′28.61″，N32°6′16.76″	20
		老山林场铁路林分场	丁家碥水库北侧路旁	E118°39′31.64″，N32°8′30.85″	20
		老山林场半坦分场	横山沟旁	E118°31′14.43″，N32°4′19.78″	40
		老山林场平坦分场	横山半坡	E118°31′11.77″，N32°4′13.89″	10
		老山林场平坦分场	大鸡山	E118°30′30.27″，N32°3′40.25″	20
		老山林场平坦分场	小马腰	E118°30′32.68″，N32°3′27.68″	2
		老山林场七佛寺分场	黑桃洼	E118°35′33.9″，N32°6′34.8″	3
		星甸杜仲林场	西山沟	E118°24′17.42″，N32°3′33.86″	50
		星甸杜仲林场	林业队	E118°24′45.57″，N32°3′52.98″	50

（续）

种质资源编号	种质资源归属	林地名称	小地名	样地GPS坐标	总数/株
		兴卫山		E118°50′40.74″，N32°5′57.12″	2
		兴卫山	兴卫山东南坡	E118°50′40.74″，N32°5′57.12″	14
		兴卫山		E118°50′40.74″，N32°5′57.13″	21
		兴卫山		E118°50′44.28″，N32°5′58.56″	14
		兴卫山		E118°50′46.04″，N32°5′59.39″	4
		兴卫山		E118°50′50.99″，N32°5′58.33″	28
		兴卫山		E118°50′32.47″，N32°5′59.03″	7
		兴卫山	兴卫山北坡	E118°50′24.34″，N32°6′0.26″	78
		栖霞山		E118°57′30.72″，N32°9′18.94″	9
		栖霞山		E118°57′29.02″，N32°9′17.68″	12
		栖霞山		E118°57′26.93″，N32°9′18.98″	5
		栖霞山		E118°57′34.38″，N32°9′15.58″	1
		栖霞山	陆羽茶庄东坡	E118°57′34.27″，N32°9′6.65″	5
		栖霞山		E118°57′43.25″，N32°9′18.53″	3
		栖霞山	小硬盘娱乐场	E118°57′44.15″，N32°9′18.3″	1
		栖霞山		E118°57′35.04″，N32°9′28.42″	3
03	栖霞区	栖霞山		E118°57′16.98″，N32°9′29.5″	3
		栖霞山		E118°57′37.69″，N32°9′15.78″	1
		西岗街道	西岗果牧场对面山头南坡	E118°58′45.05″，N32°5′46.39″	4
		大普塘水库		E118°55′24.02″，N32°5′3.29″	115
		灵山		E118°56′5.85″，N32°5′24.51″	24
		灵山		E118°55′42.67″，N32°5′24.8″	170
		灵山		E118°55′53.71″，N32°5′14.85″	26
		灵山		E118°55′54.7″，N32°5′14.54″	5
		仙鹤山		E118°53′34.52″，N32°6′17.19″	43
		羊山		E118°55′56.24″，N32°6′47.59″	45
		太平山公园		E118°52′10.66″，N32°7′56.81″	19
		南象山	衡阳寺	E118°56′7.44″，N32°8′16.38″	2
		南象山	衡阳寺	E118°55′50.16″，N32°8′8.7″	2
		北象山		E118°56′25.62″，N32°9′5.28″	2
		何家山	中眉心	E118°58′10.2″，N32°8′39.54″	3
		乌龙山	乌龙山炮台西南	E118°52′1.02″，N32°9′42.48″	2

（续）

种质资源编号	种质资源归属	林地名称	小地名	样地GPS坐标	总数/株
		傅家坛林场	窑冲	E119°4′45.78″，N31°14′9.37″	10
		傅家坛林场	林科站	E119°5′21.32″，N31°14′54.49″	5
		大山林场	大山寺旁	E119°4′55.83″，N31°25′8.59″	1
		大荆山林场	四凹	E118°8′37.2″，N32°26′15.03″	20
04	高淳区	大荆山林场	四凹	E118°8′6.12″，N32°26′16.62″	10
		大荆山林场	黄家塞	E118°8′32.18″，N32°26′15.83″	15
		游子山林场	大凹	E119°0′28.21″，N31°20′46.35″	10
		青山林场	林业队	E118°3′39.43″，N31°22′8.71″	3
		青山林场	林业队	E119°3′42.58″，N31°22′16.38″	15
05	主城区	幕府山	三台洞	E118°1′0″，N31°21′0.02″	8

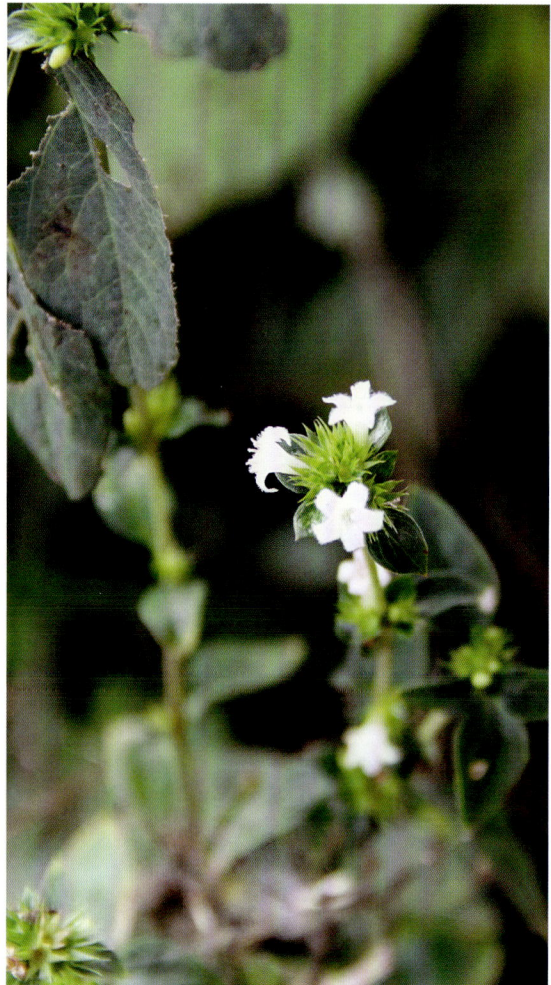

荚蒾 *Viburnum dilatatum* Thunb.

【别名】短柄荚蒾、庐山荚蒾

【科属】忍冬科（Caprifoliaceae）荚蒾属（*Viburnum*）

【树种简介】落叶灌木，高 1.5~3 米。当年生小枝连同芽、叶柄和花序均密被土黄色或黄绿色开展的小刚毛状粗毛及簇状短毛。叶纸质，宽倒卵形、倒卵形或宽卵形，顶端急尖，基部圆形至钝形或微心形，有时楔形，边缘有牙齿状锯齿，齿端突尖。复伞形式聚伞花序稠密，生于具 1 对叶的短枝之顶；花冠白色，辐状，直径约 5 毫米，裂片圆卵形。果实红色，椭圆状卵圆形。花期 5~6 月，果期 9~11 月。主产河北南部、陕西南部、江苏、安徽、浙江、江西、福建、台湾、河南南部、湖北、湖南、广东北部、广西北部、四川、贵州及云南（保山）；日本和朝鲜也有分布。生于海拔 100~1000 米的山坡或山谷疏林下、林缘及山脚灌丛中。种子含油 10.03%~12.91%，可制肥皂和润滑油。果可食，亦可酿酒。枝、叶、果实均可入药，具有清热解毒、疏风解表、健脾消积、祛瘀镇痛、驱虫、养生抗衰等功效，其外用可治疗体癣、皮肤瘙痒、烧烫伤、过敏性皮炎、荨麻疹等。

【种质资源】南京市荚蒾野生种质资源共 6 份，分别归属于浦口区、栖霞区、雨花台区、江宁区、溧水区和主城区，具体种质资源信息见表 76。

01：浦口区

分布于老山林场狮子岭分场、七佛寺分场和星甸杜仲林场，定山林场。在浦口区 198 个样地中 4 个样地有分布，共 11 株，其中 5 株株高小于 1.3 米，6 株胸径在 1~10 厘米。种群极小，分布集中。

02：栖霞区

分布于西岗街道、南象山、北象山和乌龙山。在栖霞区 44 个样地中 5 个样地有分布，共 34 株，其中 27 株株高小于 1.3 米（占总数的 79%），7 株胸径在 1~10 厘米（占总数的 21%）。种群小，分布较分散。

03：雨花台区

分布于铁心桥街道、牛首山北坡、将军山和罐子山。在雨花台区 24 个样地中 10 个样地有分布，共 16 株，其中 13 株株高小于 1.3 米，3 株胸径在 1~5 厘米，平均胸径 2 厘米。种群极小，分布较分散。

04：江宁区

分布于方山、汤山林场、东山街道林场、汤山地质公园、孟塘社区、青林社区、古泉社区、东善桥林场、谷里街道、横溪街道、青山社区、汤山街道、牛首山、南山湖、富贵山公墓、洪幕社区、西宁社区和公塘水库。在江宁区 223 个样地中 61 个样地有分布，共 151 株，其中 62 株株高小于 1.3 米，89 株胸径在 1~5 厘米，平均胸径 2 厘米。种群较大，分布较广泛。

05：溧水区

分布于溧水区林场平山分场。在溧水区 115 个样地中 1 个样地有分布，且仅有 1 株，胸径 3 厘米。种群极小。

06：主城区

分布于紫金山和幕府山。在主城区 69 个样地中 12 个样地有分布，共 56 株，胸径均小于 3 厘米。种群较小，分布较分散。

表76　荚蒾野生种质资源信息

种质资源编号	种质资源归属	林地名称	小地名	样地中心GPS坐标	数量/株
01	浦口区	老山林场狮子岭分场	大洼口—狮平路	E118°33′57.22″ N32°5′37.83″	6
		老山林场七佛寺分场	大椅子山	E118°38′8.81″ N32°6′32.85″	1
		星甸杜仲林场	独山西	E118°24′38.81″ N32°3′48.84″	3
		定山林场	定山寺旁	E118°39′3.81″ N32°7′51.05″	1
02	栖霞区	西岗街道	西岗果牧场场部对面山头南坡	E118°58′45.05″ N32°5′46.39″	17
		南象山	南象山	E118°56′3.42″ N32°8′25.2″	2
		北象山		E118°56′31.92″ N32°9′16.62″	6
		北象山		E118°56′25.62″ N32°9′5.28″	1
		乌龙山	乌龙山炮台西南	E118°52′1.02″ N32°9′42.48″	8
03	雨花台区	铁心桥街道	韩府山	E118°45′29.12″ N31°56′56.46″	5
		铁心桥街道	韩府山	E118°45′17.62″ N31°56′34.85″	1
		铁心桥街道	韩府山	E118°45′6.12″ N31°56′2.61″	2
		牛首山北坡		E118°44′3.88″ N31°55′10.89″	1
		牛首山北坡		E118°44′9.75″ N31°55′12.16″	1
		牛首山北坡		E118°44′18″ N31°55′28.39	1
		牛首山北坡		E118°44′21.7″ N31°55′25.6″	2
		牛首山北坡		E118°44′22.53″ N31°55′29.01″	1
		将军山		E118°45′2.55″ N31°55′21.68″	1
		罐子山		E118°43′10.85″ N31°55′55.24″	1

（续）

种质资源编号	种质资源归属	林地名称	小地名	样地中心GPS坐标	数量/株
		方山		E118°33′58.37″ N31°54′10.02″	1
		汤山林场长山工区	黄龙山	E118°54′16.82″ N31°58′29.38″	6
		汤山林场长山工区	黄龙山	E118°54′20.8″ N31°58′33.81″	3
		汤山林场佘村工区	青龙山	E118°56′46.14″ N32°0′53.25″	1
		汤山林场佘村工区	青龙山	E118°56′42.46″ N32°0′47.76″	1
		东山街道林场		E118°55′56.56″ N31°57′55.99″	2
		东山街道林场		E118°56′1.27″ N31°57′51.2″	1
		东山街道林场		E118°56′3.33″ N31°57′50.81″	4
		东山街道林场		E118°55′58.48″ N31°57′44.99″	2
		汤山林场龙泉工区		E118°57′43.17″ N31°59′1.1″	1
		汤山林场龙泉工区		E118°58′9.72″ N32°0′12.98″	1
04	江宁区	汤山林场龙泉工区		E118°58′14.15″ N32°0′12.64″	1
		汤山林场龙泉工区		E118°58′18.73″ N32°0′11.84″	1
		汤山地质公园		E119°2′40.1″ N32°3′7.1″	1
		孟塘社区	培山	E119°3′0.94″ N32°4′50.44″	3
		青林社区	白露头	E119°5′23.21″ N32°4′43.06″	1
		青林社区	白露头	E119°25′33.41″ N32°4′52.23″	1
		青林社区	小石浪山	E119°4′50.57″ N32°4′32.13″	2
		青林社区	文山	E119°4′54.97″ N32°5′20.41″	1
		青林社区	文山	E119°4′47.28″ N32°5′16.77″	4
		古泉社区		E119°1′29.37″ N32°2′49.72″	1
		古泉社区		E119°1′27.51″ N32°2′48.14″	1

（续）

种质资源编号	种质资源归属	林地名称	小地名	样地中心GPS坐标	数量/株
04	江宁区	古泉社区		E119°1′33.68″ N32°22′44.31″	1
		东善桥林场云台山分场	大平山	E118°42′33.23″ N31°42′9.75″	1
		东善桥林场云台山分场	鸡笼山	E118°41′59.67″ N31°41′55″	1
		东善桥林场横山分场		E118°48′14.69″ N31°37′17.87″	1
		东善桥林场东善分场	静龙山	E118°47′37.61″ N31°51′2.5″	1
		东善桥林场东善分场	静龙山	E118°46′52.37″ N31°51′20.88″	1
		东善桥林场东善分场		E118°46′37.35″ N31°51′54.43″	1
		东善桥林场东善分场		E118°46′41.81″ N31°52′3.2″	1
		东善桥林场东善分场		E118°46′50.46″ N31°51′25.78″	1
		东善桥林场横山分场		E388820°54′0″ N3502761°12′0″	1
		东善桥林场铜山分场		E118°52′18.33″ N31°39′18.52″	1
		东善桥林场铜山分场	铜山林场管理区	E118°52′1.25″ N31°39′1.29″	1
		东善桥林场铜山分场		E118°51′47.7″ N31°39′0.59″	1
		东善桥林场铜山分场		E118°51′5.98″ N31°39′1.58″	1
		东善桥林场铜山分场		E118°51′12.25″ N31°39′19.6″	1
		谷里街道	东塘水库附近	E118°42′50.9″ N31°47′20.37″	9
		谷里街道	东塘水库附近	E118°42′46.69″ N31°46′46.42″	1
		横溪街道	横溪	E118°42′18.24″ N31°46′38.03″	1
		横溪街道	横溪	E118°42′19.89″ N31°46′38.04″	1
		青山社区		E118°56′59.76″ N31°57′50.98″	2
		汤山街道	天龙山	E118°58′25.06″ N32°0′23.31″	13
		牛首山		E118°44′43.64″ N31°53′23.64″	1

（续）

种质资源编号	种质资源归属	林地名称	小地名	样地中心GPS坐标	数量/株
		牛首山		E118°44′25.29″ N31°53′42.86″	1
		牛首山		E118°44′33.93″ N31°53′41.36″	1
		南山湖		E118°32′58.89″ N31°46′8.24″	1
		富贵山公墓		E118°32′28.22″ N31°45′46.73″	1
		洪幕山		E118°33′10.13″ N31°45′49.22″	1
		洪幕山		E118°32′52.77″ N31°45′49.17″	10
		洪幕山		E118°32′49.64″ N31°45′38.28″	9
		洪幕山		E118°32′58.01″ N31°45′31.69″	5
04	江宁区	洪幕社区		E118°34′48.09″ N31°44′56.03″	7
		洪幕社区		E118°34′42.5″ N31°44′52.9″	1
		洪幕社区		E118°34′39.49″ N31°45′4.61″	1
		洪幕社区		E118°34′48.96″ N31°46′19.86″	1
		洪幕社区		E118°35′5.75″ N31°46′8.53″	25
		西宁社区		E118°35′55.94″ N31°46′56.77″	1
		公塘水库		E118°41′34.48″ N31°47′45.96″	1
		横溪街道	横溪	E118°41′9.8″ N31°45′10.41″	1
		横溪街道	横溪	E118°40′39.1″ N31°41′53.59″	1
05	溧水区	溧水区林场平山分场	丁公山	E118°52′19″ N31°37′46″	1
06	主城区	紫金山		E118°52′0″ N32°3′43″	1
		紫金山		E118°50′38″ N32°3′25″	1
		紫金山		E118°50′27″ N32°4′45″	12
		紫金山	山北坡小卖铺处	E118°50′43″ N32°4′22″	5

（续）

种质资源编号	种质资源归属	林地名称	小地名	样地中心GPS坐标	数量/株
06	主城区	紫金山	山北坡中上段	E118°50′40″ N32°4′23″	1
		紫金山	山北坡中上段	E118°50′38″ N32°4′23″	1
		紫金山	山北坡中上段	E118°50′40″ N32°4′24″	1
		紫金山	山北坡中上段	E118°50′40″ N32°4′26″	1
		幕府山	达摩洞景区上上坡	E118°47′55″ N32°7′57″	11
		幕府山	达摩洞景区下坡	E118°47′54″ N32°7′58″	2
		幕府山	仙人对弈左坡	E118°48′5″ N32°8′10″	2
		幕府山	仙人对弈下坡	E118°48′5″ N32°8′16″	18

宜昌荚蒾 *Viburnum erosum* Thunb.

【别名】野绣球、糯米条子

【科属】忍冬科（Caprifoliaceae）荚蒾属（*Viburnum*）

【树种简介】落叶灌木，高达 3 米。当年生小枝连同芽、叶柄和花序均密被簇状短毛和简单长柔毛，2 年生小枝灰紫褐色。叶纸质，形状变化很大，卵状披针形、卵状矩圆形、狭卵形、椭圆形或倒卵形，顶端尖、渐尖或急渐尖，基部圆形、宽楔形或微心形，边缘有波状小尖齿。复伞形式聚伞花序生于具 1 对叶的侧生短枝之顶，花生于第二至第三级辐射枝上；花冠白色，辐状，直径约 6 毫米。果实红色，宽卵圆形；果核扁且具 3 条浅腹沟和 2 条浅背沟。花期 4~5 月，果期8~10 月。主产陕西南部、山东（崂山）、江苏南部、安徽南部和西部、浙江、江西、福建、台湾、河南、湖北、湖南、广东北部、广西北部、四川、贵州和云南；日本和朝鲜也有分布。生于海拔300~1800（2300）米的山坡林下或灌丛中。种子含油约 40%，供制肥皂和润滑油。

【种质资源】南京市宜昌荚蒾野生种质资源共 3 份，分别归属于浦口区、栖霞区和江宁区。具体种质资源信息见表 77。

01：浦口区

分布于老山林场平坦分场。在浦口区 198 个样地中仅 1 个样地有分布，共 2 株，平均胸径 3厘米。种群极小，分布集中。

02：栖霞区

在栖霞山分布较多，在兴卫山、大普塘水库、灵山和太平山公园也有分布。在栖霞区 44 个样地中 18 个样地有分布，共 188 株，其中 129 株高度小于 1.3 米，占总数的 69%。种群较大，分布较广泛。

03：江宁区

分布于东善桥林场铜山分场。在江宁区 223 个样地中 1 个样地有分布，且仅有 1 株，高度小于 1.3 米。种群极小。

表77　宜昌荚蒾野生种质资源信息

种质资源编号	种质资源归属	林地名称	小地名	样地中心GPS坐标	数量/株
01	浦口区	老山林场平坦分场	虎洼山脊	E118°33′21.27″ N32°3′49.5″	2
02	栖霞区	兴卫山		E118°50′40.74″ N32°5′57.12″	1
		兴卫山	兴卫山北坡	E118°50′24.34″ N32°6′0.26″	8
		栖霞山		E118°57′30.72″ N32°9′18.94″	1
		栖霞山		E118°57′29.02″ N32°9′17.68″	7
		栖霞山		E118°57′26.93″ N32°9′18.98″	19
		栖霞山		E118°57′29.21″ N32°9′14.1″	5

（续）

种质资源 编号	种质资源 归属	林地名称	小地名	样地中心GPS坐标	数量/株
02	栖霞区	栖霞山		E118°57′34.38″ N32°9′15.58″	4
		栖霞山	陆羽茶庄东坡	E118°57′34.27″ N32°9′6.65″	34
		栖霞山		E118°57′43.25″ N32°9′18.53″	6
		栖霞山	小营盘娱乐场	E118°57′44.15″ N32°9′18.3″	5
		栖霞山	天开岩上方亭子附近	E118°57′35.04″ N32°9′28.42″	14
		栖霞山		E118°57′37.69″ N32°9′15.78″	2
		大普塘水库	对面山头	E118°55′7.6″ N32°4′59.58″	2
		大普塘水库		E118°55′24.02″ N32°5′3.29″	10
		灵山		E118°55′42.67″ N32°5′24.8″	28
		灵山		E118°55′53.71″ N32°5′14.85″	34
		灵山		E118°55′54.7″ N32°5′14.54″	1
		太平山公园		E118°52′10.66″ N32°7′56.81″	7
03	江宁区	东善桥林场铜山分场		E118°52′1.25″ N31°39′1.29″	1

郁香忍冬 *Lonicera fragrantissima* Lindl. & Paxton

【别名】四月红

【科属】忍冬科（Caprifoliaceae）忍冬属（*Lonicera*）

【树种简介】半常绿或落叶灌木，高达2米。叶厚纸质或略带革质，叶形变异很大，从倒卵状椭圆形、椭圆形、卵圆形、卵形至卵状矩圆形，顶端短尖或具凸尖，基部圆形或阔楔形。花先于叶或与叶同放，芳香，生于幼枝基部叶腋，总花梗长（2）5~10毫米；花冠白色或淡红色，唇形。果实鲜红色，矩圆形，长约1厘米；种子褐色，稍扁，矩圆形，有细凹点。花期2月中旬至4月，果期4月下旬至5月。主产河北南部（内丘）、河南西南部（西峡）、湖北西部（兴山）、安徽南部、浙江东部（天台山）及江西北部（鞋山）；上海、杭州、庐山和武汉等地有栽培。喜光，也耐阴、耐寒、耐旱、忌涝，在湿润、肥沃的土壤中生长良好，萌芽性强。枝叶茂盛，花芳香，夏季果红艳，是优良的观赏灌木树种，适栽植于庭院、草坪边缘、园路两侧及假山前后，也可用于制作盆景。

【种质资源】南京市郁香忍冬野生种质资源共2份，分别归属丁浦口区和江宁区，具体种质资源信息见表78。

01：浦口区

仅分布于老山林场七佛寺分场和平坦分场。在浦口区198个样地中3个样地有分布，共5株，高度均小于1.3米。种群极小，分布分散。

02：江宁区

分布于方山和孟塘社区，其中方山分布最多。在江宁区223个样地中4个样地有分布，共25株，其中17株高度小于1.3米，8株胸径在1~5厘米，平均胸径2.1厘米。种群小，分布较分散。

表78　郁香忍冬野生种质资源信息

种质资源编号	种质资源归属	林地名称	小地名	样地中心GPS坐标	数量/株
01	浦口区	老山林场七佛寺分场	老鹰山	E118°36′40.25″ N32°6′24.7″	3
		老山林场平坦分场	虎洼山脊	E118°33′35.82″ N32°3′52.62″	1
		老山林场平坦分场	虎洼山脊	E118°33′31.13″ N32°3′51.22″	1
02	江宁区	方山	栎树林	E118°51′52.28″ N31°53′53.91″	16
		方山		E118°52′11.99″ N31°54′15.33″	4
		方山		E118°52′29.32″ N31°53′46.94″	1
		孟塘社区	培山	E119°3′0.94″ N32°4′50.44″	4

金银忍冬 *Lonicera maackii*（Rupr.）Maxim.

【别名】金银木、王八骨头

【科属】忍冬科（Caprifoliaceae）忍冬属（*Lonicera*）

【树种简介】落叶灌木，高达 6 米，干径可达 10 厘米。叶纸质，形状变化较大，通常卵状椭圆形至卵状披针形，顶端渐尖或长渐尖，基部宽楔形至圆形。花芳香，生于幼枝叶腋，花冠先白色后变黄色。果实暗红色，圆形，直径 5~6 毫米；种子具蜂窝状微小浅凹点。花期 5~6 月，果期 8~10 月。主产东北三省的东部，河北、山西南部、陕西、甘肃东南部、山东东部和西南部、江苏、安徽、浙江北部、河南、湖北、湖南西北部和西南部（新宁）、四川东北部、贵州（兴义），云南东部至西北部及西藏（吉隆）；朝鲜、日本和俄罗斯远东地区也有分布。喜强光，稍耐旱，常生于林中或林缘溪流附近的灌木丛中，生长海拔可达 1800 米，云南和西藏可达 3000 米。是园林绿化中最常见的树种之一，花是优良的蜜源，也可提取芳香油，果是鸟的食源，全株可入药。

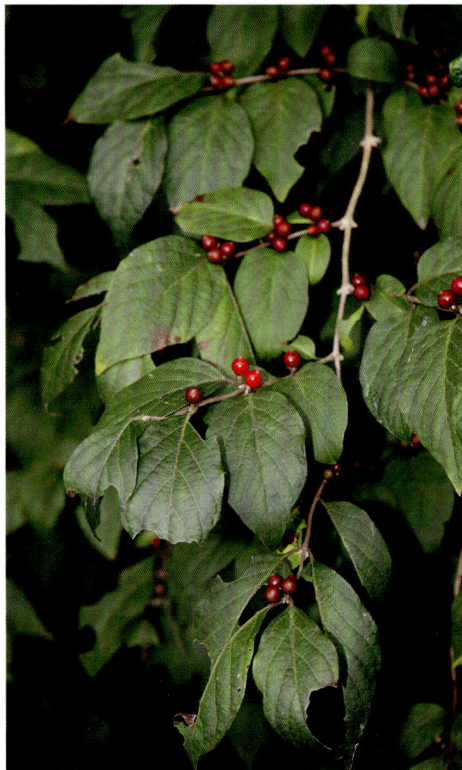

【种质资源】南京市金银忍冬野生种质资源共 3 份，分别归属于雨花台区、江宁区和主城区。具体种质资源信息见表 79。

01：雨花台区

仅分布于牛首山北坡。在雨花台区 24 个样地中 1 个样地有分布，且仅有 1 株，高度小于 1.3 米。种群极小。

02：江宁区

分布于汤山林场，古泉社区，东善桥林场横山分场、铜山分场和横溪街道。在江宁区 223 个样地中 9 个样地有分布，共为 9 株，高度均小于 1.3 米。种群极小，分布较分散。

03：主城区

在紫金山、狮子山、幕府山均有分布。在主城区 69 个样地中 10 个样地分布，共 31 株，均为胸径小于 3 厘米的植株。种群较小，分布分散。

表79　金银忍冬野生种质资源信息

种质资源编号	种质资源归属	林地名称	小地名	样地中心GPS坐标	数量/株
01	雨花台区	牛首山北坡		E118°44′3.88″ N31°55′10.89″	1

（续）

种质资源编号	种质资源归属	林地名称	小地名	样地中心GPS坐标	数量/株
		汤山林场黄栗墅工区	土地山	E119°1′2.54″ N32°3′44.17″	1
		古泉社区	连山	E119°0′37.94″ N32°3′31.04″	1
		古泉社区		E119°1′27.51″ N32°2′48.14″	1
		东善桥林场横山分场		E118°48′28.72″ N31°37′13.83″	1
02	江宁区	东善桥林场横山分场		E118°48′14.69″ N31°37′17.87″	1
		东善桥林场横山分场		E118°49′26.97″ N31°38′12.31″	1
		东善桥林场铜山分场		E118°51′19.43″ N31°39′58.42″	1
		横溪街道	横溪	E118°41′8.44″ N31°41′26.92″	1
		横溪街道	横溪	E118°40′39.18″ N31°41′48.42″	1
		紫金山		E118°50′33″ N32°4′23″	1
		紫金山		E118°44′3.88″ N31°55′10.89″	1
		紫金山	山北坡小卖铺处	E118°50′43″ N32°4′22″	1
		狮子山	江南第一楼牌坊 上坡处	E118°44′33″ N32°5′41″	1
		幕府山		E118°47′23″ N32°7′45″	3
03	主城区	幕府山		E118°47′13″ N32°7′48″	5
		幕府山	半山禅院上中	E118°48′4″ N32°8′14″	1
		幕府山	半山禅院上	E118°47′58″ N32°8′1″	15
		幕府山	仙人对弈左坡	E118°48′5″ N32°8′10″	2
		幕府山	三台洞	E118°1′0″ N31°21′0.02″	1

华东菝葜 *Smilax sieboldii* Miq.

【**别名**】钻鱼须、金刚藤、铁菱角、马加勒、筋骨柱子、红灯果

【**科属**】百合科（Liliaceae）菝葜属（*Smilax*）

【**树种简介**】攀缘灌木或半灌木。具粗短的根状茎。叶草质，卵形，先端长渐尖，基部常截形。伞形花序具几朵花，绿黄色。浆果直径 6~7 毫米，熟时蓝黑色。花期 5~6 月，果期 10 月。主产辽宁（辽东半岛南端）、山东（山东半岛）、江苏（南部）、安徽（东南部）、浙江、福建（北部）和台湾（高山）；朝鲜和日本也有分布。常生于林下、灌丛中或山坡草丛中。根茎可入药，用于治疗风湿筋骨疼痛、疔疮、肿毒等。

【**种质资源**】南京市华东菝葜野生种质资源共 1 份，归属于浦口区，具体种质资源信息见表 80。

01：浦口区

分布于老山林场七佛寺分场。在浦口区 198 个样地中 1 个样地有分布，且仅有 1 株，高度小于 1.3 厘米。种群极小。

表80　华东菝葜野生种质资源信息

种质资源编号	种质资源归属	林地名称	小地名	样地中心GPS坐标	数量/株
01	浦口区	老山林场七佛寺分场	吴家大洼	E118°37′12.09″ N32°6′3.87″	1

菝葜 *Smilax china* L.

【别名】金刚兜、大菝葜、金刚刺、金刚藤

【科属】百合科（Liliaceae）菝葜属（*Smilax*）

【树种简介】攀缘灌木；根状茎粗厚，坚硬，为不规则的块状。茎长1~3米，少数可达5米，疏生刺。叶薄革质或坚纸质，圆形、卵形或其他形状，干后通常红色、褐色或近古铜色。伞形花序生于尚幼嫩的小枝上，具十几朵或更多的花，绿黄色。浆果熟时红色，有粉霜。花期2~5月，果期9~11月。主产山东（山东半岛）、江苏、浙江、福建、台湾、江西、安徽（南部）、河南、湖北、四川（中部至东部）、云南（南部）、贵州、湖南、广西和广东（海南岛除外）；缅甸、越南、泰国、菲律宾也有分布。喜温暖，较耐寒，喜疏阴环境，忌日光直射；常生于海拔2000米以下的林下、灌丛、路旁、河谷或山坡上。根状茎可以提取淀粉和栲胶，或用于酿酒；有些地区作土茯苓或草薢混用，也具有祛风活血的功效。

【种质资源】南京市菝葜野生种质资源共8份，分别归属于六合区、浦口区、栖霞区、雨花台区、江宁区、溧水区、高淳区和主城区，具体种质资源信息见表81。

01：六合区

主要分布于冶山，竹镇也有少量分布。在六合区81个样地中4个样地有分布，共79株，高度均小于1.3米。种群较大，分布集中。

02：浦口区

分布于老山林场平坦分场、西山分场、狮子岭分场、七佛寺分场、东山分场、铁路林分场、星甸杜仲林场和大桥林场。在浦口区198个样地中44个样地有分布，共1014株，高度均小于1.3米。种群极大，分布较广泛。

03：栖霞区

分布于兴卫山、栖霞山、大普塘水库、灵山、仙鹤山、羊山、太平山公园、南象山、北象山、何家山和乌龙山。在栖霞区44个样地中34个样地有分布，共567株，其中536株高度小于1.3米（占总数的95%）；31株胸径在1~10厘米。种群大，分布广泛。

04：雨花台区

分布于铁心桥街道、秣陵街道和牛首山北坡。在雨花台区24个样地中7个样地有分布，共19株，高度均小于1.3米。种群极小，分布广泛。

05：江宁区

分布于方山、汤山街道、汤山林场、东山街道林场、汤山地质公园、孟塘社区、青林社区、古泉社区、东善桥林场、谷里街道、横溪街道、青山社区、汤山街道、牛首山、富贵山公墓处、洪幕社区、西宁社区、公塘水库和秣陵街道。在江宁区223个样地中110个样地有分布，共726株，高度均小于1.3米。种群极大，分布广泛。

06：溧水区

分布于溧水区林场东庐分场、芳山分场和平山分场。在溧水区115个样地中8个样地有分布，共 88 株，高度均小于 1.3 米。种群较大，分布较分散。

07：高淳区

主要分布于傅家坛林场、大山林场、游子山林场和青山林场，其中游子山林场分布最多。在高淳区 53 个样地中 5 个样地有分布，共 27 株，高度均小于 1.3 米。种群小，分布较分散。

08：主城区

分布于紫金山、九华山、幕府山。在南京主城区 69 个样地中 20 个样地有分布，共 363 株，其中 345 株高度小于 1.3 米，18 株相对较大，单株最大胸径 2 厘米。种群大，分布较集中。

表81　菝葜野生种质资源信息

种质资源编号	种质资源归属	林地名称	小地名	样地中心GPS坐标	数量/株
01	六合区	竹镇		E118°34′02.428″ N32°33′44.100″	3
		冶山		E118°56′55.997″ N32°30′49.000″	35
		冶山		E118°56′52.249″ N32°30′42.757″	34
		冶山		E118°56′45.748″ N32°30′25.420″	7
02	浦口区	老山林场平坦分场	横山沟旁	E118°31′14.430″ N32°4′19.776″	50
		老山林场平坦分场	横山半坡	E118°31′11.766″ N32°4′13.890″	10
		老山林场平坦分场	杨船山	E118°31′55.150″ N32°4′32.556″	50
		老山林场平坦分场	枣核山	E118°30′26.255″ N32°4′05.790″	10
		老山林场平坦分场	埋娃山	E118°30′11.783″ N32°3′34.643″	20
		老山林场平坦分场	小鸡山	E118°30′31.698″ N32°3′42.034″	10
		老山林场平坦分场	小马腰下	E118°30′53.147″ N32°3′25.445″	30
		老山林场平坦分场	匪集场道旁	E118°31′58.926″ N32°4′11.244″	50
		老山林场平坦分场	匪集场山后	E118°31′58.926″ N32°4′11.244″	10
		老山林场平坦分场	匪集场道旁	E118°32′01.918″ N32°4′24.809″	20
		老山林场平坦分场	门坎里山	E118°32′23.838″ N32°3′54.857″	30
		老山林场平坦分场	大平山	E118°33′51.534″ N32°4′13.084″	50
		老山林场平坦分场	虎洼九龙山	E118°32′58.060″ N32°4′31.746″	20
		老山林场平坦分场	门坎里—黄梨山	E118°32′28.450″ N32°4′39.382″	30
		老山林场西山分场	西山—煤峰口	E118°26′53.808″ N32°3′57.604″	40
		老山林场西山分场	西山—铁路桥下	E118°26′47.850″ N32°3′05.627″	30
		老山林场狮子岭分场	响铃庵	E118°34′08.044″ N32°5′02.839″	20
		老山林场狮子岭分场	小洼口—平滩子	E118°33′49.367″ N32°3′19.498″	30
		老山林场狮子岭分场	小洼口—平滩子	E118°33′42.088″ N32°3′11.988″	30
		老山林场狮子岭分场	兜率寺后山	E118°33′03.827″ N32°3′48.197″	5
		老山林场狮子岭分场	石门	E118°34′48.443″ N32°4′05.020″	15

（续）

种质资源编号	种质资源归属	林地名称	小地名	样地中心GPS坐标	数量/株
		老山林场狮子岭分场	暗沟护林点	E118°30′49.738″ N32°2′34.469″	10
		老山林场狮子岭分场	分场场部	E118°32′53.416″ N32°2′57.912″	20
		老山林场七佛寺分场	猴子洞	E118°36′50.969″ N32°5′45.064″	15
		老山林场七佛寺分场	大椅子山	E118°38′08.808″ N32°6′32.854″	100
		老山林场七佛寺分场	黑桃洼	E118°35′33.900″ N32°6′34.805″	10
		老山林场七佛寺分场	老山林场中学	E118°35′10.032″ N32°6′43.614″	50
		老山林场七佛寺分场	老鹰山	E118°36′40.252″ N32°6′24.700″	5
		老山林场七佛寺分场	牛角洼	E118°36′28.613″ N32°6′16.762″	30
		老山林场七佛寺分场	分场场部旁	E118°36′11.862″ N32°5′28.295″	2
		老山林场七佛寺分场	景观平台	E118°37′42.168″ N32°6′13.781″	20
		老山林场东山分场	望火楼南坡	E118°48′25.254″ N32°4′47.651″	20
02	浦口区	老山林场东山分场	小庙南坡	E118°48′11.995″ N32°6′38.268″	10
		老山林场东山分场	椅子山	E118°37′30.875″ N32°6′45.475″	15
		老山林场东山分场	乌龟驮金书	E118°37′33.816″ N32°7′02.820″	40
		老山林场东山分场	浦口路	E118°37′24.647″ N32°6′54.443″	15
		老山林场铁路林分场	羊鼻山脊	E118°40′49.980″ N32°8′52.386″	10
		老山林场铁路林分场	采石场旁	E118°39′22.554″ N32°8′19.151″	15
		老山林场铁路林分场	河东	E118°41′32.525″ N32°9′16.704″	12
		星甸杜仲林场	观音洞下	E118°23′35.700″ N32°3′15.642″	10
		星甸杜仲林场	山喷码子	E118°24′30.161″ N32°3′09.774″	20
		星甸杜仲林场	水井山	E118°24′59.677″ N32°3′17.165″	10
		大桥林场	老虎洞	E118°41′13.348″ N32°9′24.491″	10
		大桥林场	石头山	C118°38′54.100″ N32°8′04.247″	5
		兴卫山		E118°50′40.740″ N32°5′57.120″	4
		兴卫山	兴卫山东南坡	E118°50′40.740″ N32°5′57.124″	14
		兴卫山		E118°50′40.740″ N32°5′57.127″	2
		兴卫山		E118°50′44.279″ N32°5′58.560″	9
		兴卫山		E118°50′46.039″ N32°5′59.388″	6
03	栖霞区	兴卫山		E118°50′50.989″ N32°5′58.330″	1
		兴卫山		E118°50′32.467″ N32°5′59.028″	1
		兴卫山	兴卫山北坡	E118°50′24.338″ N32°6′00.259″	6
		栖霞山		E118°57′30.719″ N32°9′18.940″	13
		栖霞山		E118°57′26.928″ N32°9′18.979″	7
		栖霞山		E118°57′34.380″ N32°9′15.577″	13

（续）

种质资源编号	种质资源归属	林地名称	小地名	样地中心GPS坐标	数量/株
		栖霞山	陆羽茶庄东坡	E118°57′34.268″ N32°9′06.649″	8
		栖霞山		E118°57′43.247″ N32°9′18.529″	4
		栖霞山	小营盘娱乐场	E118°57′44.147″ N32°9′18.299″	1
		栖霞山	天开岩上方亭子附近	E118°57′35.039″ N32°9′28.418″	2
		栖霞山		E118°57′19.627″ N32°9′23.778″	4
		栖霞山		E118°57′37.688″ N32°9′15.779″	3
		大普塘水库	对面山头	E118°55′07.597″ N32°4′59.578″	32
		大普塘水库	大普塘水库旁	E118°55′24.017″ N32°5′03.289″	79
		灵山		E118°56′05.849″ N32°5′24.508″	39
		灵山		E118°55′42.668″ N32°5′24.799″	42
03	栖霞区	灵山		E118°55′53.710″ N32°5′14.849″	110
		灵山		E118°55′54.700″ N32°5′14.539″	50
		仙鹤山		E118°53′34.519″ N32°6′17.190″	29
		羊山		E118°55′56.237″ N32°6′47.588″	43
		太平山公园		E118°52′10.657″ N32°7′56.809″	5
		南象山	衡阳寺	E118°56′07.440″ N32°8′16.379″	18
		南象山	衡阳寺	E118°55′50.160″ N32°8′08.700″	7
		南象山	南象山	E118°56′03.419″ N32°8′25.199″	1
		北象山		E118°56′31.920″ N32°9′16.618″	3
		何家山		E118°57′22.378″ N32°8′45.960″	1
		何家山	何家山	E118°57′20.218″ N32°8′41.820″	5
		何家山	中眉心	E118°58′10.200″ N32°8′39.538″	4
		乌龙山	乌龙山炮台西南	E118°52′01.020″ N32°9′42.480″	1
		铁心桥街道韩府山		E118°45′29.120″ N31°56′56.461″	1
		铁心桥街道韩府山		E118°45′30.330″ N31°56′48.599″	13
		秣陵街道将军山		E118°45′09.450″ N31°56′08.891″	1
04	雨花台区	秣陵街道将军山		E118°45′39.802″ N31°55′43.360″	1
		秣陵街道将军山		E118°45′50.090″ N31°55′23.408″	1
		牛首山北坡		E118°44′17.999″ N31°55′28.391″	1
		牛首山北坡		E118°44′22.531″ N31°55′29.010″	1
		方山	栎树林	E118°51′52.279″ N31°53′53.909″	96
05	江宁区	方山	朴树林	E118°52′00.761″ N31°53′35.369″	213
		方山		E118°33′58.370″ N31°54′10.019″	1
		方山		E118°52′25.658″ N31°53′33.979″	32

（续）

种质资源编号	种质资源归属	林地名称	小地名	样地中心GPS坐标	数量/株
		汤山街道孟墓社区	郎山	E119°3′20.340″ N32°4′16.291″	1
		汤山林场黄栗墅工区	土地山	E119°1′10.682″ N32°4′16.291″	1
		汤山林场黄栗墅工区	土地山	E119°1′02.539″ N32°3′44.168″	1
		汤山林场黄栗墅工区	土地山	E119°1′13.379″ N32°4′05.948″	1
		汤山林场黄栗墅工区	土地山	E119°1′25.511″ N32°4′10.330″	1
		汤山林场长山工区	青龙山	E118°54′05.292″ N31°58′48.850″	1
		汤山林场长山工区	青龙山	E118°54′07.261″ N31°58′51.629″	1
		汤山林场佘村工区	青龙山	E118°56′40.700″ N32°0′10.508″	133
		汤山林场佘村工区	青龙山	E118°56′46.140″ N32°0′53.251″	1
		汤山林场佘村工区	青龙山	E118°56′42.461″ N32°0′47.761″	1
		汤山林场佘村工区		E118°56′43.519″ N32°0′41.962″	1
		汤山林场佘村工区	青龙山	E118°56′26.207″ N32°0′09.950″	1
		汤山林场佘村工区	青龙山	E118°55′59.999″ N31°59′59.640″	1
		汤山林场佘村工区	青龙山	E118°56′19.792″ N32°0′05.540″	1
		东山街道林场		E118°55′56.561″ N31°57′55.991″	100
		东山街道林场		E118°55′52.259″ N31°57′47.790″	1
05	江宁区	汤山林场龙泉工区		E118°58′05.041″ N31°59′18.892″	1
		汤山林场龙泉工区		E118°57′43.171″ N31°59′01.100″	1
		汤山林场龙泉工区		E118°57′32.461″ N31°59′06.670″	1
		汤山林场龙泉工区		E118°57′54.022″ N31°59′53.542″	1
		汤山林场龙泉工区		E118°58′09.721″ N32°0′12.982″	1
		汤山林场龙泉工区		E118°58′14.149″ N32°0′12.640″	1
		汤山地质公园		E119°2′50.820″ N32°3′17.078″	1
		汤山地质公园		E119°2′40.099″ N32°3′07.099″	1
		汤山地质公园		E119°1′57.911″ N32°2′52.418″	1
		孟塘社区	射乌山	E119°3′08.528″ N32°5′52.372″	1
		孟塘社区	培山	E119°3′00.940″ N32°4′50.441″	1
		孟塘社区	培山	E119°3′08.212″ N32°4′44.501″	1
		青林社区	白露头	E119°5′23.212″ N32°4′43.061″	1
		青林社区	白露头	E119°25′33.409″ N32°4′52.230″	1
		青林社区	白露头	E119°5′41.219″ N32°5′18.960″	1
		青林社区	白露头	E119°15′20.588″ N32°4′59.606″	1
		青林社区	女儿山	E119°4′37.171″ N32°4′21.652″	1
		青林社区	小石浪山	E119°4′50.570″ N32°4′32.131″	1

（续）

种质资源编号	种质资源归属	林地名称	小地名	样地中心GPS坐标	数量/株
		青林社区	文山	E119°4′10.679″ N32°5′12.671″	1
		青林社区	文山	E119°4′54.970″ N32°5′20.411″	1
		青林社区	文山	E119°4′47.280″ N32°5′16.771″	1
		青林社区	文山	E119°4′26.231″ N32°4′46.178″	1
		青林社区	孤山堰	E119°4′20.662″ N32°4′38.899″	1
		古泉社区		E119°1′29.370″ N32°2′49.718″	1
		古泉社区		E119°1′27.509″ N32°2′48.142″	1
		东善桥林场云台山分场		E118°43′04.991″ N31°43′00.559″	2
		东善桥林场云台山分场	大平山	E118°42′33.232″ N31°42′09.749″	1
		东善桥林场云台山分场	大平山	E118°42′30.629″ N31°42′28.361″	1
		东善桥林场云台山分场	大平山	E118°42′19.429″ N31°42′28.840″	1
		东善桥林场云台山分场	大平山	E118°42′21.359″ N31°42′26.539″	1
		东善桥林场横山分场		E118°48′57.060″ N31°37′55.301″	1
		东善桥林场横山分场		E118°49′08.130″ N31°38′18.841″	1
		东善桥林场横山分场		E118°48′13.759″ N31°37′39.479″	1
		东善桥林场横山分场		E118°48′35.831″ N31°37′55.960″	1
05	江宁区	东善桥林场横山分场		E118°48′14.692″ N31°37′17.872″	1
		东善桥林场横山分场		E118°48′16.459″ N31°37′22.440″	1
		东善桥林场横山分场		E118°47′31.340″ N31°38′33.169″	1
		东善桥林场东善分场	静龙山	E118°47′37.612″ N31°51′02.498″	1
		东善桥林场东善分场	静龙山	E118°46′52.370″ N31°51′20.880″	1
		东善桥林场东善分场		E118°46′37.348″ N31°51′54.428″	1
		东善桥林场东善分场		E118°46′47.100″ N31°51′54.580″	1
		东善桥林场东善分场	东村工区	E118°45′09.558″ N31°51′38.059″	1
		东善桥林场横山分场		E118°49′26.969″ N31°38′12.307″	1
		东善桥林场横山分场		E118°49′32.959″ N31°38′04.110″	1
		东善桥林场横山分场		E118°49′26.980″ N31°38′06.850″	1
		东善桥林场横山分场		E118°49′51.910″ N31°38′35.459″	1
		东善桥林场铜山分场		E118°50′45.517″ N31°39′10.498″	1
		东善桥林场铜山分场		E118°50′36.128″ N31°38′56.670″	1
		东善桥林场铜山分场		E118°50′36.877″ N31°39′17.788″	1
		东善桥林场铜山分场		E118°50′29.998″ N31°39′41.839″	1
		东善桥林场铜山分场		E118°52′08.098″ N31°41′13.628″	1
		东善桥林场铜山分场		E118°52′44.029″ N31°39′26.417″	1

（续）

种质资源编号	种质资源归属	林地名称	小地名	样地中心GPS坐标	数量/株
		东善桥林场铜山		E118°52′27.840″ N31°39′18.317″	1
		东善桥林场铜山		E118°52′18.329″ N31°39′18.518″	1
		东善桥林场铜山		E118°52′18.077″ N31°39′27.817″	1
		东善桥林场铜山		E118°52′01.247″ N31°39′01.289″	1
		东善桥林场铜山		E118°51′47.700″ N31°39′00.587″	1
		东善桥林场铜山		E118°51′05.980″ N31°39′01.577″	1
		东善桥林场铜山分场		E118°51′12.247″ N31°39′19.598″	1
		谷里街道	东塘水库附近	E118°42′50.897″ N31°47′20.368″	1
		横溪街道	枣山	E118°42′32.569″ N31°46′41.869″	1
		横溪街道	枣山	E118°42′18.238″ N31°46′38.028″	1
		横溪街道	枣山	E118°42′19.890″ N31°46′38.039″	1
		青山社区		E118°56′59.759″ N31°57′50.980″	1
		汤山街道	西猪咀凹	E118°57′02.578″ N31°58′12.958″	1
		汤山街道		E118°57′02.459″ N31°58′40.098″	1
		汤山街道		E118°57′00.068″ N31°58′30.900″	1
		汤山街道		E118°56′53.369″ N31°57′57.287″	1
		汤山街道		E119°0′03.319″ N32°0′47.470″	1
05	江宁区	牛首山		E118°44′43.638″ N31889900°0′00.000″	1
		牛首山		E118°44′36.409″ N31°53′30.437″	1
		牛首山		E118°44′47.987″ N31°53′30.487″	1
		牛首山		E118°44′24.220″ N31°54′50.008″	1
		牛首山		E118°45′12.859″ N31°53′45.910″	1
		牛首山		E118°44′34.638″ N31°53′23.647″	1
		富贵山公墓处		E118°32′28.219″ N31°45′46.728″	1
		洪幕社区	洪幕村	E118°33′10.127″ N31°45′49.219″	1
		洪幕社区	洪幕山	E118°32′49.639″ N31°45′38.279″	24
		洪幕社区		E118°34′48.090″ N31°44′56.029″	9
		洪幕社区		E118°34′39.490″ N31°45′04.608″	1
		洪幕社区		E118°35′05.748″ N31°46′08.530″	1
		西宁社区		E118°36′05.450″ N31°47′05.251″	16
		公塘水库		E118°41′34.480″ N31°47′45.960″	1
		横溪街道横溪		E118°41′18.010″ N31°45′45.490″	1
		横溪街道	云台山	E118°40′48.911″ N31°42′13.900″	1
		横溪街道横溪		E118°40′39.180″ N31°41′48.419″	1

（续）

种质资源编号	种质资源归属	林地名称	小地名	样地中心GPS坐标	数量/株
05	江宁区	横溪街道横溪		E118°40′42.809″ N31°41′55.100″	1
		秣陵街道	将军山	E118°46′40.868″ N31°55′47.161″	1
		秣陵街道	将军山	E118°46′50.722″ N31°55′57.101″	1
		秣陵街道	将军山	E118°46′45.534″ N31°55′28.549″	1
06	溧水区	溧水区林场东庐分场	东庐山中部	E119°7′35.000″ N31°38′33.000″	19
		溧水区林场东庐分场	东庐山中部	E119°7′34.000″ N31°38′40.999″	13
		溧水区林场东庐分场	东庐山中部	E119°7′25.997″ N31°38′49.999″	9
		溧水区林场东庐分场	黄牛墩	E119°7′44.440″ N31°37′44.170″	6
		溧水区林场芳山分场	芳山	E119°8′25.530″ N31°29′37.540″	3
		溧水区林场平山分场	小茅山尚书塘	E118°56′08.092″ N31°38′36.218″	21
		溧水区林场平山分场	小茅山尚书塘	E118°55′56.921″ N31°38′39.930″	11
		溧水区林场平山分场	小茅山东面	E118°57′13.118″ N31°38′27.053″	6
07	高淳区	傅家坛林场	窑冲	E119°4′45.779″ N31°14′09.366″	5
		大山林场	大山寺旁	E119°4′55.834″ N31°25′08.591″	2
		游子山林场	花山游山上段路旁	E118°57′47.585″ N31°16′10.283″	10
		游子山林场	花山游山中段路旁	E118°57′51.599″ N31°16′09.005″	2
		青山林场	林业队	E119°3′50.465″ N31°22′07.259″	8
08	主城区	紫金山		E118°52′00.001″ N32°3′42.998″	1
		紫金山	中马腰与猴子头之间	E118°50′35.002″ N32°4′10.999″	3
		九华山	弥勒佛坡上	E118°48′15.001″ N32°3′41.000″	5
		幕府山	窑上村入口处左上方	E118°47′25.001″ N32°7′45.001″	5
		幕府山		E118°47′25.001″ N32°7′43.000″	22
		幕府山		E118°47′25.001″ N32°7′45.998″	3
		幕府山		E118°47′22.999″ N32°7′45.001″	2
		幕府山		E118°47′12.998″ N32°7′48.000″	8
		幕府山	达摩洞景区上坡	E118°47′17.002″ N32°7′46.999″	1
		幕府山	达摩洞景区上坡	E118°47′55.000″ N32°0′00.000″	28
		幕府山	达摩洞景区下坡	E118°47′53.999″ N32°7′58.001″	65
		幕府山	仙人对弈	E118°48′04.000″ N32°8′19.000″	43
		幕府山	半山禅院上中	E118°48′04.000″ N32°8′13.999″	1
		幕府山	半山禅院上	E118°47′57.998″ N32°8′01.000″	2

（续）

种质资源编号	种质资源归属	林地名称	小地名	样地中心GPS坐标	数量/株
		幕府山	仙人对弈左坡	E118°48′05.000″ N32°8′10.000″	35
		幕府山	仙人对弈左中坡	E118°48′06.001″ N32°8′16.001″	20
		幕府山	仙人对弈下坡	E118°48′05.000″ N32°8′16.001″	87
08	主城区	幕府山	三台洞	E118°1′00.001″ N31°21′00.022″	12
		幕府山	三台洞（仙人台）下坡	E118°48′00.036″ N32°8′00.283″	10
		幕府山	仙人台	E118°48′00.047″ N32°7′59.999″	10

小果菝葜 *Smilax davidiana* A. DC.

【别名】铁菱角、小菝葜、小叶菝葜

【科属】百合科（Liliaceae）菝葜属（*Smilax*）

【树种简介】攀缘灌木，具粗短的根状茎，具疏刺。叶坚纸质，干后红褐色，通常椭圆形，先端微凸或短渐尖，基部楔形或圆形。伞形花序生于小枝上，具几朵至10余朵小花，多少呈半球形；花序托膨大，近球形，花绿黄色。浆果直径5~7毫米，熟时暗红色。花期3~4月，果期10~11月。主产江苏南部、安徽南部、江西、浙江、福建、广东北部至东部、广西东北部；越南、老挝、泰国也有分布。喜疏阴环境，忌日光直射，喜温暖，较耐寒，生长力极强；常生于海拔800米以下的林下、灌丛或山坡、路边阴处。可作地栽观赏，可在棚架、山石旁进行种植，亦可作为绿篱使用；根状茎可以提取淀粉和栲胶，或用于酿酒。

【种质资源】南京市小果菝葜野生种质资源共3份，分别归属于浦口区、溧水区和高淳区，具体种质资源信息见表82。

01：浦口区

分布于老山林场平坦分场、西山分场、狮子岭分场、七佛寺分场和星甸杜仲林场。在浦口区198个样地中6个样地有分布，共88株，其中老山林场的数量占总调查数量的近97%。种群较大，分布较分散。

02：溧水区

分布于溧水区林场东庐分场、芳山分场。在溧水区115个样地中4个样地有分布，共13株。种群极小，分布分散。

03：高淳区

仅分布于大山林场。在高淳区53个样地中仅1个样地有分布，共10株。种群极小，分布集中。

表82　小果菝葜野生种质资源信息

种质资源编号	种质资源归属	林地名称	小地名	样地中心GPS坐标	数量/株
01	浦口区	老山林场平坦分场	虎洼九龙山	E118°32′58.06″ N32°4′31.75″	20
		老山林场平坦分场	门坎里—大小女儿山间	E118°32′19.61″ N32°4′25.97″	20
		老山林场西山分场	西山—九峰寺旁	E118°25′41.49″ N32°3′45.74″	20
		老山林场狮子岭分场	响铃庵	E118°34′29″ N32°3′28.41″	10
		老山林场七佛寺分场	老母猪沟	E118°36′34.76″ N32°6′21.58″	15

（续）

种质资源编号	种质资源归属	林地名称	小地名	样地中心GPS坐标	数量/株
01	浦口区	星甸杜仲林场	亭子山	E118°24′1.49″ N32°3′0.46″	3
02	溧水区	溧水区林场东庐分场	东庐山中部	E119°7′35″ N31°38′33″	2
		溧水区林场东庐分场	东庐山中部	E119°7′34″ N31°38′41″	3
		溧水区林场东庐分场	黄牛墩	E119°7′44.44″ N31°37′44.17″	5
		溧水区林场芳山分场	芳山	E119°8′25.53″ N31°29′37.54″	3
03	高淳区	大山林场	大山寺旁	E119°5′6.77″ N31°25′5.43″	10

黑果菝葜 *Smilax glaucochina* Warb.

【别名】金刚藤头

【科属】百合科（Liliaceae）菝葜属（*Smilax*）

【树种简介】攀缘灌木。具粗短的根状茎。茎长 0.5~4 米，通常疏生刺。叶厚纸质，通常椭圆形，先端微凸，基部圆形或宽楔形，下面苍白色，多少可以抹掉。伞形花序通常生于稍幼嫩的小枝上，具几朵或 10 余朵花，绿黄色。浆果直径 7~8 毫米，熟时黑色，具粉霜。花期 3~5 月，果期 10~11 月。主产甘肃（南部）、陕西（秦岭以南）、山西（南部）、河南、四川（东部）、贵州、湖北、湖南、江苏（南部）、浙江、安徽、江西、广东（北部）和广西（东北部）。常生于海拔 1600 米以下的林下、灌丛或山坡上。根茎含生物碱、挥发油、己糖、鞣质、植物甾醇及亚油酸、油酸，可作药用；根状茎富含淀粉，可以制糕点或加工食用。

【种质资源】南京市黑果菝葜野生种质资源共 4 份，分别归属于浦口区、栖霞区、溧水区和高淳区，具体种质资源信息见表 83。

01：浦口区

分布于老山林场平坦分场、狮子岭分场、七佛寺分场、东山分场、铁路林分场，星甸杜仲林场和定山林场。在浦口区 198 个样地中 18 个样地有分布，共 311 株，其中老山林场的数量约占 79%。种群大，分布较分散。

02：栖霞区

分布于栖霞山、西岗街道、大普塘水库、灵山和仙鹤山。在栖霞区 44 个样地中 19 个样地有分布，共 211 株。种群大，分布较分散。

03：溧水区

分布于溧水区林场东庐分场和芳山分场。在溧水区 115 个样地中 6 个样地有分布，共 14 株，高度均小于 1.3 米。种群极小，分布较分散。

04：高淳区

分布于游子山林场。在高淳区 53 个样地中仅 1 个样地有 2 株。种群极小，分布集中。

表83　黑果菝葜野生种质资源信息

种质资源编号	种质资源归属	林地名称	小地名	样地中心GPS坐标	数量/株
01	浦口区	老山林场平坦分场	横山沟旁	E118°31′14.43″ N32°4′19.78″	10
		老山林场平坦分场	横山半坡	E118°31′11.77″ N32°4′13.89″	10
		老山林场平坦分场	凤凰山后	E118°30′32.38″ N32°4′18.2″	40
		老山林场平坦分场	大姑山	E118°30′24.14″ N32°4′4.44″	30
		老山林场平坦分场	匪集场道旁	E118°31′58.93″ N32°4′11.24″	30
		老山林场平坦分场	匪集场道旁	E118°32′1.92″ N32°4′24.81″	20

（续）

种质资源编号	种质资源归属	林地名称	小地名	样地中心GPS坐标	数量/株
01	浦口区	老山林场平坦分场	门坎里山	E118°32′23.84″ N32°3′54.86″	30
		老山林场平坦分场	短喷	E118°33′35.86″ N32°5′28.78″	5
		老山林场狮子岭分场	小洼口—平滩子	E118°33′49.37″ N32°3′19.5″	2
		老山林场七佛寺分场	四道桥	E118°37′36.45″ N32°6′6.55″	20
		老山林场七佛寺分场	黄山岭	E118°35′32.83″ N32°5′46.91″	15
		老山林场七佛寺分场	老母猪沟	E118°36′34.76″ N32°6′21.58″	15
		老山林场七佛寺分场	分场场部旁	E118°36′11.86″ N32°5′28.29″	5
		老山林场东山分场	龙爪洼	E118°37′59.99″ N32°7′29.05″	5
		老山林场铁路林分场	采石场旁	E118°39′22.55″ N32°8′19.15″	10
		星甸杜仲林场	亭子山	E118°24′1.49″ N32°3′0.46″	5
		星甸杜仲林场	东常山	E118°24′17.24″ N32°3′28.39″	50
		定山林场	珍珠泉内	E118°39′11.18″ N32°7′58.04″	9
02	栖霞区	栖霞山		E118°57′30.72″ N32°9′18.94″	21
		栖霞山		E118°57′29.02″ N32°9′17.68″	16
		栖霞山		E118°57′26.93″ N32°9′18.98″	10
		栖霞山		E118°57′29.21″ N32°9′14.1″	10
		栖霞山		E118°57′34.38″ N32°9′15.58″	18
		栖霞山	陆羽茶庄东坡	E118°57′34.27″ N32°9′6.65″	11
		栖霞山		E118°57′43.25″ N32°9′18.53″	11
		栖霞山	天开岩上方亭子附近	E118°57′35.04″ N32°9′28.42″	17
		栖霞山		E118°57′19.63″ N32°9′23.78″	13
		栖霞山		E118°57′19.16″ N32°9′23.65″	31
		栖霞山		E118°57′16.98″ N32°9′29.5″	9
		栖霞山		E118°57′37.69″ N32°9′15.78″	2
		西岗街道	西岗果牧场场部对面山头南坡	E118°58′45.05″ N32°5′46.39″	10
		大普塘水库		E118°55′22.6″ N32°4′59.64″	1
		大普塘水库		E118°55′24.02″ N32°5′3.29″	15
		灵山		E118°56′5.85″ N32°5′24.51″	1
		灵山		E118°55′42.67″ N32°5′24.8″	4
		灵山		E118°55′54.7″ N32°5′14.54″	4
		仙鹤山		E118°53′34.52″ N32°6′17.19″	7

（续）

种质资源编号	种质资源归属	林地名称	小地名	样地中心GPS坐标	数量/株
03	溧水区	溧水区林场东庐分场	美人山	E119°7′25″，N31°38′5″	3
		溧水区林场东庐分场	美人山	E119°7′57″，N31°38′23″	4
		溧水区林场东庐分场	东庐山中部	E119°7′34″，N31°38′41″	1
		溧水区林场东庐分场	朝山	E119°7′34″，N31°39′16″	1
		溧水区林场芳山分场	杨树山	E119°8′30.4″，N31°30′23.68″	3
		溧水区林场芳山分场	杨树山	E119°9′39.22″，N31°30′29.04″	2
04	高淳区	游子山林场	青阳殿对面	E119°0′36.83″ N31°20′32.92″	2

南京林木种质资源

下篇·藤本

女萎 *Clematis apiifolia* DC.

【别名】一把抓、白棉纱、风藤、花木通、百根草

【科属】毛茛科（Ranunculaceae）铁线莲属（*Clematis*）

【树种简介】藤本。小枝和花序梗、花梗密生贴伏短柔毛。三出复叶，连叶柄长 5~17 厘米，叶柄长 3~7 厘米；小叶片卵形或宽卵形，长 2.5~8 厘米，宽 1.5~7 厘米，常有不明显 3 浅裂，边缘有锯齿，上面疏生贴伏短柔毛或无毛，下面通常疏生短柔毛或仅沿叶脉较密。圆锥状聚伞花序多花；花直径约 1.5 厘米；萼片 4，开展，白色。瘦果纺锤形或狭卵形，长 3~5 毫米，顶端渐尖，不扁，有柔毛，宿存花柱长约 1.5 厘米。花期 7~9 月，果期 9~10 月。分布于江西、福建、浙江、江苏南部、安徽大别山以南；朝鲜、日本也有分布。较喜光，耐寒、耐旱，但不耐暑热强光，一般生长在山野林边。全株入药，具有消炎消肿、利尿通乳之功效，主治肠炎、痢疾、甲状腺肿大、风湿关节痛、尿路感染、乳汁不下等症。

【种质资源】南京市女萎野生种质资源仅 1 份，归属于主城区。具体种质资源信息见表84。

01：主城区

分布于幕府山。在 69 个样地中 2 个样地有分布，共 7 株，其中 6 株株高小于 1.3 米，1 株地径 1.5 厘米。种群极小，分布分散。

表84 女萎野生种质资源信息

种质资源编号	种质资源归属	林地名称	小地名	样地GPS坐标	数量/株
01	主城区	幕府山	仙人对弈左中坡	E 118°47′54.00″ N 32°7′58.00″	6
		幕府山	达摩洞景区下坡	E 118°48′5.00″ N 32°8′10.00″	1

粗齿铁线莲 *Clematis grandidentata*（Rehder & E. H. Wilson）W. T. Wang

【别名】线木通、小木通、白头公公、大蓑衣藤、银叶铁线莲、大木通

【科属】毛茛科（Ranunculaceae）铁线莲属（*Clematis*）

【树种简介】落叶藤本。小枝密生白色短柔毛，老时外皮剥落。一回羽状复叶，有 5 小叶，有时茎端为三出叶；小叶片卵形或椭圆状卵形，顶端渐尖，基部圆形、宽楔形或微心形，常有不明显 3 裂，边缘有粗大锯齿状牙齿，上面疏生短柔毛，下面密生白色短柔毛至较疏，或近无毛。腋生聚伞花序常有 3~7 花，或呈顶生圆锥状聚伞花序多花；花直径 2~3.5 厘米，白色，近长圆形。瘦果扁卵圆形，宿存花柱长达 3 厘米。花期 5~7 月，果期 7~10 月。主产云南（海拔 1500~3200 米）、贵州、四川（1150~3200 米）、甘肃南部和东部（1460~2000 米）、陕西南部（450~1900 米）、河南（960~1800 米）、湖北（700~2300 米）、湖南、安徽南部、浙江北部（1200米左右）、河北及山西（300~1800 米）。常生于山坡或山沟灌丛中。栽培宜选土质疏松、排水良好的地块，以地势高燥、土层深厚、富含腐殖质和渗水力强的壤土为宜。根可入药，具有行气活血、祛风湿、止痛的功效，主治风湿筋骨痛、跌打损伤、血疼痛、肢体麻木等症；茎藤入药，具有杀虫解毒的功效，主治失音声嘶、杨梅疮毒、虫疮久烂等症。

【种质资源】南京市粗齿铁线莲野生种质资源仅 1 份，归属于浦口区。具体种质资源信息见表 85。

01：浦口区

分布于老山林场平坦分场、西山分场、七佛寺分场，星甸杜仲林场和定山林场，其中，老山林场和星甸杜仲林场分布较多。在 198 个样地中 10 个样地有分布，共 160 株，植株高度均小于 1.3 米。种群较大，分布较集中。

表85　粗齿铁线莲野生种质资源信息

种质资源编号	种质资源归属	林地名称	小地名	样地GPS坐标	数量/株
01	浦口区	老山林场平坦分场	短吹	E118°33′35.86″ N32°5′28.78″	15
		老山林场平坦分场	老山林场隧道	E118°34′8.04″ N32°5′2.83″	50
		老山林场西山分场	西山—杨吹后	E118°26′5.77″ N32°4′18.59″	30
		老山林场七佛寺分场	四道桥	E118°37′36.45″ N32°6′6.55″	2
		老山林场平坦分场	虎洼山脊	E118°33′31.13″ N32°3′51.22″	1
		星甸杜仲林场	华济山	E118°23′47.84″ N32°3′13.33″	2
		星甸杜仲林场	山吹码子	E118°24′30.16″ N32°3′9.77″	10
		星甸杜仲林场	西山沟	E118°24′17.42″ N32°3′33.86″	15
		星甸杜仲林场	东常山	E118°24′17.24″ N32°3′28.39″	30
		定山林场	定山林场	E118°39′11.87″ N32°7′53.96″	5

威灵仙 *Clematis chinensis* Osbeck

【别名】移星草、九里火、乌头力刚、白钱草、青风藤、铁脚威灵仙、粉威仙

【科属】毛茛科（Ranunculaceae）铁线莲属（*Clematis*）

【树种简介】木质藤本。干后变黑色。茎、小枝近无毛或疏生短柔毛。一回羽状复叶有5小叶，有时3或7，偶尔基部1对以至第2对2~3裂至2~3小叶；小叶片纸质，卵形至卵状披针形，或为线状披针形、卵圆形，顶端锐尖至渐尖，偶有微凹，基部圆形、宽楔形至浅心形，全缘。常为圆锥状聚伞花序，多花，腋生或顶生；花直径1~2厘米；萼片4（5），开展，白色，长圆形或长圆状倒卵形。瘦果扁，3~7个，卵形至宽椭圆形。花期6~9月，果期8~11月。主要分布于云南南部、贵州、四川、陕西南部、广西、广东、湖南、湖北、河南、福建、台湾、江西、浙江、江苏南部、安徽淮河以南；越南也有分布。常生于富含腐殖质的山坡、林缘或灌木丛中，以采伐迹地、稀疏林下及沟谷旁生长较多。根入药，能祛风湿、利尿、通经、镇痛，治风寒湿热、偏头疼、黄疸浮肿、鱼骨硬喉、腰膝腿脚冷痛；新鲜植株可治急性扁桃体炎、咽喉炎；根治丝虫病，外用治牙痛；全株可作农药，防治造桥虫、菜青虫、地老虎、灭孑孓等。

【种质资源】南京市威灵仙野生种质资源共2份，分别归属于浦口区和主城区。具体种质资源信息见表86。

01：浦口区

仅分布于老山林场七佛寺分场。在198个样地中仅1个样地有2株，株高均小于1.3米。种群极小，分布集中。

02：主城区

分布于幕府山。在69个样地中仅3个样地有分布，共29株，株高均小于1.3米。种群小，分布较集中。

表86　威灵仙野生种质资源信息

种质资源编号	种质资源归属	林地名称	小地名	样地GPS坐标	数量/株
01	浦口区	老山林场七佛寺分场	吴家大洼	E118°37'12.09" N32°6'3.87"	2
02	主城区	幕府山		E118°47'25" N32°7'45"	25
		幕府山		E118°47'23" N32°7'45"	1
		幕府山	达摩洞景区上坡	E118°47'17" N32°7'47"	3

毛果铁线莲 *Clematis peterae* var. *trichocarpa* W. T. Wang

【**别名**】大木通

【**科属**】毛茛科（Ranunculaceae）铁线莲属（*Clematis*）

【**树种简介**】藤本。一回羽状复叶，有 5 小叶，偶尔基部一对为 3 小叶；小叶片卵形或长卵形，少数卵状披针形，顶端常锐尖或短渐尖，少数长渐尖，基部圆形或浅心形，边缘疏生一至数个以至多个锯齿状牙齿或全缘，两面疏生短柔毛至近无毛。圆锥状聚伞花序多花；花直径 1.5~2 厘米，白色，倒卵形至椭圆形，长 0.7~1.1 厘米，顶端钝。瘦果卵形，稍扁平，有柔毛，长约 4 毫米，宿存花柱长达 3 厘米。花期 6~8月，果期 9~12 月。分布于四川（海拔 600~2400 米）、甘肃南部（900~1800 米）、陕西南部（700~1900 米）、河南西部和南部（600~1120 米）、湖北、湖南、江西、浙江北部、江苏、安徽淮河以南。常生于山坡、山谷、溪边灌丛或山脚路边。全株入药，具有清热、利尿、止痛的功效，可用于治疗湿热淋病、小便不通、水肿、膀胱炎、肾盂肾炎、脚气水肿、闭经、头痛等；外用可治风湿性关节炎。

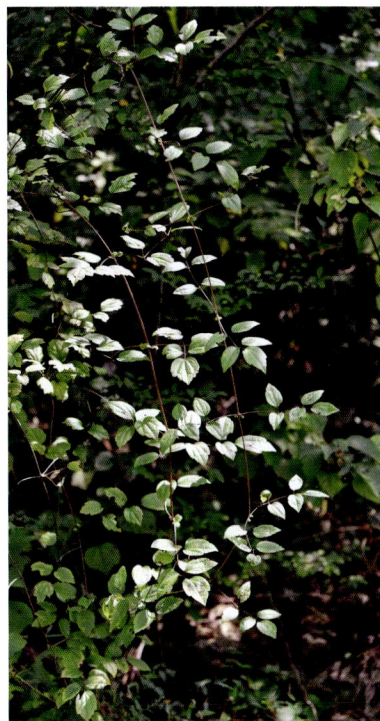

【**种质资源**】南京市毛果铁线莲野生种质资源仅 1 份，归属于浦口区。具体种质资源信息见表 87。

01：浦口区

主要分布于老山林场平坦分场、东山分场和铁路林分场，星甸杜仲林场和定山林场也有少量分布。在 198 个样地中 8 个样地有分布，共 82 株，植株高度均小于 1.3 米。种群较小，分布相对分散。

表87　毛果铁线莲野生种质资源信息

种质资源编号	种质资源归属	林地名称	小地名	样地GPS坐标	数量/株
01	浦口区	老山林场平坦分场	枣核山	E118°30′26.25″ N32°4′5.79″	5
		老山林场平坦分场	小马腰与大马腰间	E118°30′6.71″ N32°3′30″	10
		老山林场平坦分场	蛇山	E118°31′53.18″ N32°5′45.21″	1
		老山林场东山分场	乌龟驮金书	E118°37′33.81″ N32°7′2.82″	50
		老山林场铁路林分场	采石场旁	E118°39′22.55″ N32°8′19.15″	10
		星甸杜仲林场	大槽洼	E118°23′55.09″ N32°2′33.68″	1
		星甸杜仲林场	水井山	E118°24′59.68″ N32°3′17.16″	2
		定山林场	定山寺旁	E118°39′3.81″ N32°7′51.05″	3

圆锥铁线莲 *Clematis terniflora* DC.

【别名】铜脚威灵仙、蟹珠眼草、铜威灵、小叶力刚、黄药子

【科属】毛茛科（Ranunculaceae）铁线莲属（*Clematis*）

【树种简介】木质藤本。茎、小枝有短柔毛，后近无毛。一回羽状复叶，通常 5 小叶，茎基部为单叶或三出复叶；小叶片狭卵形至宽卵形，有时卵状披针形，顶端钝或锐尖，有时微凹或短渐尖，基部圆形、浅心形或为楔形，全缘。圆锥状聚伞花序腋生或顶生，多花，长 5~15（19）厘米，较开展；萼片通常 4，开展，白色，狭倒卵形或长圆形，顶端锐尖或钝。瘦果橙黄色。花期 6~8 月，果期 8~11 月。主要分布于陕西东南部、河南南部、湖北、湖南北部、江西、浙江、江苏、安徽淮河以南；朝鲜、日本也有分布。喜石灰质土壤，常生于海拔 400 米以下的山地、丘陵的林边或路旁草丛中。根可入药，具有凉血、降火、解毒的功效，用于治疗恶肿、疮瘘、蛇犬咬伤等。

【种质资源】南京市圆锥铁线莲野生种质资源 3 份，分别归属于浦口区、栖霞区和高淳区。具体种质资源信息见表88。

01：浦口区

分布于老山林场平坦分场、七佛寺分场和星甸杜仲林场。在 198 个样地中 7 个样地有分布，共 36 株，植株高度均小于 1.3 米。种群小，分布相对集中。

02：栖霞区

分布于栖霞山和仙林街道灵山。在 44 个样地中有 3 个样地有分布，共 10 株，植株高度均小于 1.3 米。种群极小，分布较分散。

03：高淳区

分布于游子山林场。在 53 个样地中仅 1 个样地有分布，共 4 株，植株高度均小于 1.3 米。种群极小，分布集中。

表88　圆锥铁线莲野生种质资源信息

种质资源编号	种质资源归属	林地名称	小地名	样地GPS坐标	数量/株
01	浦口区	老山林场平坦分场	小马腰下	E118°30'53.15" N32°3'25.44"	5
		老山林场平坦分场	小马腰与大马腰间	E118°30'6.71" N32°3'30.01"	10
		老山林场七佛寺分场	吴家大洼	E118°37'12.09" N32°6'3.87"	1
		老山林场七佛寺分场	黄山岭	E118°35'32.83" N32°5'46.91"	2
		老山林场七佛寺分场	老母猪沟	E118°36'34.76" N32°6'21.58"	1

（续）

种质资源编号	种质资源归属	林地名称	小地名	样地GPS坐标	数量/株
01	浦口区	星甸杜仲林场	山喷码子	E118°24'30.16" N32°3'9.77"	15
		星甸杜仲林场	宝塔洼子	E118°24'40.22" N32°3'48.26"	2
02	栖霞区	栖霞山		E118°57'34.38" N32°9'15.58"	1
		仙林街道	灵山	E118°56'5.85" N32°5'24.51"	8
		仙林街道	灵山	E118°55'42.67" N32°5'24.8"	1
03	高淳区	游子山林场	花山游山道上部道旁	E118°57'46.49" N31°16'10.91"	4

木通 *Akebia quinata*（Thunb. ex Houtt.）Decne.

【别名】海风藤、活血藤、八月炸藤、野木瓜、羊开口、五拿绳、野香蕉、山黄瓜、万年藤、丁年藤、附通子、丁翁、附支、通草、山通草

【科属】木通科（Lardizabalaceae）木通属（*Akebia*）

【树种简介】落叶木质藤本。茎纤细，圆柱形，缠绕，茎皮灰褐色，有圆形、小而凸起的皮孔。掌状复叶互生或在短枝上簇生，通常有小叶 5 片，偶有 3~4 片或 6~7 片；小叶纸质，倒卵形或倒卵状椭圆形，先端圆或凹入，具小凸尖，基部圆或阔楔形，上面深绿色，下面青白色。伞房花序式的总状花序腋生，长 6~12 厘米，疏花，基部有雌花 1~2 朵，以上 4~10 朵为雄花；花略芳香。雄花：花梗纤细，长 7~10 毫米；萼片通常 3，有时 4 片或 5 片，淡紫色，偶有淡绿色或白色。雌花：花梗细长，长 2~4（5）厘米；萼片暗紫色，偶有绿色或白色，阔椭圆形至近圆形。果孪生或单生，长圆形或椭圆形，长 5~8 厘米，直径 3~4 厘米，成熟时紫色，腹缝开裂；种子多数，不规则多行排列，着生于白色、多汁的果肉中。花期 4~5 月，果期 6~8 月。主产我国长江流域各省份；日本和朝鲜有分布。喜温暖气候，不耐寒，喜半阴环境和湿润、富含腐殖质、排水良好的酸性土壤，中性土也能适应。茎、根和果实均可入药，具有利尿、通乳、消炎之功效，可用于治疗风湿关节炎和腰痛；果味甜可食，种子榨油可制肥皂。

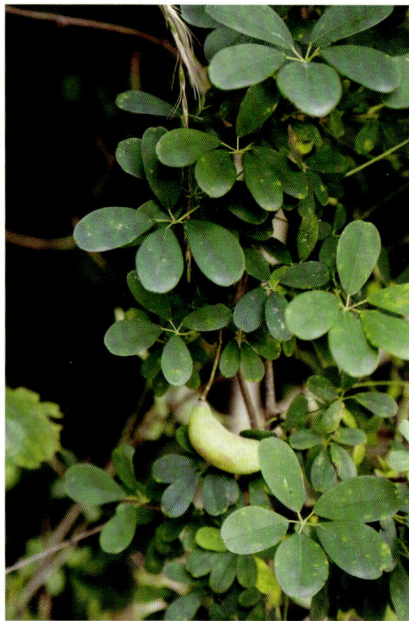

【种质资源】南京市木通野生种质资源共 2 份，分别归属于浦口区和主城区。具体种质资源信息见表89。

01：浦口区

分布于老山林场平坦分场、西林分场、狮子岭分场、七佛寺分场、东山分场、铁路林分场，星甸杜仲林场，定山林场和大桥林场。在 198 个样地中 53 个样地有分布，总数 1966 株，其中 1963 株株高小于 1.3 米，3 株胸径在 1~5 厘米。种群极大，分布分散。

02：主城区

分布于紫金山、九华山、幕府山。在 69 个样地中 15 个样地有分布，共 164 株，其中在幕府山的 13 个样地中就有 151 株。种群较大，分布较集中。

表89　木通野生种质资源信息

种质资源编号	种质资源归属	林地名称	小地名	样地GPS坐标	数量/株
01	浦口区	老山林场平坦分场	横山沟旁	E118°31′14.43″ N32°4′19.78″	5
		老山林场平坦分场	杨船山	E118°31′55.15″ N32°4′32.56″	1

（续）

种质资源编号	种质资源归属	林地名称	小地名	样地GPS坐标	数量/株
		老山林场平坦分场	大姑山	E118°30′24.14″ N32°4′4.44″	30
		老山林场平坦分场	埋娃山	E118°30′11.78″ N32°3′34.64″	100
		老山林场平坦分场	大鸡山	E118°30′30.27″ N32°3′40.25″	30
		老山林场平坦分场	匪集场山后	E118°31′58.93″ N32°4′11.24″	50
		老山林场平坦分场	匪集场道旁	E118°32′1.92″ N32°4′24.81″	50
		老山林场平坦分场	麒麟洼	E118°32′36.25″ N32°3′56.41″	100
		老山林场平坦分场	短喷	E118°33′35.86″ N32°5′28.78″	50
		老山林场平坦分场	平阳山	E118°33′37.72″ N32°4′60″	10
		老山林场平坦分场	老山隧道	E118°34′8.04″ N32°5′2.83″	30
		老山林场平坦分场	蛇地	E118°33′59.25″ N32°5′39.57″	30
		老山林场平坦分场	大平山	E118°33′51.02″ N32°4′18.2″	100
01	浦口区	老山林场平坦分场	虎洼二号洞口	E118°33′32.28″ N32°4′55.29″	100
		老山林场平坦分场	虎洼九龙山	E118°32′58.06″ N32°4′31.75″	100
		老山林场平坦分场	门坎里—大小女儿山	E118°32′19.61″ N32°4′25.97″	30
		老山林场西山林场	西山—九峰寺旁	E118°25′41.49″ N32°3′45.74″	30
		老山林场西山林场	西山—杨喷后	E118°26′5.77″ N32°4′18.59″	101
		老山林场狮子岭分场	大洼口—狮平路	E118°33′57.22″ N32°5′37.83″	30
		老山林场狮子岭分场	兴隆寺旁	E118°31′36.08″ N32°3′5.09″	20
		老山林场狮子岭分场	石门	E118°34′48.44″ N32°4′5.02″	22
		老山林场七佛寺分场	吴家大洼	E118°37′12.09″ N32°6′3.87″	30
		老山林场七佛寺分场	四道桥	E118°37′36.45″ N32°6′6.55″	80
		老山林场七佛寺分场	黄山岭	E118°35′32.83″ N32°5′46.91″	20

（续）

种质资源编号	种质资源归属	林地名称	小地名	样地GPS坐标	数量/株
01	浦口区	老山林场七佛寺分场	黑桃洼	E118°35′33.9″ N32°6′34.8″	40
		老山林场七佛寺分场	老鹰山	E118°36′40.25″ N32°6′24.7″	30
		老山林场七佛寺分场	老母猪沟	E118°36′34.76″ N32°6′21.58″	15
		老山林场七佛寺分场	分场场部旁	E118°36′11.86″ N32°5′28.29″	11
		老山林场东山分场	小庙南坡	E118°48′11.99″ N32°6′38.27″	50
		老山林场东山分场	椅子山	E118°37′30.87″ N32°6′45.48″	10
		老山林场东山分场	椅子山顶	E118°37′49.14″ N32°6′44.1″	30
		老山林场东山分场	乌龟驼金书	E118°37′33.81″ N32°7′2.82″	100
		老山林场东山分场	龙爪洼	E118°37′59.99″ N32°7′29.05″	10
		老山林场铁路林分场	实验林旁	E118°40′51.19″ N32°8′58.53″	30
		老山林场铁路林分场	羊鼻山脊	E118°40′49.98″ N32°8′52.38″	15
		老山林场铁路林分场	采石场旁	E118°39′22.55″ N32°8′19.15″	100
		星甸杜仲林场	观音洞下	E118°23′35.7″ N32°3′15.64″	10
		星甸杜仲林场	观音洞下	E118°23′35.04″ N32°3′16.09″	20
		星甸杜仲林场	山喷码子	E118°24′30.16″ N32°3′9.77″	30
		星甸杜仲林场	山喷码字上	E118°24′31.92″ N32°3′10.73″	30
		星甸杜仲林场	山喷码字上	E118°24′32.34″ N32°3′9.2″	20
		星甸杜仲林场	水井山	E118°24′59.68″ N32°3′17.16″	50
		星甸杜仲林场	亭子山	E118°24′1.49″ N32°3′0.46″	30
		星甸杜仲林场	宝塔洼子	E118°24′39.44″ N32°3′43.16″	15
		星甸杜仲林场	独山西	E118°24′38.81″ N32°3′48.84″	10
		定山林场	定山林场	E118°39′6.01″ N32°7′38″	20

（续）

种质资源编号	种质资源归属	林地名称	小地名	样地GPS坐标	数量/株
01	浦口区	定山林场	定山林场	E118°39′11.87″ N32°7′53.96″	20
		定山林场	定山林场	E118°39′34.97″ N32°7′51.6″	20
		定山林场	珍珠泉内	E118°39′11.18″ N32°7′58.04″	3
		定山林场	定山寺旁	E118°39′3.81″ N32°7′51.05″	6
		定山林场	佛手湖	E118°38′55.2″ N32°6′37.44″	10
		大桥林场	老虎洞	E118°41′13.35″ N32°9′24.49″	52
		大桥林场	石头山	E118°38′54.1″ N32°8′4.25″	30
02	主城区	紫金山		E118°50′33″ N32°4′8″	5
		九华山	弥勒佛坡上	E118°48′15″ N32°3′41″	8
		幕府山	窑上村入口处左上方	E118°47′43″ N32°7′38″	27
		幕府山		E118°47′25″ N32°7′46″	5
		幕府山		E118°47′23″ N32°7′45″	5
		幕府山		E118°47′13″ N32°7′48″	3
		幕府山	达摩洞景区下坡	E118°47′54″ N32°7′58″	3
		幕府山	仙人对弈	E118°48′4″ N32°8′19″	13
		幕府山	半山禅院上中	E118°48′4″ N32°8′14″	4
		幕府山	半山禅院上	E118°47′58″ N32°8′1″	2
		幕府山	仙人对弈左坡	E118°48′5″ N32°8′10″	1
		幕府山	仙人对弈左中坡	E118°48′6″ N32°8′16″	9
		幕府山	仙人对弈下坡	E118°48′5″ N32°8′16″	12
		幕府山	三台洞	E118°1′0″ N31°21′0.02″	60
		幕府山	三台洞（仙人台）下坡	E118°48′0.04″ N32°8′0.28″	7

五月瓜藤 *Holboellia angustifolia* Wallich

【别名】五风藤、五枫藤、紫花牛姆瓜、腊支、黄蜡藤、白果藤、八月果、王月藤、豆子、野梅、预知子、野人瓜、五加藤、狭叶八月瓜

【科属】木通科（Lardizabalaceae）八月瓜属（*Holboellia*）

【树种简介】常绿木质藤本。茎与枝圆柱形，灰褐色，具线纹。掌状复叶有小叶（3）5~7（9）片；小叶近革质或革质，线状长圆形、长圆状披针形至倒披针形，先端渐尖、急尖、钝或圆，有时凹入，基部钝、阔楔形或近圆形，边缘略背卷，上面绿色，有光泽，下面苍白色，密布极微小的乳突。花雌雄同株，红色、紫红色、暗紫色、绿白色或淡黄色，数朵组成伞房式的短总状花序；雄花花瓣极小，近圆形，直径不及1毫米；雌花紫红色，花瓣小，卵状三角形，宽0.4毫米。果紫色，长圆形，长5~9厘米，顶端圆而具凸头；种子椭圆形，长5~8毫米，厚4~5毫米，种皮褐黑色，有光泽。花期4~5月，果期7~8月。主产云南、贵州、四川、湖北、湖南、陕西、安徽、广西、广东和福建。喜温暖湿润气候，耐阴，稍畏寒，要求在凉爽通风的环境中生长，对土壤要求不严，但在疏松肥沃、富含有机质的黄色砂质土壤中生长最好；常生于海拔500~3000米的山坡杂木林及沟谷林中。缠绕性强，适合在花架、花廊攀缘，叶形奇特，状若五指，错落有致，观赏值较高。花开时节，紫白相间，极为美丽，芳香四溢，在庭院的绿化、美化中占特殊地位。植株可入药，具有祛风除湿、活血止痛、宽胸行气的功效。果可食，种子含油40%，可榨油。

【种质资源】南京市五叶瓜藤野生种质资源仅1份，归属于栖霞区。具体种质资源信息见表90。

01：栖霞区

分布于兴卫山、栖霞山、西岗街道、大普塘水库、灵山和何家山。在44个样地中17个样地有分布，共144株，其中，21株植株地径在1~5厘米，123株植株高度小于1.3米。种群较大，分布分散。

表90 五叶瓜藤野生种质资源信息

种质资源编号	种质资源归属	林地名称	小地名	样地GPS坐标	数量/株
01	栖霞区	兴卫山		E118°50'40.74" N32°5'57.12"	7
		兴卫山	兴卫山东南坡	E118°50'40.74" N32°5'57.12"	6
		兴卫山		E118°50'44.28" N32°5'58.56"	14
		兴卫山		E118°50'50.99" N32°5'58.33"	15
		兴卫山	兴卫山北坡	E118°50'24.34" N32°6'0.26"	1

（续）

种质资源编号	种质资源归属	林地名称	小地名	样地GPS坐标	数量/株
01	栖霞区	栖霞山		E118°57'29.02" N32°9'17.68"	3
		栖霞山		E118°57'29.21" N32°9'14.1"	8
		栖霞山		E118°57'34.38" N32°9'15.58"	4
		栖霞山		E118°57'43.25" N32°9'18.53"	10
		栖霞山		E118°57'19.63" N32°9'23.78"	1
		栖霞山		E118°57'19.16" N32°9'23.65"	7
		西岗街道	西岗果牧场场部对面 山头南坡	E118°58'45.05" N32°5'46.39"	1
		大普塘水库		E118°55'24.02" N32°5'3.29"	5
		灵山		E118°55'42.67" N32°5'24.8"	15
		灵山		E118°55'53.71" N32°5'14.85"	7
		灵山		E118°55'54.7" N32°5'14.54"	38
		何家山		E118°57'22.38" N32°8'45.96"	2

钝药野木瓜　*Stauntonia obovata* Hemsley

【别名】芽曲藤、艾口藤、八月瓜、九月黄、倒卵叶野木瓜、绕绕藤、拿藤包、台湾野木瓜、阿里野木瓜、五叶木通

【科属】木通科（Lardizabalaceae）野木瓜属（*Stauntonia*）

【树种简介】木质藤本，全体无毛。茎和枝纤细，有线纹。掌状复叶有小叶 3~5（6）片；叶柄纤细，长 2~6（8）厘米；小叶薄革质，形状和大小变化很大，通常倒卵形，有时为长圆形、阔椭圆形或倒披针形，侧生小叶有时略偏斜，先端圆，有时急尖或渐尖，基部楔形至阔楔形，边缘略背卷，上面深绿色，有光泽，下面粉白绿色。总状花序 2~3 个簇生于叶腋，少花；花雌雄同株，白带淡黄色。雄花：外轮萼片卵状披针形，先端渐尖，边缘稍内卷，内轮萼片线状披针形，无花瓣。雌花萼片和雄花的相似。果椭圆形或卵形，干时褐黑色，果皮外面密布小疣点。花期 2~4 月，果期 9~11 月。主产福建、台湾、广东、广西、香港、江西、湖南、四川。常生于海拔 300~800 米的山地山谷疏林或密林中，尚未见人工栽培。

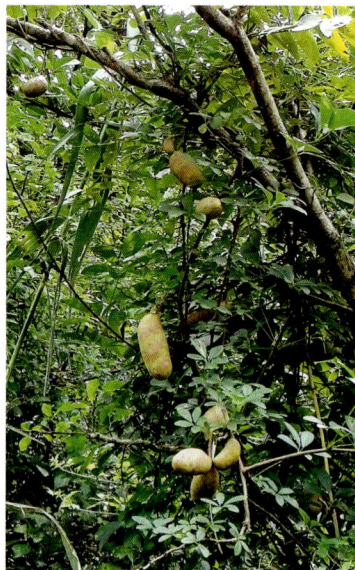

【种质资源】南京市钝药野木瓜野生种质资源仅 1 份，归属于江宁区。具体种质资源信息见表 91。

01：江宁区

分布于方山、汤山林场、东山街道林场、孟塘社区、青林社区、古泉社区、东善桥林场和横溪街道，以方山分布较多。在 223 个样地中 13 个样地有分布，共 41 株，植株高度均小于 1.3 米。种群较小，分布分散。

表91　钝药野木瓜野生种质资源信息

种质资源编号	种质资源归属	林地名称	小地名	样地GPS坐标	数量/株
01	江宁区	方山	朴树林	E118°52′0.76″ N31°53′35.37″	29
		汤山林场长山工区	青龙山	E118°54′5.29″ N31°58′48.85″	1
		汤山林场佘村工区	青龙山	E118°56′26.21″ N32°0′9.95″	1
		东山街道林场		E118°55′58.48″ N31°57′44.99″	1
		汤山林场龙泉工区		E118°58′9.72″ N32°0′12.98″	1
		孟塘社区	培山	E119°3′0.94″ N32°4′50.44″	1
		青林社区	白露头	E119°25′33.41″ N32°4′52.23″	1
		青林社区	文山	E119°4′26.23″ N32°4′46.18″	1
		青林社区	孤山堰	E119°4′55.18″ N32°5′2.1″	1
		古泉社区		E119°1′35.52″ N32°2′42.85″	1
		东善桥林场横山工区		E118°48′14.69″ N31°37′17.87″	1
		东善桥林场横山分场		E118°49′26.97″ N31°38′12.31″	1
		横溪街道横溪	线路段编号 009	E118°41′15.45″ N31°45′8.48″	1

木防己 *Cocculus orbiculatus*（L.）DC.

【别名】土木香、青藤香

【科属】防己科（Menispermaceae）木防己属（*Cocculus*）

【树种简介】木质藤本。小枝被茸毛至疏柔毛，或有时近无毛，有条纹。叶片纸质至近革质，形状变异极大，自线状披针形至阔卵状近圆形、狭椭圆形至近圆形、倒披针形至倒心形，有时卵状心形，顶端短尖或钝而有小凸尖，有时微缺或2裂，边全缘或3裂，有时掌状5裂。聚伞花序少花，腋生，或排成多花，狭窄聚伞圆锥花序，顶生或腋生，长可达10厘米或更长。核果近球形，红色至紫红色，径通常7~8毫米；果核骨质，径5~6毫米，背部有小横肋状雕纹。我国大部分地区都有分布（西北部和西藏尚未见过），以长江流域中下游及其以南各省份常见；广布于亚洲东南部和东部以及夏威夷群岛。喜湿润的土壤，较耐干旱，喜温暖，较耐寒，喜日光充足的环境，一般选择土壤肥沃的地区种植为宜；常生于灌丛、村边、林缘等处。整株可入药，可用于治疗风湿关节痛、肋间神经痛、急性肾炎、尿路感染、高血压病、风湿性心脏病、水肿，还可用于治疗毒蛇咬伤。

【种质资源】南京市木防己野生种质资源共5份，分别归属于六合区、浦口区、栖霞区、江宁区和高淳区。具体种质资源信息见表92。

01：六合区

仅分布于平山林场。在81个样地中3个样地有分布，共38株，植株高度均小于1.3米。种群较小，分布较分散。

02：浦口区

分布于老山林场西山分场和星甸杜仲林场。在198个样地中3个样地有分布，共12株，植株高度均小于1.3米。种群极小，分布分散。

03：栖霞区

分布于兴卫山、栖霞山、灵山、仙鹤山、羊山和北象山。在44个样地中7个样地有分布，共11株，植株高度均小于1.3米。种群极小，分布分散。

04：江宁区

分布于汤山林场、青林社区、东善桥林场和青山社区。在223个样地中7个样地有分布，共7株，植株高度均小于1.3米。种群极小，分布分散。

05：高淳区

集中分布于青山林场，大山林场、大荆山林场和游子山林场也有少量分布。在53个样地中8个样地有分布，共110株，植株高度均小于1.3米。种群较大，分布相对分散。

表92　木防己野生种质资源信息

种质资源编号	种质资源归属	林地名称	小地名	样地GPS坐标	数量/株
01	六合区	平山林场	梅花鹿养殖场	E118°50′9″ N32°30′10″	8
		平山林场	骡子山	E118°49′44″ N32°29′10″	15
		平山林场	骡子山	E118°50′14″ N32°28′52″	15
02	浦口区	老山林场西山分场	万隆护林点后	E118°26′48.01″ N32°2′59.19″	10
		星甸杜仲林场	大槽洼	E118°23′55.09″ N32°2′33.68″	1
		星甸杜仲林场	华济山	E118°23′47.84″ N32°3′13.33″	1
03	栖霞区	兴卫山	兴卫山东南坡	E118°50′40.74″ N32°5′57.12″	1
		兴卫山		E118°50′40.74″ N32°5′57.13″	1
		栖霞山		E118°57′37.69″ N32°9′15.78″	1
		灵山		E118°56′5.85″ N32°5′24.51″	4
		仙鹤山		E118°53′34.52″ N32°6′17.19″	2
		羊山		E118°55′56.24″ N32°6′47.59″	1
		北象山		E118°56′31.92″ N32°9′16.62″	1
04	江宁区	汤山林场黄栗墅工区	土地山	E119°1′13.38″ N32°4′5.95″	1
		青林社区	白露头	E119°5′41.22″ N32°5′18.96″	1
		青林社区	白露头	E119°5′30.3″ N32°5′15.17″	1
		东善桥林场云台工区		E118°43′4.99″ N31°43′0.56″	1
		东善桥林场横山分场	山下坡、溪水处	E118°52′34.94″ N31°42′12.6″	1
		东善桥林场横山分场		E118°49′26.97″ N31°38′12.31″	1
		青山社区	汤山街道	E118°56′59.76″ N31°57′50.98″	1
		大山林场	大山游行道旁中段	E119°5′4.84″ N31°25′6.95″	2
		大山林场	大山寺旁	E119°5′6.77″ N31°25′5.43″	1
05	高淳区	大荆山林场	皇家塞	E118°8′32.27″ N32°26′14.77″	2
		游子山林场	真武庙前	E119°0′36.12″ N31°20′49.65″	3
		游子山林场	青阳殿对面	E119°0′36.83″ N31°20′32.92″	17
		青山林场	林业队	E118°3′39.43″ N31°22′8.71″	5
		青山林场	林业队	E119°3′50.46″ N31°22′7.26″	50
		青山林场	林业队	E119°3′42.58″ N31°22′16.38″	30

千金藤 *Stephania japonica*（Thunb.）Miers

【**科属**】防己科（Menispermaceae）千金藤属（*Stephania*）

【**树种简介**】稍木质藤本，全株无毛。根条状，褐黄色；小枝纤细，有直线纹。叶纸质或坚纸质，通常三角状近圆形或三角状阔卵形，长6~15厘米，通常不超过10厘米，长度与宽度近相等或略小，顶端有小凸尖，基部通常微圆，下面粉白。复伞形聚伞花序腋生，通常有伞梗4~8条，小聚伞花序近无柄，密集呈头状；花近无梗，雄花花瓣3或4，黄色，稍肉质，阔倒卵形；雌花萼片和花瓣各3~4片。果倒卵形至近圆形，长约8毫米，成熟时红色。主产河南南部、重庆、湖北、湖南、江苏、浙江、安徽、江西、福建；日本、朝鲜、菲律宾、汤加群岛、社会群岛、印度尼西亚、印度和斯里兰卡均有分布。喜暖、喜湿、喜光或半阴，不耐寒，适生于排水良好、肥沃疏松的砂质壤土。植株可入药，具有抗炎镇痛、抗病毒、免疫调节、抗心律失常等功效。果实为红色球形，叶形奇特且容易繁殖，可在庭院和厂矿单位作为垂直绿化植物；块根富含淀粉，可用于酿酒和制作食品。

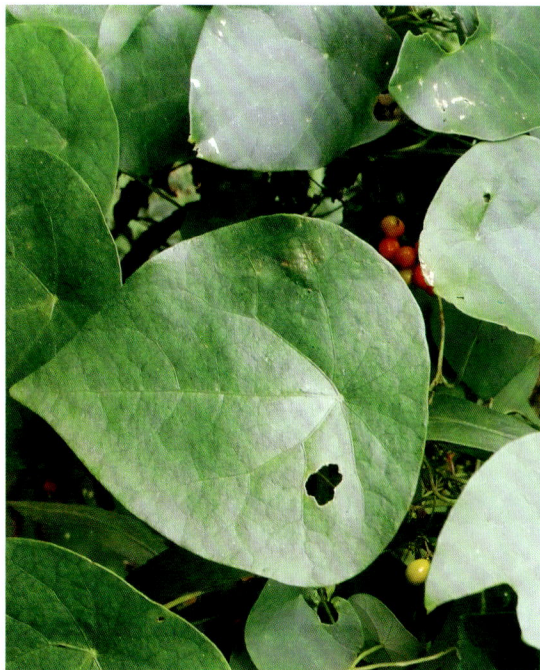

【**种质资源**】南京市千金藤野生种质资源共4份，分别归属于浦口区、栖霞区、江宁区和主城区。具体种质资源信息见表93。

01：浦口区

分布于老山林场平坦分场、七佛寺分场和星甸杜仲林场。在198个样地中5个样地有分布，共5株，植株地径均小于1厘米。种群极小，分布分散。

02：栖霞区

分布于灵山、仙鹤山和南象山。在44个样地中3个样地有分布，共9株，其中，5株株高小于1.3米，4株地径1~5厘米。种群极小，分布分散。

03：江宁区

分布于东善桥林场、天龙山、牛首山和洪幕社区，其中东善桥林场分布最多。在223个样地中9个样地有分布，共11株，其中8株高度小于1.3米，3株胸径在1~10厘米，平均胸径6.2厘米。种群极小，分布分散。

04：主城区

分布于幕府山。在69个样地中仅1个样地有12株，高度均小于1.3米。种群极小，分布集中。

表93　千金藤野生种质资源信息

种质资源编号	种质资源归属	林地名称	小地名	样地GPS坐标	数量/株
01	浦口区	老山林场平坦分场	虎洼山脊	E118°33′25.82″ N32°3′46.15″	1
		老山林场七佛寺分场	老鹰山	E118°36′40.25″ N32°6′24.7″	
		老山林场平坦分场	匪集场道旁	E118°31′58.93″ N32°4′11.24″	1
		星甸杜仲林场	东常山	E118°24′17.24″ N32°3′28.39″	3
		星甸杜仲林场	林业队	E118°24′19.91″ N32°3′29.56″	
02	栖霞区	灵山		E118°56′5.85″ N32°5′24.51″	5
		仙鹤山		E118°53′34.52″ N32°6′17.19″	1
		南象山	南象山衡阳寺	E118°55′50.16″ N32°8′8.7″	3
03	江宁区	东善桥林场云台工区	鸡笼山	E118°41′59.67″ N31°41′55″	1
		东善桥林场横山工区		E118°47′25.39″ N31°38′23.59″	3
		东善桥林场东善分场		E118°46′36.6″ N31°51′47.19″	1
		东善桥林场横山分场		E118°52′34.94″ N31°42′12.6″	1
		铜山分场		E118°51′19.43″ N31°39′58.42″	1
		铜山分场		E118°52′08.1″ N31°41′13.63″	1
		天龙山		E118°58′25.06″ N32°0′23.31″	1
		牛首山		E118°44′20.55″ N31°54′44.01″	1
		洪幕社区		E118°34′39.49″ N31°45′04.61″	1
04	主城区	幕府山		E118°47′23″ N32°7′45″	12

清风藤 *Sabia japonica* Maxim.

【科属】清风藤科（Sabiaceae）清风藤属（*Sabia*）

【树种简介】落叶攀缘木质藤本。嫩枝绿色，被细柔毛，老枝紫褐色，具白蜡层，常留有木质化呈单刺状或双刺状的叶柄基部。叶近纸质，卵状椭圆形、卵形或阔卵形，叶面深绿色，中脉有稀疏毛，叶背带白色，脉上被稀疏柔毛。花先叶开放，单生于叶腋，基部有苞片4枚，苞片倒卵形；花瓣5片，淡黄绿色，倒卵形或长圆状倒卵形。分果爿近圆形或肾形，直径约5毫米；核有明显的中肋，两侧面具蜂窝状凹穴，腹部平。花期2~3月，果期4~7月。主产江苏、安徽、浙江、福建、江西、广东、广西；日本也有分布。喜阴凉湿润的气候，在雨量充沛、云雾多、土和空气湿度大的条件下，植株生长健壮，要求含腐殖质多而肥沃的砂质土栽培为宜，一般生长于海拔800米以下的山谷、林缘或灌木林中。茎叶或根均可入药，具有祛风利湿、活血解毒之功效，主治风湿痹痛、水肿、脚气、跌打肿痛、骨折、深部脓肿、骨髓炎、皮肤瘙痒等症；还常用于园林景观的藤架栽培。

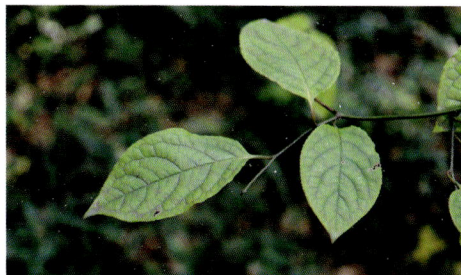

【种质资源】南京市清风藤野生种质资源共2份，分别归属于浦口区和江宁区。具体种质资源信息见表94。

01：浦口区

分布于老山林场东山分场。在198个样地中仅1个样地有2株，株高均小于1.3米。种群极小，分布集中。

02：江宁区

分布于汤山林场、铜山林场管理区、横溪街道、牛首山、洪幕社区、天台山和秣陵街道，其中牛首山分布最多。在223个样地中12个样地有分布，共47株，株高均小于1.3米。种群小，分布分散。

表94　清风藤野生种质资源信息

种质资源编号	种质资源归属	林地名称	小地名	样地GPS坐标	数量/株
01	浦口区	老山林场东山分场	小庙南坡	E118°48′12″ N32°6′38.27″	2
02	江宁区	汤山林场龙泉工区		E118°58′18.73″ N32°0′11.84″	1
		铜山林场管理区		E118°52′1.25″ N31°39′1.29″	1
		横溪街道横溪	枣山	E118°42′19.89″ N31°46′38.04″	1
		牛首山		E118°44′43.64″ N31°53′23.64″	35
		洪幕社区		E118°34′42.5″ N31°44′52.9″	2
		天台山	石塘	E118°41′43.03″ N31°43′8.6″	1
		横溪街道	横溪	E118°41′9.8″ N31°45′10.41″	1
		横溪街道云台山		E118°40′54.91″ N31°42′6.43″	1
		横溪街道云台山		E118°40′48.91″ N31°42′13.9″	1
		横溪街道横溪		E118°40′53.86″ N31°42′7.02″	1
		横溪街道横溪		E118°40′39.1″ N31°41′53.59″	1
		秣陵街道将军山		E118°46′13.43″ N31°56′12.86″	1

薜荔 *Ficus pumila* L.

【别名】木馒头、鬼馒头、冰粉子、凉粉果、木莲、凉粉子

【科属】桑科（Moraceae）榕属（*Ficus*）

【树种简介】攀缘或匍匐灌木。叶两型，不结果枝节上生不定根，叶卵状心形，薄革质，基部稍不对称，尖端渐尖，叶柄很短；结果枝上无不定根，革质，卵状椭圆形，先端急尖至钝形，基部圆形至浅心形，全缘，上面无毛，背面被黄褐色柔毛，网脉3~4对，在表面下陷，背面凸起，网脉甚明显，呈蜂窝状。榕果单生叶腋，瘿花果梨形，雌花果近球形，榕果幼时被黄色短柔毛，成熟黄绿色或微红；雄花生榕果内壁口部；雌花生另一植株榕一果内壁，花柄长，花被片4~5。瘦果近球形，有黏液。花果期5~8月。主产福建、江西、浙江、安徽、江苏、台湾、湖南、广东、广西、贵州、云南东南部、四川及陕西，我国北方偶有栽培；日本、越南北部也有分布。耐贫瘠，抗干旱，对土壤要求不严格，适应性强，幼株耐阴。多攀附在山脚、山窝以及沿河沙洲、公路两侧的古树、大树上和断墙残壁、古石桥、庭院围墙等。瘦果水洗可作凉粉，藤叶可入药用。

【种质资源】南京市薜荔野生种质资源共2份，分别归属于栖霞区和高淳区。具体种质资源信息见表95。

01：栖霞区

仅分布于栖霞山。在44个样地中2个样地有分布，共12株，株高均小于1.3米。种群极小，分布集中。

02：高淳区

分布于傅家坛林场。在53个样地中3个样地有分布，共93株，植株高度均小于1.3米。种群较大，分布集中。

表95　薜荔野生种质资源信息

种质资源编号	种质资源归属	林地名称	小地名	样地GPS坐标	数量/株
01	栖霞区	栖霞山		E118°57′26.93″ N32°9′18.98″	1
		栖霞山		E118°57′37.69″ N32°9′15.78″	11
02	高淳区	傅家坛林场	林科站	E119°5′21.32″ N31°14′54.49″	70
		傅家坛林场	顾子	E119°4′51.11″ N31°15′1.52″	20
		傅家坛林场	林科站	E119°5′21.71″ N31°14′54.97″	3

对萼猕猴桃 *Actinidia valvata* Dunn

【科属】猕猴桃科（Actinidiaceae）猕猴桃属（*Actinidia*）

【树种简介】中型落叶藤本。着花小枝淡绿色。叶近膜质，阔卵形至长卵形，顶端渐尖至浑圆形，基部阔楔形至截圆形，不下延或下延，两侧稍不对称；边缘有细锯齿，腹面绿色，背面稍淡，两面均无毛，叶脉不很发达，侧脉 5~6 对；叶柄水红色，无毛。花序 2~3 花或 1 花单生，白色，径约 2 厘米；萼片 2~3 片，卵形至长方卵形，长 6~9 毫米，两面均无毛或外面的中间部分略被微茸毛；花瓣 7~9 片，长方倒卵形，花药橙黄色，条状矩圆形。果成熟时橙黄色，卵珠状，稍偏肿，长 2~2.5 厘米，无斑点，顶端有尖喙，基部有反折的宿存萼片。主产华东地区，湖南、湖北也有分布。常生长于低山山谷丛林中。以其树形优美、藤本枝蔓可任意造型等优点而成为盆景果树的新宠；果肉富含维生素。

【种质资源】南京市对萼猕猴桃野生种质资源仅 1 份，归属于浦口区。具体种质资源信息见表 96。

01：浦口区

　　仅分布于老山林场七佛寺分场。在 198 个样地中仅 1 个样地有分布，共 15 株。种群极小，分布集中。

表96　对萼猕猴桃野生种质资源信息

种质资源编号	种质资源归属	林地名称	小地名	样地GPS坐标	数量/株
01	浦口区	老山林场七佛寺分场	老母猪沟	E118°36′30.89″ N 32°6′17.52″	15

云实 *Caesalpinia decapetala*（Roth）Alston

【科属】豆科（Fabaceae）云实属（*Caesalpinia*）

【树种简介】藤本植物，树皮暗红色。枝、叶轴和花序均被柔毛和钩刺。二回羽状复叶长 20~30 厘米；羽片 3~10 对，对生，具柄，基部有刺 1 对；小叶 8~12 对，膜质，长圆形，长 10~25 毫米，宽 6~12 毫米，两端近圆钝，两面均被短柔毛，老时渐无毛；托叶小，斜卵形，先端渐尖，早落。总状花序顶生，直立，长 15~30 厘米，具多花；总花梗多刺；花瓣黄色，膜质，圆形或倒卵形，盛开时反卷，基部具短柄。荚果长圆状舌形，脆革质，栗褐色，无毛，有光泽，沿腹缝线膨胀成狭翅，成熟时沿腹缝线开裂，先端具尖喙；种子椭圆状，种皮棕色。花果期 4~10 月。主产我国两广、两湖、江浙及云南、四川、江西、福建等地；在亚洲热带和温带地区有分布。喜光树种，耐半阴，喜温暖、湿润的环境，在肥沃、排水良好的微酸性壤土中生长为宜。茎、果可入药，具有发表散寒、活血通经、解毒杀虫之效，用于治疗筋骨疼痛、跌打损伤；种子有小毒，可用于治疗咳嗽痰喘、风热头痛、黄水疮。

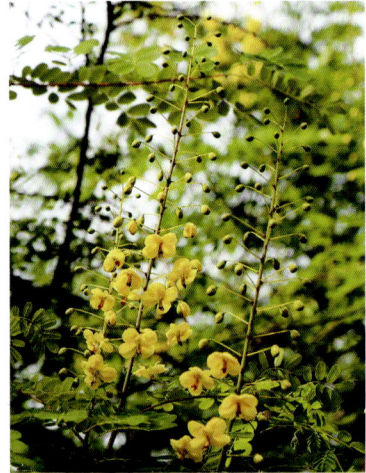

【种质资源】南京市云实野生种质资源共 3 份，分别归属于栖霞区、江宁区和高淳区。具体种质资源信息见表97。

01：栖霞区

分布于灵山。在 44 个样地中 2 个样地有分布，共 9 株，其中 8 株株高小于 1.3 米，1 株植株地径为 3 厘米。种群极小，分布集中。

02：江宁区

分布于青林社区和东善桥林场，其中青林社区分布最多。在 223 个样地中 3 个样地有分布，共 11 株，株高均小于 1.3 米。种群极小，分布相对集中。

03：高淳区

分布于游子山林场。在 53 个样地中仅 1 个样地有分布，共 1 株，高度小于 1.3 米。种群极小。

表97 云实野生种质资源信息

种质资源编号	种质资源归属	林地名称	小地名	样地GPS坐标	数量/株
01	栖霞区	灵山		E118°56'5.85" N32°5'24.51"	8
		灵山		E118°55'54.7" N32°5'14.54"	1
02	江宁区	青林社区	白露头	E119°5'41.22" N32°5'18.96"	9
		东善桥林场横山工区		E118°48'28.72" N31°37'13.83"	1
		青林社区	文山	E119°4'10.68" N32°5'12.67"	1
03	高淳区	游子山林场	花山游山道上部道旁	E118°57'46.76" N31°16'11.91"	1

葛 *Pueraria montana* var. *lobata*（Willdenow）Maesen & S. M. Almeida ex Sanjappa & Predeep

【别名】葛藤、野葛、野山葛、山葛藤、葛根

【科属】豆科（Fabaceae）葛属（*Pueraria*）

【树种简介】粗壮藤本，长可达 8 米，全体被黄色长硬毛。茎基部木质，有粗厚的块状根。羽状复叶具 3 小叶；托叶背着，卵状长圆形，具线条；小托叶线状披针形，与小叶柄等长或较长；小叶三裂，偶尔全缘，顶生小叶宽卵形或斜卵形，先端长渐尖，侧生小叶斜卵形。总状花序长 15~30 厘米，中部以上有颇密集的花；苞片线状披针形至线形，远比小苞片长；花 2~3 朵聚生于花序轴的节上；花萼钟形，被黄褐色柔毛；花冠长 10~12 毫米，紫色，旗瓣倒卵形，基部有 2 耳及 1 个黄色硬痂状附属体，具短瓣柄，翼瓣镰状，较龙骨瓣为狭，基部有线形、向下的耳，龙骨瓣镰状长圆形，基部有极小、急尖的耳；对旗瓣的 1 枚雄蕊仅上部离生。荚果长椭圆形，扁平，被褐色长硬毛。花期 9~10 月，果期 11~12 月。除新疆、青海及西藏外，分布几乎遍及全国；东南亚至澳大利亚亦有分布。喜温暖、潮湿环境，有一定的耐寒耐旱能力，以土层深厚、疏松、富含腐殖质的砂质壤土为佳。常生长于温暖、潮湿的坡地、沟谷、向阳矮小灌木丛中。葛根可供药用，具有解表退热、生津止渴、止泻的功效，并能改善高血压病人的项强、头晕、头痛、耳鸣等症状；茎皮纤维供织布和造纸用；葛根粉可用于解酒；还是一种良好的水土保持植物。

【种质资源】南京市葛藤种质资源共 3 份，分别归属于浦口区、栖霞区和高淳区。具体种质资源信息见表 98。

01：浦口区

分布于老山林场平坦分场、狮子岭分场，星甸杜仲林场和定山林场，其中老山林场范围内分布最多。在 198 个样地中 10 个样地有分布，共 105 株，其中，102 株高度小于 1.3 米（占总数的 97%），3 株地径在 1~10 厘米，最大胸径 9 厘米。种群较大，分布较分散。

02：栖霞区

分布于兴卫山、栖霞山、北象山、何家山和乌龙山。在 44 个样地中 7 个样地有分布，共 20 株，其中 2 株高度小于 1.3 米，18 株地径在 1~10 厘米。种群较小，分布分散。

03：高淳区

仅分布于傅家坛林场。在 53 个样地中 2 个样地有分布，共 9 株，其中 5 株高度小于 1.3 米，单株最大的地径 15 厘米。种群极小，分布分散。

表98　葛野生种质资源信息

种质资源编号	种质资源归属	林地名称	小地名	样地GPS坐标	数量/株
		老山林场平坦分场	横山沟旁	E118°31′14.43″ N32°4′19.78″	5
01	浦口区	老山林场平坦分场	枣核山	E118°30′26.25″ N32°4′5.79″	10
		老山林场平坦分场	匪集场道旁	E118°31′58.93″ N32°4′11.24″	30

（续）

种质资源编号	种质资源归属	林地名称	小地名	样地GPS坐标	数量/株
01	浦口区	老山林场平坦分场	匪集场道旁	E118°32′1.92″ N32°4′24.81″	10
		老山林场平坦分场	麒麟洼	E118°32′33.2″ N32°3′55.8″	30
		老山林场狮子岭分场	分场背后山	E118°33′0.83″ N32°3′51.44″	10
		老山林场狮子岭分场	石门	E118°34′48.44″ N32°4′5.02″	1
		星甸杜仲林场	独山西	E118°24′38.81″ N32°3′48.84″	7
		定山林场		E118°39′2.67″ N32°7′42.66″	1
		星甸杜仲林场	西山沟	E118°24′12.66″ N32°3′29.58″	1
02	栖霞区	兴卫山	兴卫山东南坡	E118°50′40.74″ N32°5′57.12″	1
		栖霞山		E118°57′19.16″ N32°9′23.65″	1
		北象山		E118°56′31.92″ N32°9′16.62″	1
		何家山		E118°57′22.38″ N32°8′45.96″	5
		何家山	何家山	E118°57′20.22″ N32°8′41.82″	6
		何家山	中眉心	E118°58′10.2″ N32°8′39.54″	2
		乌龙山	乌龙山炮台西南	E118°52′1.02″ N32°9′42.48″	4
03	高淳区	傅家坛林场	窑冲	E119°4′45.78″ N31°14′9.37″	3
		傅家坛林场	林科站	E119°4′49.68″ N31°14′38.97″	6

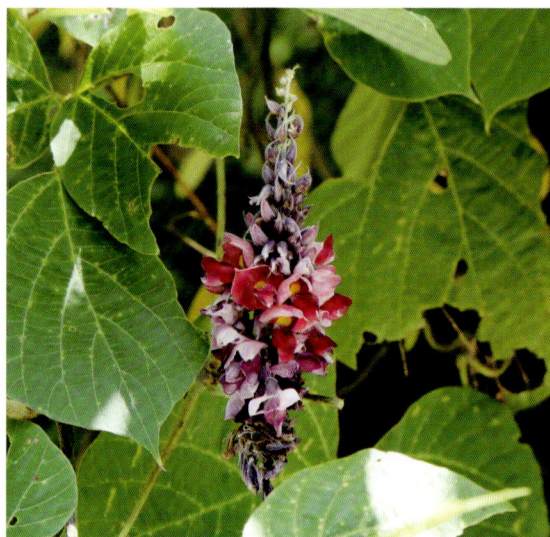

紫藤 *Wisteria sinensis*（Sims）DC.

【别名】紫藤萝

【科属】豆科（Fabaceae）紫藤属（*Wisteria*）

【树种简介】落叶藤本。茎左旋，枝较粗壮，嫩枝被白色柔毛，后秃净。奇数羽状复叶长15~25厘米；托叶线形，早落；小叶3~6对，纸质，卵状椭圆形至卵状披针形，上部小叶较大，基部1对最小，先端渐尖至尾尖，基部钝圆或楔形，或歪斜，嫩叶两面被平伏毛，后秃净。总状花序发自去年短枝的腋芽或顶芽，长15~30厘米，径8~10厘米，花长2~2.5厘米，芳香；花冠紫色，旗瓣圆形，先端略凹陷，花开后反折。荚果倒披针形，长10~15厘米，宽1.5~2厘米，密被茸毛；种子褐色，具光泽，圆形，扁平。花期4月中旬至5月上旬，果期5~8月。主产河北以南黄河长江流域及陕西、河南、广西、贵州、云南。对气候和土壤适应性较强，较耐寒，能耐水湿及瘠薄土壤，喜光，较耐阴，以向阳背风的地方栽培最适宜。对二氧化硫和硫化氢等有害气体有较强的抗性，对空气中的灰尘有吸附能力。生长较快，寿命长，缠绕能力强，对其他植物有绞杀作用。花可提炼芳香油，并有解毒、止吐止泻等功效。花是灾害时期的救命菜，可食用。皮则有杀虫、止痛、祛风通络等功效。宜作棚架、门廊、枯树、山石、墙面的绿化材料，也可修剪成灌木状植于草坪、溪水边、岩石旁，还可用于盆栽。

【种质资源】南京市紫藤野生种质资源共5份，分别归属于浦口区、栖霞区、雨花台区、江宁区和溧水区。具体种质资源信息见表99。

01：浦口区

分布于老山林场狮子岭分场和七佛寺分场。在198个样地中4个样地有分布，共6株，其中2株高度小于1.3米，4株地径3~10厘米。种群极小，分布分散。

02：栖霞区

分布于栖霞山、西岗街道、南象山、北象山、何家山和乌龙山。在44个样地中18个样地有分布，共84株，其中38株高度小于1.3米。种群较大，分布分散。

03：雨花台区

分布于铁心桥街道、牛首山、普觉寺和罐子山。在24个样地中6个样地有分布，共8株，株高均小于1.3米。种群极小。

04：江宁区

分布于方山、汤山林场、东山街道林场、孟塘社区、青林社区、古泉社区、东善桥林场、横溪街道、青山社区、牛首山、富贵山公墓、洪幕社区、西宁社区、公塘水库、云台山和秣陵街道，其中方山分布最多。在223个样地中52个样地有分布，共75株，植株高度均小于1.3米。种群较大，分布较广泛。

05：溧水区

分布于无想山平山林场分场。在115个样地中仅1个样地有分布，共4株，其中2株高度小于1.3米，2株地径均为1厘米。种群极小。

表99　紫藤野生种质资源信息

种质资源编号	种质资源归属	林地名称	小地名	样地GPS坐标	数量/株
01	浦口区	老山林场狮子岭分场	响铃庵	E118°34'8.04" N32°5'2.84"	1
		老山林场狮子岭分场	大洼口—狮平路	E118°33'57.22" N32°5'37.83"	1
		老山林场狮子岭分场	小洼口—平滩子	E118°33'49.37" N32°3'19.5"	2
		老山林场七佛寺分场	分场场部旁	E118°36'11.86" N32°5'28.29"	2
02	栖霞区	栖霞山		E118°57'29.21" N32°9'14.1"	7
		栖霞山		E118°57'34.38" N32°9'15.58"	4
		栖霞山	陆羽茶庄东坡	E118°57'34.27" N32°9'6.65"	1
		栖霞山		E118°57'43.25" N32°9'18.53"	2
		栖霞山	小营盘娱乐场	E118°57'44.15" N32°9'18.3"	11
		栖霞山	天开岩上方亭子附近	E118°57'35.04" N32°9'28.42"	6
		栖霞山		E118°57'26.93" N32°9'18.98"	2
		栖霞山		E118°57'19.63" N32°9'23.78"	4
		栖霞山		E118°57'19.16" N32°9'23.65"	3
		栖霞山		E118°57'16.98" N32°9'29.5"	3
		栖霞山		E118°57'37.69" N32°9'15.78"	2
		西岗街道	西岗果牧场场部对面山头南坡	E118°58'45.05" N32°5'46.39"	10
		南象山	南象山衡阳寺	E118°55'50.16" N32°8'8.7"	14
		南象山	南象山	E118°56'3.42" N32°8'25.2"	1
		北象山		E118°56'31.92" N32°9'16.62"	1
		何家山	何家山	E118°57'20.22" N32°8'41.82"	1
		何家山	中眉心	E118°58'10.2" N32°8'39.54"	11
		乌龙山	乌龙山炮台西南	E118°52'1.02" N32°9'42.48"	1

（续）

种质资源编号	种质资源归属	林地名称	小地名	样地GPS坐标	数量/株
03	雨花台区	韩府山铁心桥街道		E118°45'17.62" N31°56'34.85"	3
		牛首山		E118°44'3.88" N31°55'10.89"	1
		牛首山		E118°44'9.75" N31°55'12.16"	1
		牛首山		E118°44'22.53" N31°55'29.01"	1
		普觉寺		E118°44'29.02" N31°55'22.11"	1
		罐子山		E118°43'10.85" N31°55'55.24"	1
		方山	栎树林	E118°51'52.28" N31°53'53.91"	16
		方山		E118°52'25.66" N31°53'33.98"	2
04	江宁区	汤山林场汤山—郎山		E119°3'20.34" N32°4'16.29"	1
		汤山林场黄栗墅工区	土地山	E119°1'2.54" N32°3'44.17"	1
		汤山林场长山工区	黄龙山	E118°54'20.8" N31°58'33.81"	1
		东山街道林场		E118°55'52.26" N31°57'47.79"	1
		孟塘社区	射乌山	E119°3'8.53" N3°5'52.37"	2
		孟塘社区	培山	E119°3'0.94" N32°4'50.44"	1
		孟塘社区	培山	E119°3'8.21" N32°4'44.5"	1
		青林社区	小石浪山	E119°4'40.75" N32°4'43.29"	1
		青林社区	文山	E119°4'10.68" N32°5'12.67"	1
		青林社区	文山	E119°4'54.97" N32°5'20.41"	1
		青林社区	文山	E119°4'47.28" N32°5'16.77"	1
		青林社区	文山	E119°4'26.23" N32°4'46.18"	1
		古泉社区	连山	E119°0'37.94" N32°3'31.04"	1
		东善桥林场东稔工区		E118°42'15.15" N31°44'7.34"	1
		东善桥林场云台工区	大平山	E118°42'19.43" N31°42'28.84"	1

（续）

种质资源编号	种质资源归属	林地名称	小地名	样地GPS坐标	数量/株
		东善桥林场横山工区		E118°48'28.72" N31°37'13.83"	1
		东善桥林场横山工区		E118°48'14.69" N31°37'17.87"	1
		东善桥林场横山工区		E118°47'31.34" N31°38'33.17"	1
		东善桥林场东善分场		E118°46'36.6" N31°51'47.19"	1
		东善桥林场东善分场		E118°46'37.35" N31°51'54.43"	1
		东善桥林场东善分场	东村工区	E118°45'9.56" N31°51'38.06"	1
		东善桥林场横山分场		E118°49'59.49" N31°38'49.31"	1
		东善桥林场铜山分场		E118°51'19.43" N31°39'58.42"	1
		东善桥林场铜山分场		E118°50'45.52" N31°39'10.5"	1
		东善桥林场铜山分场		E118°52'8.1" N31°41'13.63"	1
		东善桥林场铜山分场		E118°52'27.84" N31°39'18.32"	1
04	江宁区	横溪街道横溪	枣山	E118°42'32.57" N31°46'41.87"	1
		青山社区		E118°56'59.76" N31°57'50.98"	1
		牛首山		E118°44'35.69" N31°53'54.66"	3
		牛首山		E118°45'12.86" N31°53'45.91"	1
		牛首山		E118°44'53.71" N31°54'7.74"	1
		富贵山公墓处		E118°32'28.22" N31°45'46.73"	1
		洪幕社区洪幕山		E118°32'58.01" N31°45'31.69"	1
		洪幕社区		E118°34'48.09" N31°44'56.03"	1
		洪幕社区		E118°34'42.5" N31°44'52.9"	1
		洪幕社区		E118°34'19.1" N31°45'59.13"	3
		洪幕社区		E118°34'48.96" N31°46'19.86"	1

（续）

种质资源编号	种质资源归属	林地名称	小地名	样地GPS坐标	数量/株
		洪幕社区		E118°35'5.75" N31°46'8.53"	5
		西宁社区		E118°36'5.45" N31°47'5.25"	6
		公塘水库		E118°41'34.48" N31°47'45.96"	1
		横溪街道横溪	线路段009	E118°41'15.45" N31°45'8.48"	2
		横溪街道横溪	线路段010	E118°41'18.22" N31°45'41.33"	1
		横溪街道横溪	线路段011	E118°41'18.01" N31°45'45.49"	1
		云台山		E118°40'48.91" N31°42'13.9"	1
04	江宁区	横溪街道横溪		E118°40'53.86" N31°42'7.02"	1
		横溪街道横溪		E118°41'8.44" N31°41'26.92"	1
		横溪街道横溪		E118°40'39.18" N31°41'48.42"	1
		横溪街道横溪		E118°40'39.1" N31°41'53.59"	1
		横溪街道横溪		E118°40'42.81" N31°41'55.1"	1
		秣陵街道将军山		E118°46'50.72" N31°55'57.1"	1
		秣陵街道将军山		E118°46'13.43" N31°56'12.86"	1
		秣陵街道将军山		E118°46'45.53" N31°55'28.55"	1
05	溧水区	无想山平山林场分场	马鞍山	E119°0'58.09" N31°36'36.58"	4

藤萝 *Wisteria villosa* Rehd.

【**别名**】紫藤花

【**科属**】豆科（Fabaceae）紫藤属（*Wisteria*）

【**树种简介**】落叶藤本。当年生枝粗壮，密被灰色柔毛，翌年秃净。羽状复叶长 15~32 厘米；叶柄长 2~5 厘米；托叶早落；小叶 4~5 对，纸质，卵状长圆形或椭圆状长圆形，自下而上逐渐缩小，先端短渐尖至尾尖，基部阔楔形或圆形。总状花序生于枝端，下垂，盛花时叶半展开，花序长 30~35 厘米，径 8~10 厘米，自下而上逐次开放；花长 2.2~2.5 厘米，芳香；花萼浅杯状，堇青色；花冠堇青色。荚果倒披针形，长 18~24 厘米，宽 2.5 厘米，密被褐色茸毛，有种子 3 粒，种子褐色，圆形。花期 5 月上旬，果期 6~7 月。主产河北、山东、江苏、安徽、河南。常生于山坡灌木丛及路旁。喜光，对气候和土壤适应性强，较耐寒，能耐水湿及瘠薄土壤，生长较快，寿命长；以土层深厚、排水良好、向阳避风的环境为宜；传统的人文意境植物，常作为古代诗画的主要题材。一般应用于园林棚架。春季紫花烂漫，别有情趣，适栽于湖畔、池边等处，也常用于盆景。花可用来做藤萝饼和藤萝糕食用。

【**种质资源**】南京市藤萝野生种质资源仅 1 份，归属于浦口区。具体种质资源信息见表 100。

01：浦口区

分布于定山林场和老山林场铁路林分场。在 198 个样地中 2 个样地有分布，共 3 株，株高均小于 1.3 米。种群极小，分布集中。

表100 藤萝野生种质资源信息

种质资源编号	种质资源归属	林地名称	小地名	样地GPS坐标	数量/株
01	浦口区	定山林场	定山林场	E118°39′34.97″ N 32°7′51.6″	1
		老山林场铁路林分场	采石场门口	E118°39′22.55″ N 32°8′24.17″	2

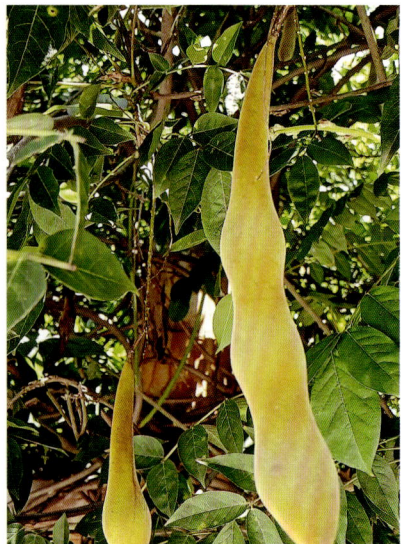

蛇葡萄 *Ampelopsis glandulosa*（Wall.）Momiy.

【别名】锈毛蛇葡萄

【科属】葡萄科（Vitaceae）蛇葡萄属（*Ampelopsis*）

【树种简介】木质藤本。小枝圆柱形，有纵棱纹，被锈色长柔毛；叶为单叶，心形或卵形，常混生有不分裂者，顶端急尖；花序被锈色长柔毛，疏生锈色短柔毛，边缘波状浅齿，外面疏生锈色短柔毛；果实近球形。花期6~8月，果期9月至翌年1月。主产江苏、安徽、浙江、江西、福建、湖南、湖北等；日本也有分布。喜光，也耐阴，抗寒、抗旱性强，对土壤要求不严，喜欢腐殖质丰富的黏质土，酸性、中性、微碱性壤土均能适应，多生长在海拔200~1800米的山谷林中或山坡灌丛阴处。根可入药，具有清热解毒、祛风活络、止痛的功效，可用于治疗风湿性关节炎、跌打损伤、子宫脱垂等症状；生长旺盛，秋叶红艳或紫色，果熟时蓝果串串悬挂枝间，别具风趣，所以宜植于庭院墙垣、公园池畔或石旁；果实美味可口，生食或酿酒俱佳。

【种质资源】南京市蛇葡萄野生种质资源仅3份，归属于高淳区、江宁区和浦口区。具体种质资源信息见表101。

01：高淳区

分布于傅家坛林场。在53个样地中2个样地有分布，共2株，株高均小于1.3米。种群极小。

02：江宁区

分布于孟塘社区和东善桥林场。在223个样地中3个样地有分布，共3株，株高均小于1.3米。种群极小。

03：浦口区

分布于老山林场平坦分场和星甸杜仲林场。在198个样地中5个样地有分布，共47株，株高均小于1.3米。种群小，分布分散。

表101 蛇葡萄野生种质资源信息

种质资源编号	种质资源归属	林地名称	小地名	样地GPS坐标	数量/株
01	高淳区	傅家坛林场	窑冲	E119°4′45.78″ N31°14′9.37″	1
		傅家坛林场	林科站	E119°4′46.94″ N31°14′34.05″	1
02	江宁区	孟塘社区	射乌山	E119°3′5.35″ N32°5′57.62″	1
		孟塘社区		E119°2′40.74″ N32°4′48.07″	1
		东善桥林场	横山工区	E118°48′14.69″ N31°37′17.87″	1
03	浦口区	老山林场平坦分场	小马腰与大马腰间	E118°30′6.71″ N32°3′30.01″	1
		星甸杜仲林场	大槽洼	E118°23′55.09″ N32°2′33.68″	10
		星甸杜仲林场	观音洞下	E118°23′35.04″ N32°3′16.09″	20
		星甸杜仲林场	山喷码字上	E118°24′31.92″ N32°3′10.74″	10
		星甸杜仲林场	独山西	E118°24′38.81″ N32°3′48.84″	6

白蔹 *Ampelopsis japonica*（Thunb.）Makino

【别名】黄狗蛋

【科属】葡萄科（Vitaceae）蛇葡萄属（*Ampelopsis*）

【树种简介】木质藤本。小枝圆柱形，有纵棱纹，无毛。卷须不分枝或卷须顶端有短的分叉，相隔 3 节以上间断与叶对生。叶为掌状 3~5 小叶，小叶片羽状深裂或小叶边缘有深锯齿而不分裂，羽状分裂者裂片宽 0.5~3.5 厘米，顶端渐尖或急尖，掌状 5 小叶者中央小叶深裂至基部，并有 1~3 个关节，关节间有翅。聚伞花序通常集生于花序梗顶端，直径 1~2 厘米，通常与叶对生；花蕾卵球形，顶端圆形；萼碟形，边缘呈波状浅裂，无毛；花瓣 5，卵圆形。果实球形，直径 0.8~1 厘米，成熟后带白色，有种子 1~3 颗。花期 5~6 月，果期 7~9 月。主产辽宁、吉林、河北、山西、陕西、江苏、浙江、江西、河南、湖北、湖南、广东、广西、四川；日本也有分布。喜光亦耐阴，耐贫瘠干旱，不择土壤，常生于山坡地边、灌丛或草地。块状膨大的根及全株均可入药，具有清热解毒和消肿止痛的功效。

【种质资源】南京市白蔹野生种质资源仅 1 份，归属于浦口区。具体种质资源信息见表 102。

01：浦口区

分布于老山林场狮子岭分场、西山分场，其他林场未见。在 198 个样地中 2 个样地有分布，共 5 株，株高均小于 1.3 米。种群极小。

表102　白蔹野生种质资源信息

种质资源编号	种质资源归属	林地名称	小地名	样地GPS坐标	数量/株
01	浦口区	老山林场狮子岭分场	暗沟护林点	E118°30′49.74″ N32°2′34.47″	3
		老山林场西山分场	通罗汉寺的道旁	E118°26′26.97″ N32°2′51.37″	2

爬墙虎 *Parthenocissus tricuspidata*（Siebold & Zucc.）Planch.

【**别名**】爬山虎、田代氏大戟、铺地锦、地锦草、地锦

【**科属**】葡萄科（Vitaceae）地锦属（*Parthenocissus*）

【**树种简介**】木质藤本。小枝圆柱形，几无毛或微被疏柔毛。卷须 5~9 分枝，相隔 2 节间断与叶对生。卷须顶端嫩时膨大呈圆珠形，后遇附着物扩大成吸盘。叶为单叶，通常着生在短枝上为 3 浅裂，时有着生在长枝上者小型不裂，叶片通常倒卵圆形，顶端裂片急尖，基部心形，边缘有粗锯齿，上面绿色，无毛，下面浅绿色，无毛或中脉上疏生短柔毛。花序着生在短枝上，基部分枝，形成多歧聚伞花序；花蕾倒卵椭圆形，高 2~3 毫米，顶端圆形；萼碟形，边缘全缘或呈波状，无毛。果实球形，直径 1~1.5 厘米，有种子 1~3 颗。花期 5~8 月，果期 9~10 月。主产吉林、辽宁、河北、河南、山东、安徽、江苏、浙江、福建、台湾；朝鲜、日本也有分布。喜阴湿环境，但不怕强光，耐寒、耐旱、耐贫瘠，气候适应性强，在暖温带以南冬季也可以保持半常绿或常绿状态；耐修剪，怕积水，对土壤要求不严；对二氧化硫和氯化氢等有害气体有较强的抗性，对空气中的灰尘有吸附能力；常生于海拔 150~1200 米的山坡崖石壁或灌丛。著名的垂直绿化植物，枝叶茂密，分枝多而斜展；根可入药，具有祛瘀消肿之功效。

【**种质资源**】南京市爬墙虎野生种质资源共 3 份，分别归属于浦口区、栖霞区和溧水区。具体种质资源信息见表 103。

01：浦口区

分布于老山林场平坦分场。在 198 个样地中仅 1 个样地有分布，共 2 株，地径 1~5 厘米。种群极小。

02：栖霞区

分布于栖霞山、兴卫山、南象山和何家山。在 44 个样地中 14 个样地有分布，共 138 株，其中，33 株高度小于 1.3 米，35 株地径 1~10 厘米，单株最大地径 6 厘米。种群较大，分布较广泛。

03：溧水区

分布于溧水区林场东庐分场。在 115 个样地中仅 1 个样地有分布，共 3 株，单株最大胸径 1 厘米。种群极小。

表103　爬墙虎野生种质资源信息

种质资源编号	种质资源归属	林地名称	小地名	样地GPS坐标	数量/株
01	浦口区	老山林场平坦分场	兜率寺下杉木林旁	E118°33′1.82″ N32°4′0.88″	2
		栖霞山		E118°57′29.21″ N32°9′14.1″	5
		栖霞山		E118°57′34.38″ N32°9′15.58″	2
		栖霞山	陆羽茶庄东坡	E118°57′34.27″ N32°9′6.65″	63
		兴卫山		E118°50′46.04″ N32°5′59.39″	13
		栖霞山		E118°57′30.72″ N32°9′18.94″	6
		栖霞山		E118°57′29.02″ N32°9′17.68″	9
02	栖霞区	栖霞山		E118°57′26.93″ N32°9′18.98″	12
		栖霞山		E118°57′43.25″ N32°9′18.53″	10
		栖霞山	小营盘娱乐场	E118°57′44.15″ N32°9′18.3″	7
		栖霞山	天开岩上方亭子附近	E118°57′35.04″ N32°9′28.42″	2
		栖霞山		E118°57′19.16″ N32°9′23.65″	1
		栖霞山		E118°57′37.69″ N32°9′15.78″	6
		南象山	衡阳寺	E118°56′7.44″ N32°8′16.38″	1
		何家山		E118°57′22.38″ N32°8′45.06″	1
03	溧水区	溧水区林场东庐分场	东庐山禅国寺	E119°7′26″ N31°38′18″	3

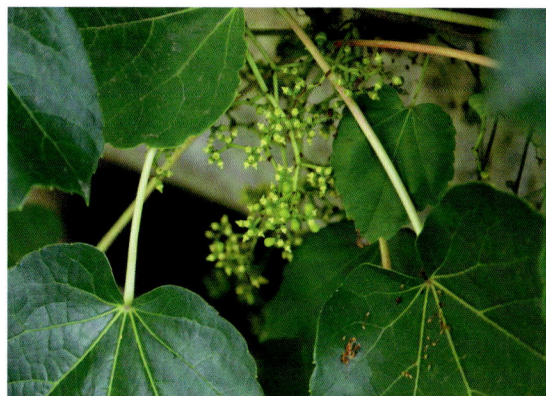

山葡萄 *Vitis amurensis* Rupr.

【科属】葡萄科（Vitaceae）葡萄属（*Vitis*）

【树种简介】木质藤本。小枝圆柱形，无毛，嫩枝疏被蛛丝状茸毛。卷须 2~3 分枝，每隔 2 节间断与叶对生。叶阔卵圆形，长 6~24 厘米，宽 5~21 厘米，3 稀 5 浅裂或中裂，或不分裂，叶片或中裂片顶端急尖或渐尖，裂片基部常缢缩或间有宽阔，裂缺凹成圆形，稀呈锐角或钝角，叶基部心形，基缺凹成圆形或钝角，边缘每侧有 28~36 个粗锯齿，齿端急尖，微不整齐，边缘全缘。圆锥花序疏散，与叶对生。果实直径 1~1.5 厘米；种子倒卵圆形。花期 5~6 月，果期 7~9 月。主产黑龙江、吉林、辽宁、河北、山西、山东、安徽（金寨）、浙江（天目山）。对土壤要求不严，耐旱怕涝，多种土壤均能生长良好，但以排水良好、土层深厚的土壤最佳。常生于海拔 200~2100 米的山坡、沟谷林中或灌丛中。果实可鲜食或酿酒。

【种质资源】南京市山葡萄野生种质资源共 3 份，分别归属于浦口区、栖霞区和江宁区。具体种质资源信息见表 104。

01：浦口区

分布于老山林场平坦分场、西山分场和星甸杜仲林场。在 198 个样地中 4 个样地有分布，共 4 株，其中 1 株高度小于 1.3 米，3 株胸径在 1~5 厘米。种群极小，分布分散。

02：栖霞区

分布于栖霞山、羊山、北象山和何家山。在 44 个样地中 4 个样地有分布，共 7 株，其中 3 株高度小于 1.3 米，4 株地径在 1~5 厘米，单株最大胸径 4 厘米。种群极少，分布分散。

03：江宁区

分布于牛首山。在 223 个样地中仅 1 个样地有 1 株，高度小于 1.3 米。种群极小。

表104　山葡萄野生种质资源信息

种质资源编号	种质资源归属	林地名称	小地名	样地GPS坐标	数量/株
1	浦口区	老山林场平坦分场	大鸡山	E118°30′30.27″ N32°3′40.25″	1
		老山林场西山分场	西山—杨喷后	E118°26′5.77″ N32°4′18.59″	1
		星甸杜仲林场	大槽洼	E118°23′55.09″ N32°2′33.68″	1
		星甸杜仲林场	亭子山	E118°24′1.49″ N32°3′0.46″	1
2	栖霞区	栖霞山		E118°57′16.98″ N32°9′29.5″	2
		羊山		E118°55′56.24″ N32°6′47.59″	1
		北象山		E118°56′31.92″ N32°9′16.62″	2
		何家山		E118°57′22.38″ N32°8′45.96″	2
3	江宁区	牛首山		E118°44′53.71″ N31°54′7.74″	1

蘡薁 *Vitis bryoniifolia* Bunge

【科属】葡萄科（Vitaceae）葡萄属（*Vitis*）

【树种简介】木质藤本。小枝圆柱形，有棱纹，嫩枝密被蛛丝状茸毛或柔毛，以后脱落变稀疏。卷须2叉分枝，每隔2节间断与叶对生。叶长圆卵形，叶片3~5（7）深裂或浅裂，稀混生有不裂叶者，中裂片顶端急尖至渐尖，基部常缢缩凹成圆形，边缘每侧有9~16缺刻粗齿或成羽状分裂，基部心形或深心形，基缺凹成圆形。花杂性异株，圆锥花序与叶对生，基部分枝发达或有时退化成一卷须，稀狭窄而基部分枝不发达；花蕾倒卵椭圆形或近球形。果实球形，成熟时紫红色，直径0.5~0.8厘米；种子倒卵形，顶端微凹，基部有短喙。花期4~8月，果期6~10月。主产河北、陕西、山西、山东、江苏、安徽、浙江、湖北、湖南、江西、福建、广东、广西、四川、云南，常生于海拔150~2500米的山谷林中、灌丛、沟边或田埂。茎叶可入药，可祛湿、利小便。

【种质资源】南京市蘡薁野生种质资源共3份，分别归属于浦口区、高淳区和主城区。具体种质资源信息见表105。

01：浦口区

分布于老山林场平坦分场。在198个样地中仅1个样地有2株。种群极小。

02：高淳区

分布于游子山林场和青山林场。在53个样地中2个样地有分布，共3株，其中1株地径2厘米，其余2株高度小于1.3米。种群极小，分布集中。

03：主城区

分布于幕府山。在主城区所调查的69个样地中有9个样地有分布，共26株，其中，18株植株高度小于1.3米。种群小，分布分散。

表105　蘡薁野生种质资源信息

种质资源编号	种质资源归属	林地名称	小地名	样地GPS坐标	数量/株
01	浦口区	老山林场平坦分场		E118°31'47.28" N32°5'0.94"	2
02	高淳区	游子山林场	中中山	E118°0'31.18" N31°21'21.05"	1
		青山林场	林业队	E119°3'32.34" N31°20'33.71"	2
03	主城区	幕府山	窑上村入口处左上方	E118°47'43" N32°7'38"	1
		幕府山		E118°47'25" N32°7'45"	1

（续）

种质资源编号	种质资源归属	林地名称	小地名	样地GPS坐标	数量/株
		幕府山		E118°47'23" N32°7'45"	10
		幕府山	仙人对弈	E118°48'4" N32°8'19"	2
		幕府山	半山禅院上中	E118°48'4" N32°8'14"	4
03	主城区	幕府山	半山禅院上	E118°47'58" N32°8'1"	2
		幕府山	仙人对弈左坡	E118°48'5" N32°8'10"	2
		幕府山	仙人对弈左中坡	E118°48'6" N32°8'16"	1
		幕府山	仙人对弈下坡	E118°48'5" N32°8'16"	3

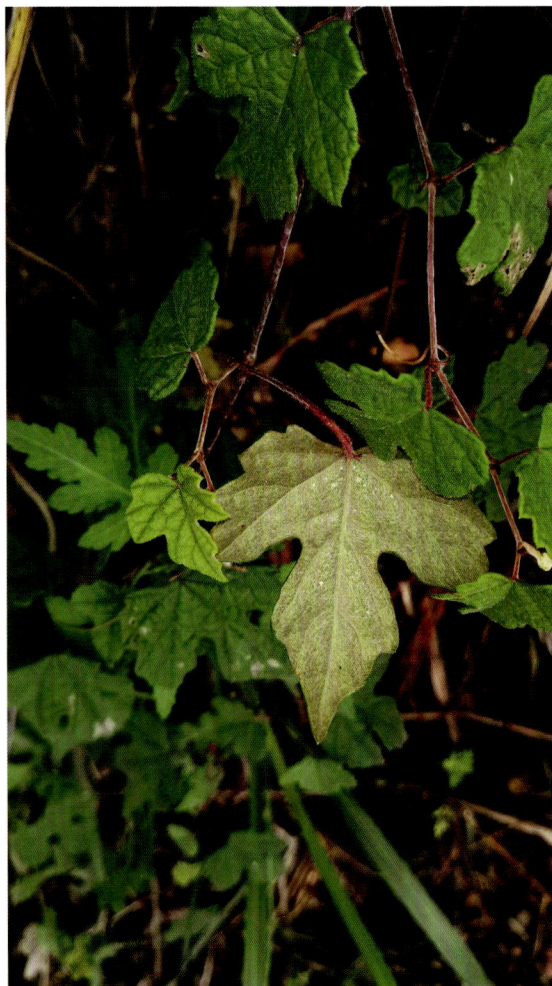

葛藟葡萄 *Vitis flexuosa* Thunb.

【科属】葡萄科（Vitaceae）葡萄属（*Vitis*）

【树种简介】木质藤本。小枝圆柱形，有纵棱纹，嫩枝疏被蛛丝状茸毛，以后脱落无毛。卷须2叉分枝，每隔2节间断与叶对生。叶卵形、三角状卵形、卵圆形或卵椭圆形，顶端急尖或渐尖，基部浅心形或近截形，心形者基缺顶端凹成钝角，边缘每侧有微不整齐5~12个锯齿。圆锥花序疏散，与叶对生；花蕾倒卵圆形；花瓣5，呈帽状粘合脱落。果实球形，直径0.8~1厘米；种子倒卵椭圆形，顶端近圆形，基部有短喙，种脐在种子背面中部呈狭长圆形。花期3~5月，果期7~11月。主产陕西、甘肃、山东、河南、安徽、江苏、浙江、江西、福建、湖北、湖南、广东、广西、四川、贵州、云南。分布广、生境多样，变异大，主要表现在叶的大小、叶形和毛被上。常生于海拔100~2300米的山坡或沟谷、田边、草地、灌丛或林中。根、茎和果实均可入药，可治关节酸痛；种子可榨油。

【种质资源】南京市葛藟葡萄野生种质资源仅1份，归属于六合区。具体种质资源信息见表106。

01：六合区

分布于方山林场和盘山林场。在81个样地中2个样地有分布，共4株，株高均小于1.3米。种群极小。

表106　葛藟葡萄野生种质资源信息

种质资源编号	种质资源归属	林地名称	小地名	样地GPS坐标	数量/株
01	六合区	方山林场		E118°59′3.02″ N32°18′38.25″	2
		盘山林场		E118°35′25.99″ N32°28′54.2″	2

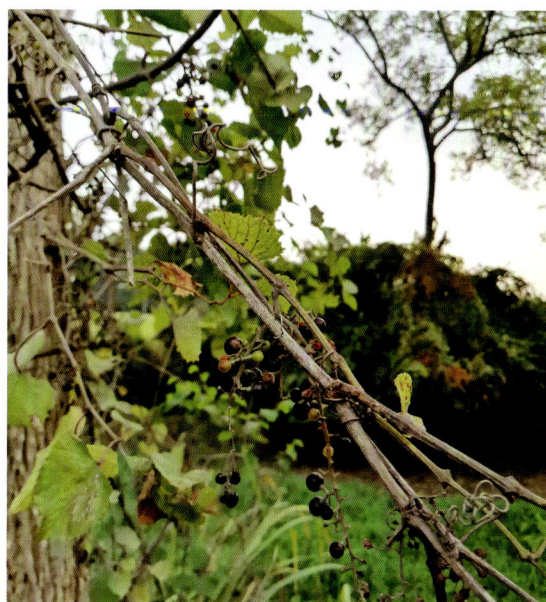

毛葡萄 *Vitis heyneana* Roem. et Schult

【科属】葡萄科（Vitaceae）葡萄属（*Vitis*）

【树种简介】木质藤本。小枝圆柱形，有纵棱纹，被灰色或褐色蛛丝状茸毛。卷须2叉分枝，密被茸毛，每隔2节间断与叶对生。叶卵圆形、长卵椭圆形或卵状五角形，顶端急尖或渐尖，基部心形或微心形，基缺顶端凹成钝角，稀成锐角，边缘每侧有9~19个尖锐锯齿，上面绿色，初时疏被蛛丝状茸毛，以后脱落无毛，下面密被灰色或褐色茸毛，稀脱落变稀疏。花杂性异株；圆锥花序疏散，与叶对生；花蕾倒卵圆形或椭圆形，高1.5~2毫米，顶端圆形。果实圆球形，熟时紫黑色。花期4~6月，果期6~10月。主产山西、陕西、甘肃、山东、河南、安徽、江西、浙江、福建、广东、广西、湖北、湖南、四川、贵州、云南、西藏；尼泊尔、锡金、不丹和印度也有分布。常生于海拔100~3200米的山坡、沟谷灌丛、林缘或林中。果实营养丰富，可用于酿造品质上佳的葡萄酒。

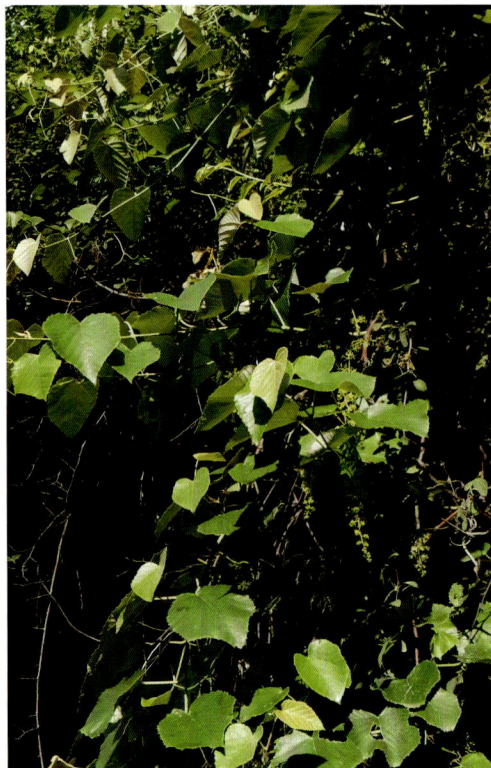

【种质资源】南京市毛葡萄野生种质资源仅1份，归属于浦口区。具体种质资源信息见表107。

01：浦口区

分布于老山林场平坦分场、七佛寺分场和铁路林分场，其他林场未见。在198个样地中4个样地有分布，共9株，其中7株株高小于1.3米，2株地径1~10厘米，平均地径5厘米。种群极小，分布分散。

表107　毛葡萄野生种质资源信息

种质资源编号	种质资源归属	林地名称	小地名	样地GPS坐标	数量/株
01	浦口区	老山林场平坦分场	凤凰山后	E118°30′32.38″ N32°4′18.2″	5
		老山林场平坦分场	小马腰与大马腰间	E118°30′6.71″ N32°3′30″	1
		老山林场七佛寺分场	老母猪沟	E118°36′34.76″ N32°6′21.58″	2
		老山林场铁路林分场	采石场旁	E118°39′22.83″ N32°8′19.14″	1

桑叶葡萄 *Vitis heyneana* subsp. *ficifolia*（Bge.）C. L. Li

【**科属**】葡萄科（Vitaceae）葡萄属（*Vitis*）

【**树种简介**】木质藤本。小枝圆柱形，有纵棱纹，被灰色或褐色蛛丝状茸毛。卷须 2 叉分枝，密被茸毛，每隔 2 节间断与叶对生。叶卵圆形、长卵椭圆形或卵状五角形，顶端急尖或渐尖，基部心形或微心形，基缺顶端凹成钝角，稀成锐角。花杂性异株；圆锥花序疏散，与叶对生，分枝发达；花蕾倒卵圆形或椭圆形。果实圆球形，成熟时紫黑色，直径 1~1.3 厘米；种子倒卵形，顶端圆形，基部有短喙。花期 5~7 月，果期 7~9 月。主产河北、山西、陕西、山东、河南、江苏。常生于海拔 100~1300 米的山坡、沟谷灌丛或疏林中。植株可入药，主治关节酸痛、跌打损伤、筋骨劳损。

【**种质资源**】南京市桑叶葡萄野生种质资源共 2 份，分别归属于浦口区和高淳区。具体种质资源信息见表 108。

01：浦口区

分布于老山林场西山分场、七佛寺分场、平坦分场和星甸杜仲林场。在 198 个样地中 6 个样地有分布，共 33 株，株高均小于 1.3 米。种群小，分布分散。

02：高淳区

分布于傅家坛林场。在 53 个样地中仅 1 个样地有 1 株，株高小于 1.3 米。种群极小。

表108　桑叶葡萄野生种质资源信息

种质资源编号	种质资源归属	林地名称	小地名	样地GPS坐标	数量/株
01	浦口区	老山林场西山分场	西山—杨喷后	E118°26′5.77″ N32°4′18.59″	5
		老山林场七佛寺分场	黄山岭	E118°35′32.83″ N32°5′46.91″	2
		老山林场平坦分场	葡萄洼	E118°31′30.13″ N32°3′54.12″	5
		星甸杜仲林场	独山西	E118°24′38.81″ N32°3′48.84″	1
		星甸杜仲林场	东常山	E118°24′17.24″ N32°3′28.39″	10
		星甸杜仲林场	西山沟	E118°24′14.57″ N32°3′30.93″	10
02	高淳区	傅家坛林场	固有山	E119°4′55.86″ N31°14′15.67″	1

络石 *Trachelospermum jasminoides*（Lindl.）Lem.

【**别名**】万字茉莉、络石藤、万字茉莉、风车藤、花叶络石、三色络石、黄金络石、变色络石、石血

【**科属**】夹竹桃科（Apocynaceae）络石属（*Trachelospermum*）

【**树种简介**】常绿木质藤本，长达 10 米，具乳汁。茎赤褐色，圆柱形，有皮孔；小枝被黄色柔毛，老时渐无毛。叶革质或近革质，椭圆形至卵状椭圆形或宽倒卵形，长 2~10 厘米，宽 1~4.5 厘米，顶端锐尖至渐尖或钝，有时微凹或有小凸尖，基部渐狭至钝，叶面无毛，叶背被疏短柔毛，老渐无毛；二歧聚伞花序腋生或顶生，花多朵组成圆锥状，与叶等长或较长；花白色，芳香，花萼 5 深裂，裂片线状披针形，顶部反卷，基部具 10 枚鳞片状腺体；花蕾顶端钝，花冠筒圆筒形，中部膨大。蓇葖双生，叉开，无毛，线状披针形，向先端渐尖；种子多颗，褐色，线形，长 1.5~2 厘米，直径约 2 毫米，顶端具白色绢质种毛。花期 3~7 月，果期 7~12 月。主要分布于山东、安徽、江苏、浙江、福建、台湾、江西、河北、河南、湖北、湖南、广东、广西、云南、贵州、四川、陕西等地；日本、朝鲜和越南也有分布。常生于山野、溪边、路旁、林缘或杂木林中。多缠绕于树上或攀缘于墙壁上、岩石上，亦有移栽于园圃，供观赏。根、茎、叶、果实供药用，有祛风活络、利关节、止血、止痛消肿、清热解毒的功效；乳汁有毒。茎皮纤维可制绳索、造纸及人造棉。花芳香，可提取"络石浸膏"。

【**种质资源**】南京市络石野生种质资源共 5 份，分别归属于浦口区、栖霞区、江宁区、溧水区和高淳区。具体种质资源信息见表 109。

01：浦口区

分布于老山林场平坦分场、西山分场、狮子岭分场、七佛寺分场、东山分场、铁路林分场、星甸杜仲林场，龙王山林场、定山林场和大桥林场，其中老山林场范围内分布最多。在 198 个样地中 86 个样地有分布，总数达 4904 株，其中 4899 株株高小于 1.3 米，5 株地径 1~5 厘米。种群极大，分布广泛。

02：栖霞区

分布于兴卫山、栖霞山、西岗街道、大普塘水库、灵山、太平山公园、南象山、北象山、何家山和乌龙山。在 44 个样地中 26 个样地有分布，占地 3628 平方米。种群极大，分布广泛。

03：江宁区

分布于汤山林场、孟塘社区、青林社区、古泉社区、东善桥林场、横溪街道、青山社区、汤山街道和牛首山。在 223 个样地中 47 个样地有分布，共 52 株。种群较小，分布广泛。

04：溧水区

分布于溧水区林场东庐分场。在 115 个样地中仅 1 个样地有 4 株，株高均小于 1.3 米。种群极小，分布集中。

05：高淳区

分布于大山林场、大荆山林场和游子山林场。在 53 个样地中 11 个样地中有分布，共 891 株，株高均小于 1.3 米。种群极大，分布广泛。

表109　络石野生种质资源信息

种质资源编号	种质资源归属	林地名称	小地名	样地GPS坐标	数量/株
		老山林场平坦分场	横山沟旁	E118°31′14.43″ N32°4′19.78″	40
		老山林场平坦分场	杨船山	E118°31′55.15″ N32°4′32.56″	80
		老山林场平坦分场	凤凰山后	E118°30′32.38″ N32°4′18.2″	50
		老山林场平坦分场	大姑山	E118°30′24.14″ N32°4′4.44″	100
		老山林场平坦分场	枣核山	E118°30′26.25″ N32°4′5.79″	50
		老山林场平坦分场	大鸡山	E118°30′30.27″ N32°3′40.25″	50
		老山林场平坦分场	小鸡山	E118°30′31.7″ N32°3′42.03″	20
		老山林场平坦分场	匪集场道旁	E118°31′58.93″ N32°4′11.24″	100
		老山林场平坦分场	匪集场道旁	E118°32′1.92″ N32°4′24.81″	50
		老山林场平坦分场	短喷	E118°33′35.86″ N32°5′28.78″	50
		老山林场平坦分场	平阳山	E118°33′37.72″ N32°4′60″	50
		老山林场平坦分场	老山林场隧道	E118°34′8.04″ N32°5′2.83″	50
		老山林场平坦分场	蛇地	E118°33′59.25″ N32°5′39.57″	30
		老山林场平坦分场	大平山	E118°33′51.53″ N32°4′13.08″	40
		老山林场平坦分场	大平山	E118°33′46.67″ N32°4′20.17″	50
		老山林场平坦分场	大平山	E118°33′51.02″ N32°4′18.2″	100
		老山林场平坦分场	虎洼二号洞口	E118°33′32.28″ N32°4′55.29″	50
01	浦口区	老山林场平坦分场	虎洼九龙山	E118°32′58.06″ N32°4′31.75″	80
		老山林场平坦分场	门坎里—黄梨山	E118°32′28.45″ N32°4′39.38″	40
		老山林场平坦分场	门坎里—大小女儿山间	E118°32′19.61″ N32°4′25.97″	40
		老山林场平坦分场	虎洼山脊	E118°33′47.05″ N32°3′58.29″	30
		老山林场平坦分场	虎洼山脊	E118°33′25.82″ N32°3′46.15″	100
		老山林场西山分场	西山—九峰寺旁	E118°25′41.49″ N32°3′45.74″	30
		老山林场西山分场	西山—杨喷后	E118°26′5.77″ N32°4′18.59″	30
		老山林场西山分场	西山—铁路桥下	E118°26′47.85″ N32°3′5.63″	100
		老山林场西山分场	坡山口—大洼塘	E118°26′37.63″ N32°3′4.49″	30
		老山林场西山分场	罗汉寺—迎面山	E118°26′22.73″ N32°2′48.4″	50
		老山林场狮子岭分场	响铃庵	E118°34′29″ N32°3′28.41″	100
		老山林场狮子岭分场	响铃庵	E118°34′8.04″ N32°5′2.84″	50
		老山林场狮子岭分场	大洼口—狮平路	E118°33′57.22″ N32°5′37.83″	100
		老山林场狮子岭分场	小洼口—平滩子	E118°33′49.37″ N32°3′19.5″	100
		老山林场狮子岭分场	兜率寺后山	E118°33′3.83″ N32°3′48.2″	50
		老山林场狮子岭分场	分场场部背后山	E118°33′0.83″ N32°3′51.44″	100
		老山林场狮子岭分场	兴隆寺旁	E118°31′36.08″ N32°3′5.09″	50
		老山林场狮子岭分场	兴隆寺路旁	E118°31′38.16″ N32°2′50.59″	50

（续）

种质资源编号	种质资源归属	林地名称	小地名	样地GPS坐标	数量/株
		老山林场狮子岭分场	石门	E118°34′48.44″ N32°4′5.02″	101
		老山林场狮子岭分场	厂部	E118°32′53.41″ N32°2′57.91″	50
		老山林场七佛寺分场	猴子洞	E118°36′50.97″ N32°5′45.06″	10
		老山林场七佛寺分场	四道桥	E118°37′36.45″ N32°6′6.55″	50
		老山林场七佛寺分场	大椅子山	E118°38′8.81″ N32°6′32.85″	50
		老山林场七佛寺分场	黄山岭	E118°35′32.83″ N32°5′46.91″	25
		老山林场七佛寺分场	黑桃洼	E118°35′33.9″ N32°6′34.8″	30
		老山林场七佛寺分场	老山林场中学	E118°35′10.03″ N32°6′43.61″	100
		老山林场七佛寺分场	老鹰山	E118°36′40.25″ N32°6′24.7″	100
		老山林场七佛寺分场	老鹰山	E118°35′39.86″ N32°6′12.48″	20
		老山林场七佛寺分场	牛角洼	E118°36′28.61″ N32°6′16.76″	100
		老山林场七佛寺分场	分场场部旁	E118°36′11.86″ N32°5′28.29″	20
		老山林场七佛寺分场	景观平台	E118°37′42.17″ N32°6′13.78″	20
		老山林场东山分场	望火楼南坡	E118°48′25.25″ N32°4′47.65″	50
		老山林场东山分场	小庙南坡	E118°48′11.99″ N32°6′38.27″	30
		老山林场东山分场	椅子山	E118°37′30.87″ N32°6′45.48″	30
		老山林场东山分场	椅子山顶	E118°37′49.14″ N32°6′44.1″	50
01	浦口区	老山林场东山分场	乌龟驮金书	E118°37′33.81″ N32°7′2.82″	30
		老山林场东山分场	老母猪沟	E118°37′1.71″ N32°6′34.48″	20
		老山林场东山分场	浦口路	E118°37′24.65″ N32°6′54.44″	10
		老山林场东山分场	龙爪洼	E118°37′59.99″ N32°7′29.05″	20
		老山林场东山分场	文家洼	E118°38′20.18″ N32°7′25.15″	20
		老山林场东山分场	岔虎路中断路旁	E118°37′6.63″ N32°7′34.91″	30
		老山林场铁路林分场	实验林旁	E118°40′51.19″ N32°8′58.53″	33
		老山林场铁路林分场	羊鼻山脊	E118°40′49.98″ N32°8′52.38″	100
		老山林场铁路林分场	丁家碾水库北侧路旁	E118°39′31.64″ N32°8′30.85″	100
		老山林场铁路林分场	河东	E118°41′32.52″ N32°9′16.7″	100
		星甸杜仲林场	华济山	E118°23′47.84″ N32°3′13.33″	80
		星甸杜仲林场	观音洞下	E118°23′35.7″ N32°3′15.64″	50
		星甸杜仲林场	山喷码子	E118°24′30.16″ N32°3′9.77″	100
		星甸杜仲林场	山喷码字上	E118°24′31.92″ N32°3′10.73″	50
		星甸杜仲林场	水井山	E118°24′59.68″ N32°3′17.16″	50
		星甸杜仲林场	亭子山	E118°24′1.49″ N32°3′0.46″	30
		星甸杜仲林场	宝塔洼子	E118°24′39.44″ N32°3′43.16″	30
		星甸杜仲林场	宝塔洼子	E118°24′40.92″ N32°2′48.95″	30
		星甸杜仲林场	独山	E118°24′53.04″ N32°3′45.32″	20

（续）

种质资源编号	种质资源归属	林地名称	小地名	样地GPS坐标	数量/株
		星甸杜仲林场	西山沟	E118°24′17.42″ N32°3′33.86″	50
		星甸杜仲林场	林业队	E118°24′45.57″ N32°3′52.98″	50
		星甸杜仲林场	东常山	E118°24′17.24″ N32°3′28.39″	50
		星甸杜仲林场	林场后面	E118°24′15.84″ N32°3′20.77″	100
		龙王山林场	龙王山	E118°42′43.66″ N32°11′52.7″	100
		龙王山林场	龙王山	E118°42′45.03″ N32°11′51.05″	100
		定山林场		E118°39′6.01″ N32°7′38″	100
01	浦口区	定山林场		E118°39′2.67″ N32°7′42.66″	20
		定山林场		E118°39′11.87″ N32°7′53.96″	100
		定山林场		E118°39′34.97″ N32°7′51.6″	50
		定山林场	珍珠泉内	E118°39′11.18″ N32°7′58.04″	100
		定山林场	定山寺旁	E118°39′3.81″ N32°7′51.05″	104
		定山林场	佛手湖	E118°38′55.2″ N32°6′37.44″	1
		大桥林场	老虎洞	E118°41′13.35″ N32°9′24.49″	50
		大桥林场	石头山	E118°38′54.1″ N32°8′4.25″	100
		兴卫山		E118°50′40.74″ N32°5′57.12″	40 平方米
		兴卫山	兴卫山东南坡	E118°50′40.74″ N32°5′57.12″	32 平方米
		兴卫山		E118°50′40.74″ N32°5′57.13″	40 平方米
		兴卫山		E118°50′44.28″ N32°5′58.56″	80 平方米
		兴卫山		E118°50′46.04″ N32°5′59.39″	20 平方米
		兴卫山		E118°50′50.99″ N32°5′58.33″	40 平方米
		兴卫山		E118°50′32.47″ N32°5′59.03″	4 平方米
		兴卫山	兴卫山北坡	E118°50′24.34″ N32°6′0.26″	32 平方米
		栖霞山		E118°57′30.72″ N32°9′18.94″	400 平方米
		栖霞山		E118°57′29.02″ N32°9′17.68″	120 平方米
02	栖霞区	栖霞山	陆羽茶庄东坡	E118°57′34.27″ N32°9′6.65″	40 平方米
		西岗街道	西岗果牧场场部对面山头南坡	E118°58′45.05″ N32°5′46.39″	400 平方米
		大普塘水库	大普塘水库	E118°55′24.02″ N32°5′3.29″	340 平方米
		灵山		E118°55′42.67″ N32°5′24.8″	280 平方米
		灵山		E118°55′53.71″ N32°5′14.85″	120 平方米
		灵山		E118°55′54.7″ N32°5′14.54″	20 平方米
		太平山公园		E118°52′10.66″ N32°7′56.81″	300 平方米
		南象山	衡阳寺	E118°56′7.44″ N32°8′16.38″	120 平方米
		南象山	衡阳寺	E118°55′50.16″ N32°8′8.7″	60 平方米
		南象山	南象山	E118°56′3.42″ N32°8′25.2″	340 平方米
		北象山		E118°56′31.92″ N32°9′16.62″	40 平方米

（续）

种质资源编号	种质资源归属	林地名称	小地名	样地GPS坐标	数量/株
02	栖霞区	北象山		E118°56′25.62″ N32°9′5.28″	240 平方米
		何家山		E118°57′22.38″ N32°8′45.96″	100 平方米
		何家山	何家山	E118°57′20.22″ N32°8′41.82″	80 平方米
		何家山	中眉心	E118°58′10.2″ N32°8′39.54″	160 平方米
		乌龙山	乌龙山炮台西南	E118°52′1.02″ N32°9′42.48″	180 平方米
03	江宁区	汤山林场黄栗墅工区	土地山	E119°1′2.54″ N32°3′44.17″	1
		汤山林场长山工区	黄龙山	E118°54′18.52″ N31°58′31.67″	1
		汤山林场龙泉工区		E118°57′54.02″ N31°59′53.54″	1
		孟塘社区龙泉工区		E118°58′9.72″ N32°0′12.98″	1
		孟塘社区龙泉工区		E118°58′14.15″ N32°0′12.64″	1
		孟塘社区龙泉工区		E118°58′18.73″ N32°0′11.84″	1
		孟塘社区	培山	E119°3′0.94″ N32°4′50.44″	1
		孟塘社区	培山	E119°3′8.21″ N32°4′44.5″	1
		孟塘社区		E119°2′38.1″ N32°4′50.16″	1
		青林社区	白露头	E119°25′33.41″ N32°4′52.23″	1
		青林社区	白露头	E119°15′20.59″ N32°4′59.61″	1
		青林社区	女儿山	E119°4′37.17″ N32°4′21.65″	1
		青林社区	小石浪山	E119°4′50.57″ N32°4′32.13″	1
		青林社区	文山	E119°4′54.97″ N32°5′20.41″	1
		青林社区	文山	E119°4′47.28″ N32°5′16.77″	1
		青林社区	孤山堰	E119°4′20.66″ N32°4′38.9″	1
		古泉社区	连山	E119°0′37.94″ N32°3′31.04″	1
		古泉社区		E119°1′29.37″ N32°2′49.72″	1
		古泉社区		E119°1′33.68″ N32°22′44.31″	1
		东善桥林场东稔工区		E118°42′15.15″ N31°44′7.34″	1
		东善桥林场横山分场		E118°48′57.06″ N31°37′55.3″	1
		东善桥林场横山工区		E118°48′35.83″ N31°37′55.96″	1
		东善桥林场东善分场	静龙山	E118°47′36.6″ N31°50′56.61″	1
		东善桥林场东善分场		E118°46′36.6″ N31°51′47.19″	1
		东善桥林场东善分场		E118°46′37.35″ N31°51′54.43″	1
		东善桥林场东善分场		E118°46′47.1″ N31°51′54.58″	1
		东善桥林场东善分场		E118°46′50.46″ N31°51′25.78″	1
		东善桥林场横山分场		E118°49′41.13″ N31°38′0.37″	1
		东善桥林场横山分场		E118°49′51.91″ N31°38′35.46″	1
		东善桥林场铜山分场		E118°51′19.43″ N31°39′58.42″	1
		东善桥林场铜山分场		E118°50′36.13″ N31°38′56.67″	6
		东善桥林场铜山分场		E118°52′8.1″ N31°41′13.63″	1

（续）

种质资源编号	种质资源归属	林地名称	小地名	样地GPS坐标	数量/株
		东善桥林场铜山分场		E118°52′27.84″ N31°39′18.32″	1
		东善桥林场铜山分场	铜山林场管理区	E118°52′1.25″ N31°39′1.29″	1
		东善桥林场铜山分场		E118°51′5.98″ N31°39′1.58″	1
		东善桥林场铜山分场		E118°51′12.25″ N31°39′19.6″	1
		横溪街道	横溪	E118°42′32.57″ N31°46′41.87″	1
		横溪街道	横溪	E118°40′26.15″ N31°47′16.76″	1
		青山社区		E118°56′59.76″ N31°57′50.98″	1
03	江宁区	汤山街道		E118°57′0.07″ N31°58′30.9″	1
		牛首山		E118°44′43.64″ N31°53′23.64″	1
		牛首山		E118°44′21.5″ N31°54′46.66″	1
		牛首山		E118°44′20″ N31°54′47.62″	1
		牛首山		E118°44′23.62″ N31°54′46.98″	1
		牛首山		E118°44′18.37″ N31°54′47.96″	1
		牛首山		E118°44′35.69″ N31°53′54.66″	1
		牛首山		E118°44′25.29″ N31°53′42.86″	1
04	溧水区	溧水区林场东庐分场	东庐山中部	E119°7′26″ N31°38′50″	4
		大山林场	大山游行道旁中段	E119°5′4.84″ N31°25′6.95″	100
		大山林场	大山寺旁	E119°5′6.77″ N31°25′5.43″	10
		大山林场	大山寺旁	E119°4′55.83″ N31°25′8.59″	30
		大荆山林场	四凹	E118°8′6.12″ N32°26′16.62″	100
		大荆山林场	四凹	E118°8′9.71″ N32°26′15.11″	100
05	高淳区	游子山林场	真武庙前	E119°0′36.52″ N31°20′47.45″	101
		游子山林场	真武庙前	E119°0′36.12″ N31°20′49.65″	100
		游子山林场	青阳殿对面	E119°0′36.83″ N31°20′32.92″	100
		游子山林场	花山游山上段路旁	E118°57′47.58″ N31°16′10.28″	50
		游子山林场	大凹	E119°0′28.21″ N31°20′46.35″	100
		游子山林场	中中山	E118°0′31.18″ N31°21′21.05″	100

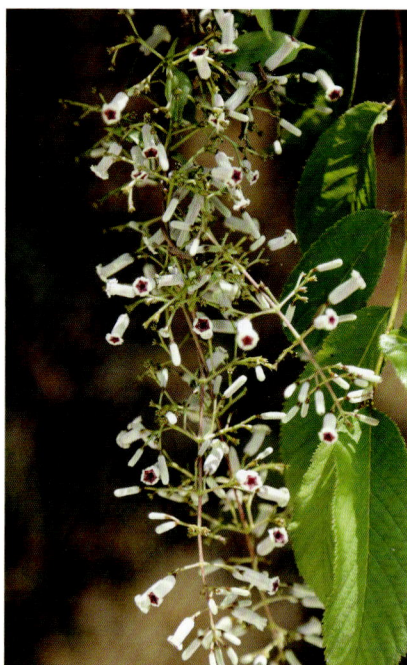

鸡矢藤 *Paederia foetida* L.

【**别名**】解署藤、女青、牛皮冻、毛鸡屎藤、狭叶鸡矢藤、疏花鸡矢藤、毛鸡矢藤、鸡屎藤

【**科属**】茜草科（Rubiaceae）鸡屎藤属（*Paederia*）

【**树种简介**】藤状灌木，无毛或被柔毛。叶对生，膜质，卵形或披针形，长5~10厘米，宽2~4厘米，顶端短尖或削尖，基部浑圆，有时心形，叶上面无毛，在下面脉上被微毛。圆锥花序腋生或顶生，长6~18厘米，扩展；小苞片微小，卵形或锥形，有小睫毛；花有小梗，花冠紫蓝色，长12~16毫米。果阔椭圆形，压扁，长和宽6~8毫米，光亮，顶部冠以圆锥形的花盘和微小宿存的萼檐裂片；小坚果浅黑色，具1阔翅。花期5~6月。主产福建、广东等地；越南和印度也有分布。喜温暖湿润的环境，生于低海拔的疏林内。宜作园林景观中的地被植物；全株入药，具有祛风活血、止痛消肿、抗结核的功效；叶片可食，夏季多以其当茶饮，也可用绿叶制成汤圆和其他特色小吃。

【**种质资源**】南京市鸡矢藤野生种质资源仅1份，归属于江宁区。具体种质资源信息见表110。

01：江宁区

分布于东善桥林场铜山分场。在223个样地中仅1个样地有1株，株高小于1.3米。种群极小。

表110　葛藟葡萄野生种质资源信息

种质资源编号	种质资源归属	林地名称	小地名	样地GPS坐标	数量/株
01	江宁区	东善桥林场铜山分场		E118°51′5.98″ N31°39′1.58″	1

忍冬 *Lonicera japonica* Thunb.

【别名】金银花、老翁须、鸳鸯藤、蜜桷藤、子风藤、右转藤、二宝藤、二色花藤、银藤、金银藤、双花

【科属】忍冬科（Caprifoliaceae）忍冬属（*Lonicera*）

【树种简介】半常绿藤本。幼枝橘红褐色，密被黄褐色且开展的硬直糙毛、腺毛和短柔毛，下部常无毛。叶纸质，卵形至矩圆状卵形，有时卵状披针形，稀圆卵形或倒卵形，极少有1至数个钝缺刻，顶端尖或渐尖，少有钝、圆或微凹缺，基部圆或近心形，有糙缘毛。总花梗通常单生于小枝上部叶腋；花冠白色，有时基部向阳面呈微红，后变黄色。果实圆球形，直径6~7毫米，熟时蓝黑色；种子卵圆形或椭圆形，褐色。花期4~6月（秋季亦常开花），果期10~11月。除黑龙江、内蒙古、宁夏、青海、新疆、海南和西藏无自然生长外，全国其他各省份均有分布，也常有栽培；日本和朝鲜也有分布。生于山坡灌丛或疏林中、乱石堆、山石路旁及村庄篱笆边。适应性较强，对土壤和气候的选择并不严格。花性甘寒，具有清热解毒、消炎退肿的功能，对治疗细菌性痢疾和各种化脓性疾病均有效，常见制剂有"银翘解毒片""银黄片""银黄注射液"等。除药用价值之外，还可用作园林观赏和水土保护林。

【种质资源】南京市忍冬野生种质资源共4份，分别归属于浦口区、溧水区、高淳区和主城区，具体种质资源信息见表111。

01：浦口区

分布于老山林场平坦分场和星甸杜仲林场，其中星甸杜仲林场分布最多。在浦口区198个样地中6个样地有分布，总数大于320株，株高均小于1.3米。种群大，分布集中。

02：溧水区

分布于溧水区林场秋湖分场和东庐分场。在溧水区115个样地中6个样地有分布，共23株，株高均小于1.3米。种群小，分布集中。

03：高淳区

分布于大荆山林场和游子山林场，其中大荆山林场分布较多。在高淳区53个样地中2个样地有分布，共4株，株高均小于1.3米。种群极小，分布集中。

04：主城区

分布于紫金山、幕府山。在主城区69个样地中5个样地有分布，共22株，其中6株株高小于1.3米。种群小，分布较分散。

表111　忍冬野生种质资源信息

种质资源编号	种质资源归属	林地名称	小地名	样地中心GPS坐标	数量/株
01	浦口区	老山林场平坦分场	横山沟旁	E118°31′14.430″ N32°4′19.776″	10
		老山林场平坦分场	罗汉寺—迎面山	E118°26′22.733″ N32°2′48.401″	50

（续）

种质资源编号	种质资源归属	林地名称	小地名	样地中心GPS坐标	数量/株
01	浦口区	星甸杜仲林场	大槽洼	E118°23′55.090″ N32°2′33.684″	100
		星甸杜仲林场	观音洞下	E118°23′35.038″ N32°3′16.092″	10
		星甸杜仲林场	山喷码子	E118°24′30.161″ N32°3′09.774″	50
		星甸杜仲林场	山喷码字上	E118°24′32.335″ N32°3′09.198″	> 100
02	溧水区	溧水区林场秋湖分场	无想山龙吟湾	E119°2′35.999″ N31°33′43.999″	2
		溧水区林场秋湖分场	无想山官塘坝	E119°1′19.999″ N31°34′41.999″	2
		溧水区林场东庐分场	东庐山山边上	E119°6′45.000″ N31°38′58.999″	5
		溧水区林场东庐分场	东庐山朝山	E119°6′34.999″ N31°39′20.002″	9
		溧水区林场东庐分场	东庐山山棚子	E119°6′59.998″ N31°39′29.999″	2
		溧水区林场东庐分场	东庐山朝山	E119°5′55.000″ N31°39′15.998″	3
03	高淳区	大荆山林场	黄家塞	E118°8′32.183″ N32°26′15.828″	3
		游子山林场	花山山顶	E118°57′46.512″ N31°16′14.563″	1
04	主城区	紫金山	山北坡中上段	E118°50′39.998″ N32°4′26.000″	1
		幕府山		E118°47′22.999″ N32°7′45.001″	3
		幕府山	半山禅院上中	E118°48′04.000″ N32°8′13.999″	1
		幕府山	半山禅院上	E118°47′57.998″ N32°8′01.000″	15
		幕府山	仙人对弈左坡	E118°48′05.000″ N32°8′10.000″	2